# 炭素材料生产技术

主　编　宋群玲　李瑛娟
**副主编**　滕　瑜　全　红

东北大学出版社
·沈　阳·

ⓒ 宋群玲　李瑛娟　2019

图书在版编目（CIP）数据

炭素材料生产技术 ／ 宋群玲，李瑛娟主编. — 沈阳：
东北大学出版社，2019.8（2024.11 重印）
ISBN 978-7-5517-2233-9

Ⅰ. ①炭… Ⅱ. ①宋… ②李… Ⅲ. ①炭素材料－生
产工艺 Ⅳ. ①TM242.05

中国版本图书馆 CIP 数据核字（2019）第 185017 号

出 版 者：东北大学出版社
　　　　　　地址：沈阳市和平区文化路三号巷 11 号
　　　　　　邮编：110819
　　　　　　电话：024-83683655（总编室）　83687331（营销部）
　　　　　　传真：024-83687332（总编室）　83680180（营销部）
　　　　　　网址：http://www.neupress.com
　　　　　　E-mail：neuph@neupress.com
印 刷 者：辽宁一诺广告印务有限公司
发 行 者：东北大学出版社
幅面尺寸：170mm×240mm
印 张：17.5
字 数：305 千字
出版时间：2019 年 8 月第 1 版
印刷时间：2024 年 11 月第 2 次印刷
责任编辑：汪彤彤
责任校对：邱　静
封面设计：潘正一
责任出版：唐敏志

ISBN 978-7-5517-2233-9　　　　　　　　　　　　定 价：49.00 元

# 前　言

　　碳在宇宙进化中起着重要的作用，碳是地球上一切生物有机体的骨架元素，没有碳就没有生命。人类进化以来，很早就开始利用各种炭物质和炭素材料，但炭素材料作为高质量的工业材料使用在世界上只有 100 多年的历史，而在中国仅有几十年的发展历史，所以炭素材料是一种既古老又新型的材料。

　　炭素世界是一个绚丽多彩的世界。碳元素在构筑材料时可以采取 SP 型、$SP_2$ 型和 $SP_3$ 型等多种成键方式，由于碳原子在三维空间排列的多样性，也形成了丰富的炭素材料家族。20 世纪以来，各种炭素材料不断涌现，用途越来越广，品种越来越多，炭素制品的工业规模也相应扩大，逐渐形成一个独立的工业部门。从应用于各行各业、各部门的石墨电极类、炭块类、石墨阳极类、炭电极类、糊类、电炭类、炭素纤维类、特种石墨类、石墨热交换器类等炭素材料，到近年来涌现出许多新的品种，如人工合成金刚石、石墨层间化合物、富勒烯（碳笼原子簇）、碳纤维、碳纳米管和石墨烯等炭素系功能材料的发现及使用，都取得了令人瞩目的成绩。

　　炭素材料生产技术是研究有关炭素原料和炭素制品的组织结构、性质、生产工艺和使用能效，以及它们之间关系的一门学科，也是炭素专业的核心技术基础课程。本教材围绕炭素材料的基本结构、性质、炭素生产用原材料、原料煅烧、粉碎筛分、配料、混捏成型、焙烧、浸渍和石墨化等典型工作过程和工作任务，采取由浅入深、由简单到复杂的原则，设置了 12 章学习内容，让学习者获得炭素材料生产加工的基础知识及解决实际操作问题的能力和方法。对培养在炭素、冶金、材料和化工等企业从事炭素制品生产、设计、科研、产品贸易、管理等工作的高素质技术技能人才也有帮助。本教材中按章附有思考题与习题，以利于培养学习者运用基本概念解决实际问题的能力。

　　参加本教材编写工作的有昆明冶金高等专科学校的宋群玲（编写前言、绪论、第 3 章、第 4 章、第 7 章、第 12 章和参考文献）、滕瑜（编写第 1 章、第 2 章和第 5 章）、李瑛娟（编写第 8 章、第 9 章和第 11 章）、全红（编写第 6 章和第 10 章）。本教材由宋群玲统稿、定稿，滕瑜、李瑛娟、全红、张报清对本教材的文字、图表等进行了录入及校对。昆明冶金高等专科学校冶金材料学院领导对本教材的编写提出了不少宝贵建议，编者在此表示衷心感谢。

本教材在编写过程中还参考了很多专家和学者的有关图书、论文和资料，在此一并表示感谢。本教材适用于炭素加工专业大专学生使用，也可供有关炭素材料生产和使用的技术人员参考。在学习内容上，可根据专业特点及使用需要，加以取舍。

由于编者水平所限，经验不足，加之编写时间仓促，本教材中难免有不妥之处，恳请读者批评指正。

编　者
2019 年 4 月

# 目　录

# 第3章 炭素材料的分类 ............................................ 37

# 绪 论

炭素材料作为近代工业的结构材料和功能材料在人类发展史上起着主导性的作用，其品种、形态多种多样，使用范围遍及黑色及有色冶金、电子、化工、机械、体育器材、医疗、能源、生物及原子能和宇航工业。炭素属于基础原材料，是国民经济发展不可或缺的基础材料。炭素行业是对石化和煤化工行业的废渣进行深加工再利用，是一项能源二次利用、符合循环经济理念的新兴产业。

"炭"与"碳"二字既有联系又有区别：材料学者将含有碳元素的化合物及其众多的衍生物，如碳水化合物、碳酸盐、碳氢化合物中的元素碳用"碳"字表示；而将 C/H 比在 10 以上，主要由碳元素组成的、多数为固体材料（如煤炭、焦炭、炭电极、炭块、炭纤维等）中的"碳"字用"炭"字表示，并统称为炭素材料。

炭素材料包括炭和石墨材料，都是以碳元素为主的非金属固体材料。其中，炭材料基本上是由非石墨质碳组成的材料，而石墨材料基本上是由石墨质碳组成的材料。炭材料以无烟煤和冶金焦为原料，焙烧后不必石墨化，如砌筑铝电解槽及炼铁高炉内衬用的炭块，即使采用石油焦或沥青焦等易石墨化原料生产的不经石墨化的产品也属于炭材料，其热导率较低而电阻率较高，没有润滑性，但机械强度也比较高。石墨材料则是以易石墨化的石油焦或沥青焦为原料，产品在焙烧后必须经过石墨化高温处理，从而使产品获得石墨的一系列特性，如较高的热导率和较低的电阻率，灰分很低，有良好的润滑性，但机械强度下降。不仅是炭和石墨材料，同时也包含金刚石、富勒烯、卡宾（又名炔炭），所有的含碳材料都被称为炭素材料。最近几十年，炭素材料得到了广泛的关注和长足的发展，涌现出许多新的品种，人工合成金刚石、石墨层间化合物、富勒烯、炭纤维、碳纳米管等炭素系功能材料的发现及研究都取得了令人瞩目的进展。同时，原来生产品种的质量也大为提高，成为国民经济发展中必不可少的基础材料，这些炭素材料给人们展现了无限的想象空间。

炭素材料与炭素制品既有联系又有区别。炭素材料是一个总称，涵盖炭素原料和炭素制品两大类，如炭素工业使用的石油焦、无烟煤、天然石墨等都属于炭素原料，而不能称为炭素制品。使用炭素原料经过一系列加工得到的具有一定形状及一定物理化学性质的产品称为炭素制品（如炭质电极、石墨电极、炭纤维）。有些炭素制品（如炭纤维）在炭素工业部门来说，是炭素制品；但在使用炭纤维的部门来说，常称之为炭素材料。

从炭素材料的发展史（图0.1）来看，炭素材料的用途十分广泛，从史前的木炭、近代工业的人造石墨和炭黑、当代的原子炉用高纯石墨和飞机用碳/碳复合材料刹车片、现今的锂离子二次电池材料和核反应堆用第一壁材料等，不胜枚举。毋庸置疑，随着科学技术的进步，人们发现碳似乎蕴藏着无限的开发可能性。

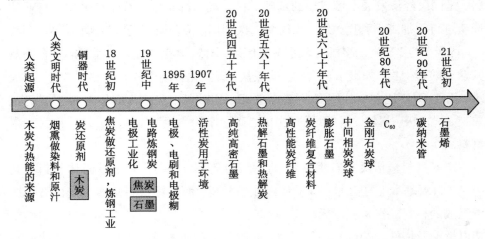

**图0.1　炭素材料的发展史**

炭素材料的发展史大致经历了木炭时代（史前1712年），石炭时代（1713—1866年），碳制品的摇篮时代（1867—1895年），碳制品的工业化时代（1896—1945年），碳制品发展时代（1946—1970年）。1960—1990年碳材料迈入了新型碳制品的发展时代（图0.2）。其中，1960—1980年主要用有机物碳化方法制备碳材料，以碳纤维、热解石墨的发明为代表；1980年以后则主要以合成的手法制备新型碳材料，以气相合成金刚石薄膜为代表。纳米碳材料的发展时代始于1990年，以富勒烯族、纳米碳管的合成为代表。自1989年著名科学杂志 *Sicence* 设置每年的"明星分子"以来，碳的两种同素异构体"金刚石"和"$C_{60}$"相继于1990年和1991年获此殊荣，1996年诺贝尔化学奖又授予发现 $C_{60}$ 的三位科学家，这些事实充分反映了碳元素科学的飞速进展。但是由于碳元素和碳材料具有形式和性质的多样性，从而决定了炭素材料仍有许多未被开发部分，若再考虑与其他元素或化合物等的复合和相互作用，可望获得更大的发展。在未来相当长的一段时间内，碳的新相和碳同素异构体的设计、制造和研究将是物理化学领域最中心的课题，而与之相应的新型碳材料的研究与开发会具有无穷的生命力。

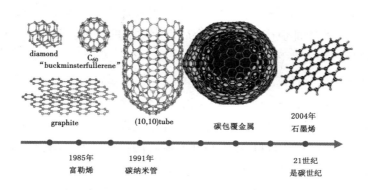

diamond
$C_{60}$
"buckminsterfullerene"

graphite

(10,10)tube

碳包覆金属

2004年
石墨烯

1985年
富勒烯

1991年
碳纳米管

21世纪
是碳世纪

**图 0.2　新型碳制品的发展时代**

碳元素在构筑材料时可以采取 SP 型(卡宾碳)、$SP^2$ 型(石墨、富勒烯、碳纳米管等)和 $SP^3$ 型(金刚石及脂肪碳)三种成键方式，单就一种成键方式(如 $SP^2$)形成的炭素材料而言，由于碳原子在三维空间排列的多样性，也形成了丰富的炭素材料家族，如富勒烯系列($C_{60}$、$C_{70}$等)、碳纳米管系列(单壁、双壁和多壁碳纳米管)等。因其形成的炭素材料形态各异、结构复杂、性能多样，炭素材料素有"黑金子"的美称，几乎包括了地球上所有物质的性质，如最硬—最软，绝缘体—半导体—良导体，绝热—良导热，全吸光—全透光等。由于炭素材料的理化性能和机械性能在一定条件下优于金属材料和高分子材料，具有良好的导电性、热稳定性和化学稳定性，并具有较高的耐腐蚀性，高温状态下的高强度、自润滑性等特征，因此，炭素行业也是一个高科技产业，在国家历次发布的技术发展政策中，均被列为重点发展内容。

我国炭素材料研究与生产起步于新中国成立初期。首先建设了以生产炼钢用石墨电极为主的吉林炭素厂和以生产电工用碳制品为主的哈尔滨电碳厂。现在已经形成了以吉炭、兰炭、上炭、哈炭、东炭等为主的骨干企业，石墨电极生产能力位居世界前列，电碳制品也基本满足了国内经济建设的需要。虽然目前我国已是炭素制品生产和出口大国，但是我国炭素工业和先进国家相比，在规模、质量、工艺装备、管理、科研、应用开发等方面都存在很大差距。高端产品在国际市场上难有话语权，在高科技含量的炭素制品及部分领域特殊炭素制品生产方面，我国与炭素强国相比还有差距。具体表现在品种少、档次低（如我国石墨电极仍以普通电极和高功率电极为主，而国外已上升为超高功率电极）；产品质量不稳定；工艺装备落后；产品更新缓慢等。我国炭素材料研究水平落后于美国、日本等工业国家，但在某些重要领域紧随美、日等发达国家之后，差距并不十分明显，如热解石墨、结构功能型碳/碳复合材料、活性碳纤维、柔性石墨等，推进高附加值产品开发是今后行业发展的要务。我国从事碳材料研究的科研机构主要有中国科学院金属研究所、中国科学院山西煤炭化学研究所、中国科学院物理研究所、航天总公司西安非金属材料工艺研究所、北京材料工艺研究所、湖南大学、清华大学、北京大学、武汉大学、中国科技大学、西北工业大学、武汉科技大学、北京化工大学、天津大学、哈尔滨工业大学等。主要研究领域涉及当今碳材料研究与开发所有的热点领域，如碳纤维、活性炭材料和微孔碳、金刚石膜、富勒烯族、柔性石墨、插层化合物、C/C复合材料、纳米碳管、生物碳材料、核石墨等。未来高科技含量炭素制品的研制、开发、应用领域仍非常广阔，相对集中在核工业，原子反应堆中子减速剂、反射剂，生产同位素用热柱石墨、高温气冷堆石墨、火箭和导弹的喷管喉衬、燃气舵、燃烧室，头锥和防护罩等都是特种石墨制品。

## 思考题与习题

0-1　炭素材料工业的发展历史是怎样的？

0-2　炭素材料的范畴包括哪些？

0-3　炭素材料作为工业原料可应用于哪些工业部门？

0-4　炭素材料具有哪些优异性能？

# 第 1 章　炭素材料的结构性质

炭素材料的物理与化学性质取决于它的物质结构，而不同的炭素材料的结构又具有较大的差异，造成差异的主要原因是碳原子间化学键的差异。本章主要讨论碳的存在形式和晶体结构，以及炭素材料的结构及特性。

## 1.1　碳的存在形式

碳元素的元素符号为 C，原子序数为 6，原子核外有 6 个电子，相对原子质量为 12.01，位于元素周期表中第二周期第ⅣA族，因此碳原子价数为 2 价、3 价或 4 价。基态时碳原子的电子层结构为 $1S^2 2S^2 2P_x^1 2P_y^1$，最外层 L 层价电子构型为 $2S^2 2P_x^1 2P_y^1$［图 1.1（a）］，这 4 个电子很容易与邻近的碳原子形成各种共价键。当碳原子处于激发状态时，一个 2S 电子跃迁到 2P 轨道上，L 电子层结构就变成 $2S^1 2P_x^1 2P_y^1 2P_z^1$［图 1.1（b）］，形成 4 个不成对的价电子，即 4 价。

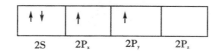

（a）基态

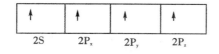

（b）激发态

**图 1.1　碳原子价电子示意图**

当碳原子以 $SP^3$ 杂化轨道键合时，即碳原子 4 个等值价键中 1 个 2S 电子和 3 个 2P 电子杂化而成，形成正四面体结构［图 1.2（a）］，键角 109°28′，如金刚石［图 1.2（b）］。当碳原子以 $SP^2$ 杂化轨道键合时，即 1 个 2S 电子和 2 个 2P 电子杂化组合，形成彼此间（平面方向）以3个共价键构成六角环形网状结构，键角120°，如石墨、具有双键的不饱和有机物、芳香族化合物等。图1.3为碳的SP²杂化轨道价电子云示意图。当碳原子以SP杂化轨道键合时，即碳原子的一个2S电子和一个2P电子组合，形成直线形构型，键角180°，如卡宾。图1.4为SP杂化轨道。

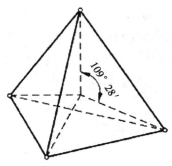

（a）碳的正四面体结构

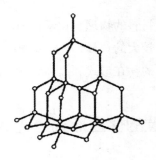

（b）碳的正四面体键

**图1.2 碳的正四面体键模式**

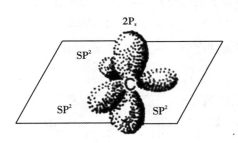

**图1.3 SP²杂化轨道**

**图1.4 SP杂化轨道**

碳在自然界中分布广泛，在地壳元素总量中丰度为0.08%，地壳中元素含量排第13位，以单质和化合物形式存在。碳的单质存在形式有无定形碳、卡宾、石墨和金刚石以及$C_{60}$系列炭。其中卡宾、石墨和金刚石以及$C_{60}$是晶态碳，石墨和金刚石以游离态的形式存在于自然界，但含量极少。煤是天然存在的无定形碳的集合体。无定形碳属于微晶形碳，某些无定形碳（如石油焦、沥青焦）在 2500 ℃ 左右的高温下可转化为较完善的石墨晶体。

碳主要是以化合物的形式存在，是地球上形成化合物最多的元素，且碳原子与碳原子常常互相联结。大气中有碳的化合物 $CO_2$，$CO_2$ 还溶解于天然水中形成碳酸和碳酸盐，在岩石中有碳酸钙、碳酸镁等碳酸盐，石油、沥青和天然气都是碳氢化合物。碳是有机化学的基础，还是生物体中有机物的主要组成元素，与我们的生活密切相关，因此碳被视为组成一切动植物体的基本元素。

天然存在的近乎纯碳的物质数量较少，主要有金刚石、石墨。此外，接近纯碳的物质有无烟煤；碳含量高的物质有煤、石油，这些物质是人类使用的含碳物质的主要来源。

## 1.2　碳的晶体结构

碳原子彼此的结合方式以及晶体或微晶的聚集方式决定了碳的结构和性质。碳的同素异构体有无定形碳、卡宾、石墨、金刚石和 $C_{60}$。它们的晶体结构各异，因此物理和化学性质有很大的差别，见表 1.1。

表 1.1　　　　　　　　　　碳的同素异构体性质和结构

| 名称 | 金刚石 | 石墨 | 卡宾 |
|---|---|---|---|
| 杂化电子轨道 | $SP^3$ | $SP^2$ | $SP$ |
| 键合形式 | 单键 | 双键 | 三键 |
| 构造 | 立体（正四面体） | 平面（六角网） | 线状 |
| 价键长度/nm | 0.154 | 0.142 | 0.120 |
| 密度/($g \cdot cm^{-3}$) | 3.52 | 2.266 | $\alpha$: 2.68, $\beta$: 3.115 |
| 莫氏硬度 | 10 | 2 左右 | |
| 导电性 | 绝缘体 | 导体 | 半导体 |
| 比定压热容/($J \cdot kg^{-1} \cdot ℃^{-1}$) | 0.50 | 0.71 | |
| 燃烧热/($kJ \cdot mol^{-1}$) | −395.41 | −393.51 | |
| 颜色 | 无色透明 | 黑 | 银白 |

### 1.2.1　金刚石

金刚石是共价键晶体，其结构如图 1.2（b），呈正四面体空间网状立体结构，碳原子之间以 $SP^3$ 杂化轨道键合，其中每个碳原子与相邻的 4 个碳原子形成 4 个等价的 σ 键，键长为 $1.5445 \times 10^{-10}$ m，键角为 109°28′。金刚石为面心立方晶体，每个晶胞中含有 8 个碳原子，晶胞边长 $a = 3.5597 \times 10^{-10}$ m，C—C 键长 $1.544 \times 10^{-10}$ m，理论密度等于 3.5362 g/cm³。当切割或熔化时，需要克服碳原子之间的共价键。

金刚石外观无色透明，有时因所含杂质元素不同而呈淡蓝、天蓝或淡紫色，有强烈的金属光泽，是自然界已知的物质中硬度最大的材料。它的熔点很高，且是电绝缘体，导热性很差，但折光率极高，经琢磨可制成钻石。

### 1.2.2 石墨

石墨具有六角形碳网堆砌而成的层状晶体结构，如图 1.5 所示，是由 $SP^2$ 杂化轨道形成的，每个碳原子与相邻碳原子形成平面内的 3 个 σ 键，并排列成六角平面的网状结构层面，其碳原子间键长为 $1.4211 \times 10^{-10}$ m。与该平面垂直的 2P 轨道层面形成大 π 键，构成相互平行的网状结构层堆砌而成的层状晶体结构，网平面内碳原子以较弱的范德华分子间结合，层间距 $d = 3.3538 \times 10^{-10}$ m。层与层之间是依次错开六方格子对角线长的一半，以使结构更致密。

石墨有两种堆砌方式：一种是 ABAB 三维空间有序排列，称为六方晶系石墨；另一种是以 ABCABC 三维空间有序排列，称为斜方晶系石墨，是由晶体缺陷造成的，这种结构实际上是六方晶系的变态，在天然石墨中占 20% ~ 30%。

石墨晶体中存在高度的各向异性，在与层面平行的方向上表现出金属性，而在与层面垂直的方向上则显现出非金属性，并且，各层之间的滑动产生润滑性。石墨层面间的大 π 键的形成，使石墨具有金属光泽和良好的导电性、导热性。

### 1.2.3 卡宾

卡宾晶体由有序的共轭炔链或叠烯链构成，为白色或银灰色的针状晶体。晶体中碳原子以 SP 杂化为主所形成的线性结构，交角为 180°的 σ 键，两个未参与杂化的 2P 电子形成两个 π 键，键型可以是线状聚合物键（或共轭三键）（C—C ≡ C—C ≡ C—）$_n$，或者是聚合双键（或累积双键型）（ = C = C = C = ）$_n$。因其结构单元与炔烃（C ≡ C）相对应，故又称为炔炭。图 1.6 为卡宾的原子结构示意图。

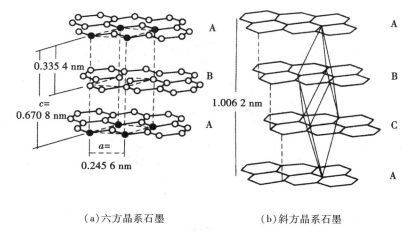

（a）六方晶系石墨　　　　　　　　（b）斜方晶系石墨

**图 1.5　石墨的原子结构**

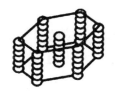

**图 1.6　卡宾的原子结构**

### 1.2.4　富勒烯

富勒烯，又称"巴基球"，指完全由碳原子构成，有六元环和五元环等结构的笼球状分子的统称。碳原子以 $SP^2$ 杂化为主，混有 $SP^3$ 杂化而形成的球状结构。以 $C_{60}$ 为代表的富勒烯均是空心球形构型，$C_{60}$ 是由 12 个正五边形和 20 个正六边形组成的三十二面体，每个五边形均被 5 个六边形包围，而每个六边形则邻接着 3 个五边形和 3 个六边形，共有 60 个顶点，每个顶点均有一个碳原子，每个碳原子都以两个单键和一个双键与相邻的 3 个碳原子联结，具有高级的对称性，像一个足球，故又称足球烯。除 $C_{60}$ 外，具有封闭笼球状结构的还可能有 $C_{28}$，$C_{32}$，$C_{50}$，$C_{70}$，$C_{84}$，…，$C_{240}$，$C_{540}$，如图 1.7 所示。

继 $C_{60}$ 被发现以来，碳纳米管是碳化学领域的又一重大发现。碳纳米管可以看成由石墨中的碳原子卷曲而成的管状材料，两端封口的碳纳米管也可看成管状的富勒烯，即富勒烯在一维方向上的延伸（图 1.7）。管的直径一般为几纳米（最小为 1 纳米左右）到几十纳米，管的厚度仅为几纳米。

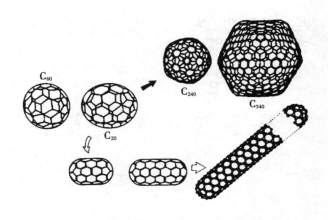

图 1.7　富勒烯的原子结构

## 1.2.5　无定形碳

无定形碳,又称为过渡态碳,是碳的同素异形体中的一大类,也是非晶态碳(或微晶型碳)的总称。无定形碳宏观上无定形,微观上含有直径极小(小于30 nm)的二维石墨层面或三维石墨微晶,即以石墨微晶为基础的无定形结构,在一定条件下,可以和石墨晶体之间相互转化。其微晶二维有序,另一维是不规则的交联碳六角空间晶格,这种尺寸不同的二维乱层堆砌起来的微晶球体或镶嵌体结构又称为乱层结构,如图 1.8 所示。微晶排列紊乱,无取向性,使其总体呈现各向同性。常见的具有无定形碳结构的炭素材料有活性炭、纤维碳、炭黑和木炭等。

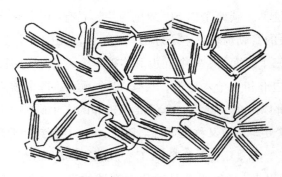

图 1.8　乱层结构

## 1.3　炭素材料的结构

### 1.3.1　概述

在结晶学中，具有完整点阵结构的晶体是理想化的，几乎不存在于自然界中。在任何一个实际晶体中都存在晶体的缺陷或晶体结构的不完整性。前面所述的理想结构的巨大的单晶石墨也是不存在的。鳞片状天然石墨的结晶很发达，但其大小最多也不过几毫米。

因此，在工业中人们所使用的炭素材料并不是完美的单晶体，而是由许多这样的微小且结构有些杂乱的单晶体不规则地聚集在一起的多晶石墨。晶体的缺陷或不完整对固体的许多物理和化学性质(如晶体的光学、电学、磁学、声学、力学和热学等各种性质)都有重要的影响。因此，具有多晶石墨结构的炭素材料的性质，随着晶体的大小和其聚集及结合方式的不同而不同。例如，若某一炭素个体中所有单晶都按照相同的方向进行排列组合，则其物理性质表现出接近单晶石墨的高度的各向异性；相反，若所有极其微小的单晶体的排列完全是杂乱无章的，这种存在极微小的镶嵌的聚集态几乎可视为各向同性的炭素材料。一般的炭素材料是包含了介于二者之间晶体的混合体。炭石墨材料是由碳物质(主要为各种焦炭)和石墨为原料，与黏结剂混合经过一系列的工艺方法制成的颗粒黏结性材料。从宏观上看，其性能与生产过程中的成形工艺有关，如挤压、模压或振动成形制成的材料的结构与性能都具有各向异性，而等静压成形制成的材料的结构和性能是各向同性的。它的微观结构主要与原料及生产过程中的热处理有关，通常材料在微观上是石墨微晶的聚合嵌镶的多晶体，即多晶石墨。

### 1.3.2　炭素材料的结构模型

(1)积层结构 – 碳网平面的重叠

碳网平面的重叠结构模型最初由弗兰克林提出，他将网平面分成无序重叠和按石墨的位置关系有规则的重叠两种情况。前者称为乱层结构，乱层结构的网平面间隔为 0.344 nm；而按照石墨的位置关系有规则重叠的网平面间隔为 0.335 4 nm。对无定形碳进行热处理，通过 X 射线衍射可观察到逐渐形成的

(002)衍射线,说明微晶在逐渐长大,碳网平面间距缩短,同时杂乱重叠移向有规则重叠,如图 1.9 所示。

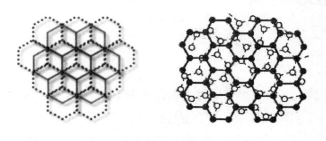

(a)石墨的重叠　　　　　　　　　(b)乱层结构的重叠

图 1.9　重叠状态

(2)微晶的取向性

首先将微细组织分为取向组织和无取向组织,然后对取向组织按取向基准划分,可分为网面沿基准并列的面取向和沿基准轴的轴向取向,以及以基准点为中心并列的点取向的几种组织状态(图 1.10)。

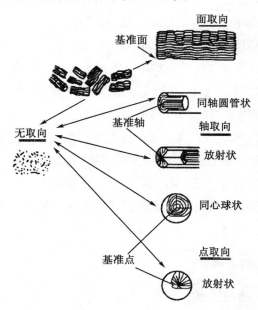

图 1.10　炭素材料按照微细组织的分类

① 面取向组织。其代表为石墨晶体,如高定向热解碳(HOPG)就是这种组织。另外,热处理高分子薄膜也可得到具有高取向性的炭。多数的焦炭类都是

具有这种取向形式的微细组织。

② 轴取向组织。这种类型是以沿基准轴在垂直断面上的取向形式,大致可分为网面沿同轴圆管状取向的年轮型和从基准轴以放射状取向的辐射型。气相生长炭纤维有明显的年轮性取向组织,而中间相炭纤维中有接近于辐射型的组织结构。PAN(聚丙烯腈)型炭纤维的微细组织虽不是完全的年轮状,但存在网面沿基准的取向。众多研究发现,纤维中石墨微晶的择优取向与纤维的拉伸模量之间有着直接的关系,根据日本东丽公司的研究,取向度为95%的炭纤维的拉伸模量是取向度为80%的炭纤维的3倍左右。

③ 点取向组织。与轴取向相同,可认为是网面以基准点为中心的同心球状或放射状取向。炭黑接近于同心球取向,另外还有几种球状焦也具有同心球结构。具有放射状微细组织的材料很少,聚乙烯和聚氯乙烯的混合物在300 MPa压力下经炭化得到的小球体是在球中心下网面形成放射状的取向组织。

④ 无取向组织。酚醛树脂等热固性树脂的低温处理物是由随机无序微小积层体构成的无取向组织,这些炭即使经高温处理也很难得到石墨结构,却形成复杂的多孔体。

(3)微晶的面间距和大小

研究炭的结构,除电子显微镜外最有效的手段是 X 射线衍射法,无定形碳的反射线非常弱,而接近石墨结构的炭则可观察到带有几个波峰的衍射线。如图1.11 所示,图中曲线1,2,3,4,5分别为煤、炭黑、生石油焦、1600 ℃处理的石油焦、2800 ℃处理的石油焦的衍射图谱。

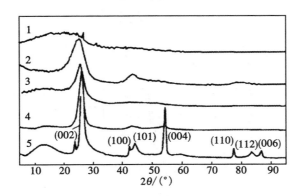

**图 1.11　炭的 X 射线衍射**

1—煤;2—炭黑;3—生石油焦;4—1600 ℃处理的石
油焦;5—2800 ℃处理的石油焦

① 面间距。根据 X 射线衍射可推导炭材料的面间距，当 X 射线波长 λ 已知时(选用固定波长的特征 X 射线)，采用细粉末或细粒多晶体的线状样品，可从一堆任意取向的晶体中，从每一 θ 角符合布拉格方程条件的反射面得到反射，测出 θ 后，利用布拉格方程，即可确定镜面间距:

$$2d\sin\theta = n\lambda \tag{1.1}$$

式中: λ——X 射线的波长, nm;

　　　n——任何正整数。

② 表观大小。从 X 射线衍射线的半高宽度可以求出微晶的表观大小。根据 Sherrer 公式，可以估算出微晶的表观大小。Sherrer 公式为:

$$D = K\lambda / \beta\cos\theta \tag{1.2}$$

式中: K——Sherrer 常数;

　　　λ——X 射线波长, λ = 0.154 178 nm;

　　　β——半峰宽;

　　　θ——Bragg 衍射角, (°)。

微晶的直径随着热处理温度而变化。石墨化热处理之前微晶的直径 $L_a$ = 2 ~ 5 nm。随着热处理温度的升高，微晶均有所长大。热处理温度在 3000 ℃ 左右，对于极易石墨化的石油焦来说，微晶的直径可由几十纳米成长到 100 nm 以上。而对于极难石墨化的炭黑来说，微晶直径的增长范围只在 1 ~ 2 nm，图 1.12 为几种炭的微晶直径大小与加热处理温度之间的关系。

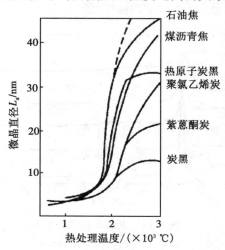

图 1.12　几种炭的微晶直径大小与热处理温度之间的关系

（4）易石墨化的炭（或软质炭）和难石墨化的炭（或硬质炭）

由上所述，提高处理温度时，有些炭很容易进行石墨化，有些则不能石墨化。弗兰克林的研究将炭分为易石墨化炭和难石墨化炭两大类（图 1.13）。石油焦、煤沥青焦、黏结剂焦、氯乙烯炭、3,5-二甲基酚醛树脂类等属于易石墨化的炭，炭黑、偏二氯乙烯炭、砂糖炭、纤维素炭、糠酮树脂炭、酚醛树脂炭、含氧的低质炭、木炭类等属于难石墨化的炭。

（a）易石墨化炭 　　　　　　　　（b）难石墨化炭

**图 1.13　弗兰克林的结构模型（乱层结构）**

### 1.3.3　炭石墨材料的结构缺陷种类

（1）层面堆积缺陷

碳六角网平面堆叠时不是完全平行及等层间距排列，而是扭转一定的角度或不完全等间距排列，这种破坏了层面排列规律性的层面堆积，就称为层面堆积缺陷，也就是前面讲述的弗兰克林提出的乱层结构模型。

图 1.13（a）中的微晶定向性较好，微晶间交叉连接较少，层间距在 $3.44 \times 10^{-10}$ m 左右，为易石墨化炭。它经进一步热处理后可转化为石墨炭。图 1.13（b）中的微晶定向性差，微晶间交叉连接，有许多空隙，层间距为 $3.7 \times 10^{-10}$ m，即使经高温热处理，也不可能成为石墨炭，故称为难石墨化炭。

（2）层面网格缺陷

在实际的石墨晶体的六角网格中，存在空洞、位错、弯曲、孪晶、原子离位、杂质取代、边缘连接杂质或基团等缺陷。层面网格缺陷包括：

① 边缘缺陷；

② 键的同分异构缺陷；

③ 化学缺陷；

④ 辐射破坏缺陷。

（3）孔隙缺陷

孔隙缺陷是指原料焦在生成和制品在焙烧过程中都发生有机物的热解和聚合反应，反应中轻分子以气体产物逸出，从而在基体中产生孔隙和裂缝等缺陷。孔隙大小和宏观状态不同，孔隙的性质也不同。孔隙缺陷可分为分子间隙、超微孔、过渡气孔、粗大孔。

## 1.4　炭素材料的特性

利用碳的性质可以制成很多炭素制品，而且这些制品的特性各不相同。首先是因为这些炭素制品生产的原料多种多样；其次是因为这些制品的生产加工方法各异。不同制品的理化性能差别很大，这是由单晶体的组成和尺寸以及石墨晶体结构本身的特性所决定的。

炭素材料的性能，一般来说，有质量轻、多孔性、导电性、导热性、耐腐蚀性、润滑性、高熔点、高温、强度高、耐热性、耐热冲击性、低热膨胀、低弹性、高纯度和可加工性等。炭素制品具体特点如下：

① 耐高温，具有较高的熔点；

② 较低的热膨胀系数，具有较强的抗热震性；

③ 唯一具有良好导电性和导热性的非金属材料；

④ 化学稳定性好，在大部分非氧化性的酸、碱、盐溶液和气体中不受腐蚀；

⑤ 具有较好的润滑性能，可以用来生产石墨耐磨制品。

## 思考题与习题

1-1　碳在自然界中是如何分布的？

1-2　碳的存在形式有哪些？

1-3　碳的杂化方式有哪些？

1-4　碳的同素异形体有哪些？其中哪些是晶体结构，哪些是无定形结构？

1-5　碳的结构模型有哪些？

1-6　如何确定炭素材料微晶的大小和晶面间距？

1-7　查阅相关资料，请描述出炭纤维的结构模型。

1-8　炭素材料具有哪些特性？

# 第 2 章  炭素材料的性能

炭素材料具有质量轻、多孔性、导电性、导热性、耐腐蚀性、润滑性、高熔点、高温强度高、耐热性、耐热冲击性、低热膨胀、低弹性、高纯度和可加工性等特点，被广泛应用于化工、环保、冶金、机械、航空、航天、半导体和生物医药等领域，且产品种类繁多，性质各异。本章将分别介绍炭素材料的结构性质、力学性质、热学性质、电磁学性质、化学性质、核物理性质以及生物相容性。

## 2.1  炭素材料的结构性质

炭素材料内部不仅具有取向度不同的微晶的聚集态，还存在众多大小和结构不同的气孔，因此材料具有不同的密度、气孔率以及气体渗透率。

### 2.1.1  密度

炭素原料的多孔性决定了炭素材料属于多孔物质，多孔物质的密度包括真密度 $D_t$ 和体积密度（或假密度）$D_v$。

（1）真密度 $D_t$

真密度是炭素材料的质量与真体积（不包含气孔在内）的比值。真密度的测定方法有溶剂置换法、气体置换法和 X 射线衍射法，其中最常用的是溶剂置换法。

方法 1：溶剂置换法。通常的测定方法是将试样破碎到 4 mm 以下，用磁铁吸去试样中的铁屑，在 103 ~ 105 ℃ 的干燥箱中烘干到恒量，然后称量。放入比重瓶中，用酒精或蒸馏水浸润（用酒精或蒸馏水去填充试样的微孔）后，用比较称量法求出真密度值。

方法 2：X 射线衍射法。上述测值因为溶剂无法进入闭气孔，结果往往偏低。更为精确的测定方法是 X 射线法。先测出试样的晶格常数 $a$ 和 $c$（理想石墨的 $a = 0.240\ 12$ nm，$c = 0.607\ 8$ nm），然后用下列计算公式求得真密度：

$$D_t = \frac{mN}{v} \tag{2.1}$$

式中：$D_t$——真密度，$g/cm^3$；

$m$——碳原子质量，$m = 1.659\,63 \times 10^{-24}g$；

$N$——单位晶格中碳原子数，$N = 4$；

$v$——单位晶体的容积，$v = a^2\sin60° \cdot c$，$\mu m^3$。

真密度不能表示材料或制品的宏观组织结构，而能反映材料的热处理程度（石墨化度），如原料的煅烧程度、制品的焙烧程度等。几种炭素原料的真密度见表2.1。

表2.1　　　　　　　　　　各种炭素材料的真密度

| 原料名称 | 真密度/(g·cm⁻³) | | |
|---|---|---|---|
| | 原料 | 1300 ℃ | 2300 ℃石墨化后 |
| 玉门斧式油焦 | 1.726 | 2.016 | 2.228 |
| 胜利延迟油焦 | 1.37 | 2.08 | 2.24 |
| 鞍山沥青焦 | 1.38 | 2.06 | 2.21 |
| 阳泉无烟煤 | 1.50 | 1.77 | 2.17 |
| 冶金焦 | 1.87 | 2.03 | 2.20 |

（2）体积密度（或假密度）$D_v$

炭素材料的体积密度是包括孔隙在内的单位体积质量，它表示炭素材料或制品的宏观组织结构的密实程度。体积密度的测定方法参见 YB/T 119—1997。各种炭素材料的体积密度见表2.2。制品的气孔率越大，体积密度越低。体积密度是碳和石墨制品的一项重要指标，在一定程度上影响制品的机械性质和热力学性质。

表2.2　　　　　　　　　　各种炭素材料的体积密度

| 原料名称 | 体积密度/(g·cm⁻³) | | |
|---|---|---|---|
| | 原料 | 1300 ℃ | 2300 ℃石墨化后 |
| 玉门斧式油焦 | 0.821 | 0.994 | 0.876 |
| 胜利延迟油焦 | 0.98 | 1.13 | 1.05 |
| 沥青焦 | 0.80 | 0.81 | 0.89 |
| 阳泉无烟煤 | 1.35 | 1.36 | 1.46 |
| 冶金焦 | 0.94 | 1.10 | 0.87 |

### 2.1.2 气孔结构

炭素材料具有多孔性，因此可作为吸附材料、过滤材料、扩散器材料、热绝缘材料等。炭素材料的气孔按照其形态可分为开口气孔、闭口气孔和贯通气孔(图 2.1)，其中开口气孔和贯通气孔统称为显气孔。按照尺寸大小又可分为微孔(小于 2 nm)、过渡孔(2~50 nm)和大孔(大于 50 nm)。炭素材料的气孔结构参数主要有气孔率、孔径分布和透气度。

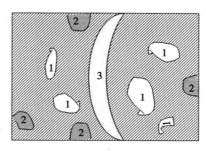

**图 2.1 炭素材料的气孔类型**

1—闭口气孔；2—开口气孔；3—贯通气孔

(1)气孔率

炭素材料的致密性可以用气孔率来表征。全气孔率 $P_t$ 是指气孔总体积与试样总体积的比值。显气孔率是指显气孔体积与试样总体积的比值。

$$P_t = \frac{V_1 + V_2 + V_3}{V} \times 100\% \qquad (2.2)$$

$$P = \frac{V_2 + V_3}{V} \times 100\% \qquad (2.3)$$

式中，　　　$P_t$——全气孔率，%；

　　　　　　$P$——显气孔率，%；

$V$，$V_1$，$V_2$，$V_3$——试样总体积、闭口气孔、开口气孔和贯通气孔的体积，$m^3$。

当用溶剂置换法时，溶剂无法进入闭气孔，故只能测得显气孔率。

全气孔率还可以用真密度与体积密度求得，计算公式如下：

$$P_t = \frac{D_t - D_v}{D_t} \times 100\% \qquad (2.4)$$

式中，$P_t$——全气孔率，%；

$D_t$，$D_v$——真密度和体积密度，$g/cm^3$。

炭素材料的气孔率与真密度和体积密度有关，在真密度不变的情况下，测得的体积密度越低，则气孔率就越大。几种炭素材料的气孔率见表2.3。

表2.3　　　　　　　　　　　　典型炭素材料的气孔率

| 名称 | 炭电极 | 石墨电极 | 炭块 | 过滤材料 | 浸渍结构材料 | 电炭材料 |
|------|--------|----------|------|----------|--------------|----------|
| 全气孔率/% | 17～25 | 22～30 | 15～20 | 30～60 | 0～3 | 10～20 |

（2）孔径分布

炭素材料中的气孔一般是不规则的非球状气孔，定义孔径是与不规则气孔具有相同体积的球形气孔的直径，因此可用式（2.5）计算平均孔半径：

$$\bar{r} = \frac{3\,P_t}{S\,D_v} \tag{2.5}$$

式中：$\bar{r}$——平均孔半径，cm；

$P_t$——全气孔率，%；

$S$——比表面积，$cm^2/g$；

$D_v$——体积密度，$g/cm^3$。

当平均孔径不足以描述孔的特征时，还可以通过分布函数了解孔径分布的情况。孔径分布函数有数分布函数 $D_N(R)$ 和体积分布函数 $D_v(R)$，前者表示孔半径介于 $R \sim R + \Delta R$ 范围内的气孔数占气孔总数的百分比，后者表示孔半径介于 $R \sim R + \Delta R$ 范围内的孔的体积占气孔总体积的百分比。

（3）透气度

气体在一定压力下，透过试样的程度称为透气度。具有一定压力的气体，在层流条件下通过试样，测定试样两端气体的压差和通过试样的流量，即可计算出试样的透气度。炭素材料的透气度受体积密度的影响，体积密度越大，透气度越小。炭素材料的透气度还取决于材料内部气孔的大小和贯通以及气体压力。

根据达尔塞定律，炭素材料的透气度可按式（2.6）计算：

$$K = \frac{QL}{\Delta P \cdot A} \tag{2.6}$$

式中，$K$——透气度，$cm^2/s$；

$Q$——压力 – 体积流速，$MPa \cdot cm^3/s$；

$L$——试样厚度，cm；

$A$——试样截面积，$cm^2$；

$\Delta P$——在试样厚度量测的压力差，MPa。

## 2.2　炭素材料的力学性质

### 2.2.1　炭素材料的机械强度

机械强度是指材料抗拉、抗压、抗弯、抗扭和抗冲击等强度的总称。炭素制品的机械强度主要是指抗压、抗拉和抗折强度。

炭和石墨制品在不同方向上表现的力学性能常常是各向异性的，即在不同方向上测得的数值不同。对于挤压产品[图 2.2(a)]来说，沿平行于试块挤压方向测得的数值，总是比沿垂直于挤压方向所测得的数值要大一些。而对于模压产品[图 2.2(b)]来说，沿试块加压方向测得的强度数值要小于垂直于加压方向所测得的数值。这是因为在挤压时，焦炭颗粒以其长轴平行(∥)于挤压方向排列；而在模压时，颗粒的长轴方向与加压方向相垂直(⊥)，见表 2.4。

炭素制品不论是导电材料还是结构材料，都必须有一定的强度，才能经得住碰撞、加压或弯曲等外力作用。因此，各种炭素制品都规定了强度指标。一般要求测定它们的抗压强度，有时还要测定其抗弯强度或抗拉强度。

(a)挤压制品　　　　　　　　　　　　(b)模压制品

**图 2.2　炭素制品**

表 2.4 几种炭石墨制品强度的各向异性

| 种类 | 测量方向 | 极限强度/MPa | | |
|------|----------|------|------|------|
| | | 抗压 | 抗折 | 抗拉 |
| 炭电极(挤压) | ∥ | 21.6~49.0 | 4.9~12.7 | 2.4~6.8 |
| | ⊥ | 19.6~44.1 | — | — |
| 石墨电极(挤压) | ∥ | 11.7~29.4 | 5.9~15.7 | 2.9~7.8 |
| | ⊥ | 9.8~27.4 | 4.4~13.7 | 1.5~6.4 |
| 核石墨(模压) | ∥ | 32.0 | 14.5 | 9.7 |
| | ⊥ | 34.5 | 10.5 | 5.9 |
| 多孔石墨(模压) | ∥ | 11.4 | 7.4 | 3.7 |
| | ⊥ | 11.4 | 7.8 | 5.0 |
| 热解石墨 | ∥ | 102.9~137.3 | 102.9 | 1111.8~131.4 |
| | ⊥ | — | | 33.3 |

炭素的强度主要与下列因素有关：

① 与原料的颗粒强度有关。原料的颗粒强度越大，成品的机械强度越大。

② 与配料的颗粒组成有关。一般来说，采用较细的颗粒组成(指颗粒尺寸减小并多用于球磨料)可提高产品的强度。

③ 与黏结剂的性质及用量有关。采用软化点较高的高温沥青比采用中温沥青所得的产品强度大。配料时，沥青用量过多或过少都会降低产品的强度。

④ 与原料的煅烧程度有关。

⑤ 与炭块等制品的焙烧程度有关。

⑥ 石墨化产品与石墨化程度有关。

⑦ 经过浸渍的产品比未经浸渍的强度要高，在一定程度内浸渍次数越多，越能提高强度。

对于不同的产品来说，并不一定是机械强度越高越好。例如，电炉炼钢用的石墨化电极机械强度太高了并不合适，因为一般规律是体积密度越大的制品机械强度越高，而体积密度过大，特别是体积密度过大的大规格产品，在焙烧或石墨化过程中容易产生裂纹。在高温炉中使用体积密度过大的产品也表现出抗热震性能降低，这是因为体积密度大的产品其弹性系数及热膨胀系数也大，结果导致抗热震性能降低，在急冷急热时容易产生裂纹。

### 2.2.2　炭素材料的弹性变形与弹性模量

当固体材料受外力作用产生变形但尚未造成破坏时，去掉外力后仍能恢复到原来形状的性质称为弹性，这种变形称为弹性变形。在弹性变形阶段，其应力和应变成正比例关系，即符合胡克定律，其比例系数称为弹性模量，通常采用杨氏弹性模量。表 2.5 列出了常见的炭素材料的弹性模量。

表 2.5　　　　　　　　常见炭素材料的弹性模量

| 名称 | 弹性模量/MPa | 名称 | 弹性模量/MPa |
|---|---|---|---|
| 单晶石墨 | $1.03 \times 10^6$ | 高模量炭纤维 | $0.40 \times 10^6$ |
| 石墨晶须 | $0.70 \times 10^6$ | 炭制品 | $(0.29 \sim 0.88) \times 10^4$ |
| 热解炭 | $4.9 \times 10^4$ | 黄铜 | $9.0 \times 10^4$ |
| 石墨制品 | $(0.49 \sim 1.3) \times 10^4$ | 铸铁 | $8.8 \times 10^4$ |

通过弹性模量的测定，可以了解炭素材料的高温性能。弹性模量越小，炭素材料的抗热震性能越好，越能缓冲由于热膨胀所造成的制品内应力。

具有较高弹性模量的炭素材料有高模量炭纤维、单晶石墨、石墨晶须等。例如，高模量炭纤维的抗形变能量是钢的 2 倍，比铝合金大 5~6 倍。而一般炭素材料在室温下较脆，容易发生断裂，其弹性模量低于金属材料。但由于材料的各向异性，平行于挤压方向的弹性模量比垂直于挤压方向的大。同时随着材料的孔隙增加，其弹性模量下降。

测定弹性模量的方法有静态测试法和动态测试法。静态测试法通过对试样进行静拉伸，测出其伸长变形量。根据式(2.7)可求得弹性模量：

$$E = \frac{P L_0}{S \Delta L} \qquad (2.7)$$

式中，$E$——弹性模量，MPa；

　　$L_0$——试样原来长度，cm；

　　$P$——拉伸负荷，N；

　　$S$——试样横截面积，$cm^2$；

　　$\Delta L$——相应于 $P$ 时的伸长，cm。

动态测试法采用共振法测量弹性模量，材料的弹性模量与它的固有频率有关，通过测定物体的固有频率即可得出弹性模量(GB/T 3047.2—2008)。

### 2.2.3　炭素材料的摩擦性能

摩擦和磨损是在压力作用下相互接触的两物体(摩擦偶)，在其接触面相对运动时所引起的现象。阻止物体的运动，并使运动速度减慢和停止的力叫作摩擦力($F$)或介质阻力。摩擦力的方向与运动切向力的方向相反，通常把摩擦力与施加在摩擦部件的垂直负荷($N$)的比值称为摩擦系数($\mu$)，即 $\mu = F/N$。摩擦引起的能量损失(如摩擦热)使机器效率降低及寿命缩短，所以近代技术要求尽力减少摩擦偶的摩擦系数。摩擦与磨损的对立面是润滑。润滑的目的则是降低摩擦，减少磨损。耐磨及润滑材料种类繁多，但既能耐磨又能自润滑的材料却很少。

石墨制品的优点就在于既耐磨又有自润滑性。石墨材料与金属摩擦时，在两个摩擦面上所形成的定向晶体膜，是由石墨材料剥离下来的石墨颗粒所组成的。石墨晶体剥离时所产生的不饱和键，致使晶体膜与摩擦面一般都具有足够的连接强度，经过一段时间在金属及石墨表面形成石墨薄膜，其厚度及定向程度都达到一定的值，即开始时对石墨的磨损较快，以后则降到恒定的值。洁净金属－石墨摩擦面的定向程度最好，黏附力最大，这种摩擦面可以保证摩擦终了时的磨损率及摩擦系数最小。石墨材料与各类材料在空气中的摩擦，不论是静摩擦系数还是动摩擦系数都在 0.3 左右，不算特别小，但是使用石墨材料时不需要加润滑油，并且能耐加压下的滑动接触。石墨在 20 ℃时对各种石墨材料的摩擦系数见表 2.6 所示。

**表 2.6　　　　　　　　　石墨对各种材料的摩擦系数**

| 摩擦偶 | | 试验温度/℃ | 工作气氛 | 摩擦系数 | |
|---|---|---|---|---|---|
| | | | | 静摩擦 | 动摩擦 |
| 石墨对石墨 | | 25 | 空气 | 0.35 | 0.25 |
| | | 2450 | 氩 | 0.65 | 0.40 |
| 高强石墨对高强石墨 | | 25 | 空气 | 0.33 | 0.24 |
| | | 2450 | 氩 | 0.70 | 0.28 |
| 高强石墨对钢的抛光表面 | | 25 | 空气 | | 0.35 |
| 炭黑基石墨对金属 | 金 | 25 | 空气 | 0.26 | |
| | 银 | 25 | 空气 | 0.31 | |
| | 钢 | 25 | 空气 | 0.30 | |
| | 镍 | 25 | 空气 | 0.32 | |
| | 锌 | 25 | 空气 | 0.37 | |

石墨材料之所以能起自润滑作用，主要是因为石墨层面与层面之间主要以结合力非常弱的范德华力结合，易于相对滑动。当石墨在金属表面形成石墨薄

膜层后，就变成石墨与石墨之间的摩擦。石墨的润滑性能还取决于外部条件，在空气中水和气体的作用下，石墨工作面上的层面间距离因此加大，减弱了层面间的引力，同时，水和气体分子占据了石墨边缘自由键的位置，这两个因素都使石墨两摩擦面不易附着。作为润滑材料的石墨制品，工作环境中水分临界值为 5 g/m³，低于此值，则石墨磨损率增大。

## 2.3　炭素材料的热学性质

热学性质指材料受热后引起变化的关系，实质上是固体材料晶格中原子热振动在各方面的表现。如导热、热膨胀与高温下的耐热冲击性（抗热震性）等。

炭素材料具有非常优异的热学性质。石墨在常压下（3350±25）℃升华，在 12.159 MPa 下（3750±50）℃熔化，室温下平均抗拉强度约为 20 MPa，在 2500 ℃时却提高到 40 MPa 以上，2600 ℃以上在负荷下开始蠕变而失去强度。从目前使用的耐高温材料来说，还没有几种在熔点、高温强度方面超过炭素材料的。炭素材料在非氧化性介质中具有很高的热稳定性，因此可以作为冶金炉内衬、电极、坩埚等材料使用。

### 2.3.1　导热率

石墨的导热是由于石墨存在传导热的载流子（传导电子或空穴）的作用和晶格振动，而晶格热振动是炭素材料导热的主要原因。其原理是在一定温度下，晶体中原子的热振动有一定振幅，一个原子振动就会带动邻近原子进行周期性运动，相互作用的过程中发生了能量转移，使热量由热端向冷端传递。导热系数定义是在稳定传热条件下，1 m 厚的材料，两侧表面的温差为 1 K（℃），在 1 s 内，通过 1 m² 面积传递的热量，单位为 W/(m·K)（此处的 K 可用℃代替）。常温下石墨的热导率与金属的对比见表 2.7。

表 2.7　　　　　　　　常温下石墨与金属的热导率对比

| 测量方向 | 石墨 $\lambda/(W \cdot m^{-1} \cdot K^{-1})$ | | | 金属 $\lambda/(W \cdot m^{-1} \cdot K^{-1})$ | | | |
|---|---|---|---|---|---|---|---|
| | 天然 | 人造 | 热解 | 硫铜 | 铝 | 铜 | 银 |
| 垂直于晶粒方向（C 方向） | 83.7 | 1.39 | 8.4 | 52 | 228 | 384 | 410 |
| 平行于晶粒方向（A 方向） | 272 | 240 | 400 | | | | |

炭素材料的导热率具有下列特点：

① 呈现各向异性；

② 孔隙率大的材料导热率小；

③ 通常炭素材料的石墨化度愈高，则导热率愈高；

④ 石墨材料的热导率随温度升高而减小。

对于实际应用来说，作为耐磨制品的炭素材料之所以具有优异的耐磨性能，是由于石墨材料的热导率很高，耐热性能优良，因而滑动速度对摩擦系数和磨损率的影响甚微。通常滑动速度增大，一般会使摩擦面的温度升高，摩擦材料发生不可逆变化，并使其耐磨性能降低。石墨材料所具有的高热导率，有助于自摩擦面把热量快速传开，以便在临近固定的温度条件下使材料内部及其摩擦面的温度得到平衡。

### 2.3.2 热膨胀系数

炭石墨材料的热稳定性还表现在较低的线膨胀系数上。当物体温度发生变化时，物体的几何尺寸随之发生变化，受热时增大，冷却时减小（少数反常现象除外）。物体的体积或长度随温度的升高而增大的现象称为热膨胀。对于具有各向异性的固体材料，温度升高 1 ℃时所引起的沿其某一特定方向上单位长度的膨胀量，称为该材料某特定方向上的线膨胀系数（简称线胀系数，CTE）。线胀系数可用式(2.8)计算：

$$\alpha_l = \frac{\Delta l}{l_0 \Delta t} \tag{2.8}$$

式中，$\alpha_l$——线膨胀系数，1/℃；

$\Delta l$——伸长量，cm；

$l_0$——原始长度，cm；

$\Delta t$——升高的温度，℃。

炭素材料的热膨胀性特点：

① $\alpha_l$ 比金属材料小得多；

② 易石墨化炭材料的线膨胀系数随石墨化度的提高而减小，难石墨化炭材料则相反；

③ 炭素材料的线膨胀系数具有各向异性。

人造石墨的线膨胀系数 $\alpha_l \approx (3 \sim 8) \times 10^{-6}$/℃，有些只有 $(1 \sim 3) \times 10^{-6}$/℃。其温度依存性是一条近似平滑的曲线，这就能保证在高温条件下它的几何尺寸和安装位置的稳定。

### 2.3.3 耐热冲击性(抗热震性)

炭素制品在高温下使用时,能经受温度剧烈变化而不开裂的能力,被称为耐热冲击性或抗热震性。实践证明,炭和石墨制品的耐热冲击性的大小与制品线膨胀系数、导热系数、抗拉强度、组织结构、制品配方颗粒组成等因素有密切关系。一般来说,制品的导热性越好,抗拉强度越大,线膨胀系数越小,弹性模量越小,其抗热震性能就越好;反之,就越差。式(2.9)和式(2.10)可以定量地反映材料抗热震性的好坏。

$$R = \frac{P}{\alpha_l E} \left( \frac{\lambda}{c_p D_v} \right)^{1/2} \tag{2.9}$$

$$R' = \frac{\lambda P}{\alpha_l E} \tag{2.10}$$

式中,$R$——抗热震性指标;

$\quad R'$——耐热冲击参数;

$\quad P$——抗拉强度,MPa;

$\quad \alpha_l$——线膨胀系数,$1/℃$;

$\quad E$——杨氏弹性模量,MPa;

$\quad \lambda$——热导率,$W/(m \cdot K)$;

$\quad c_p$——比定压热容,$kJ/(kg \cdot K)$;

$\quad D_v$——体积密度,$g/cm^3$。

## 2.4 导体的电阻和电阻率

炭素材料在许多场合可以作为导电材料来使用。导体的电阻与材料的性质及形状、长度有关,对于由一定材料制成的横截面为均匀的导体,其电阻与导体长度成正比,与横截面大小成反比。电阻率是电流通过导体时,导体对电流阻力的一种性质,数值上等于长度为 1 m、截面积为 1 m² 的导体在一定温度下的电阻值。电阻率的计算公式为:

$$\rho = \frac{UA}{IL} \tag{2.11}$$

式中,$\rho$——电阻率,$\Omega \cdot m$;

$U$——导体两端的电压，V；

$A$——导体的截面积，$m^2$；

$L$——导体的长度，m；

$I$——通过导体的电流强度，A。

通常截面积单位为 $mm^2$，则电阻率单位为 $\mu\Omega \cdot m$。

高度定向的天然鳞片石墨与热解石墨的电阻率各向异性特别大，可以相差上万倍，但是人造石墨制品（不论是模压或挤压成型）的异向比只有 1.2 ~ 1.4。这是因为人造石墨都是多晶石墨，材料电阻率的方向性受原料焦炭择优定向排列的影响。天然鳞片石墨与热解石墨的电阻率测定结果举例于表2.8。

表2.8 天然鳞片石墨和热解石墨的电阻率

| 名称 | 电阻率/($\mu\Omega \cdot m$) | | 异向比($\rho_c/\rho_a$) |
|---|---|---|---|
| | A 轴方向 | C 轴方向 | |
| 天然鳞片石墨 | 0.99 ~ 1 | $10^4$ | $10^4$ |
| 热解石墨 | 0.6 | $5 \times 10^3$ | $0.8 \times 10^4$ |

在炭素工业中经常使用两种测定电阻率的方法，即整根电极电阻率的测量和煅烧料粉末电阻率的测量。一般将试样做成方块或圆形，然后进行测定，可测出整体产品的电阻率。而煅烧原料的粉末比电阻测试通过把试样磨成较小的颗粒，然后用专用仪器测定。具体测定方法参考炭素材料电阻率测定方法（YB/T 120—1997）。

影响石墨电极和炭质电极电阻率大小的主要因素有：

（1）原料

原料的导电性能对成品的电阻率有明显影响，沥青焦的电阻率高于石油焦，因此部分使用沥青焦的石墨电极的电阻率要高于全部使用石油焦的电阻率。使用普通煅烧后（煅烧温度 1200 ~ 1300 ℃）无烟煤生产的炭质电极，其电阻率高于使用电煅烧无烟煤（煅烧温度 1500 ~ 2000 ℃）的同类产品。生产炭质电极、电极糊如加入部分石墨碎（或天然石墨），成品的电阻率可明显下降。

（2）成品体积密度及孔隙率

在一定范围内，成品的体积密度较低或孔隙率较大，会提高电阻率。

（3）成品的最终热处理温度

以石墨电极为例，焙烧半成品的电阻率与焙烧最终温度成反比例，石墨化后成品的电阻率与石墨化最终温度成反比例，最终温度愈高，得到的焙烧半成品或成品的电阻率愈低。

（4）测试温度

不同的炭素材料在测试温度升高时，电阻率变化的幅度不一样，即不同的炭素材料有不同的电阻温度系数。当测试温度升高时，材料的电阻率随之上升，则这类材料的电阻温度系数为正值；当测试温度升高时，材料的电阻率下降，则这类材料的电阻温度系数为负值。石墨材料的电阻温度系数与一般材料不同，即在某一温度范围内电阻温度系数为正值，而在另一温度范围内为负值。例如，某种焦炭基石墨，当测试温度在 500 K 以下时，电阻率随测试温度升高而急剧下降；测试温度在 500～1000 K 这一区间时，电阻率变化很小；测试温度在 1 000 K 以上时，随着测试温度的提高，电阻率又呈上升趋势。

炭和石墨制品的电阻有明显的方向性。对挤压成型的制品来说，试样沿平行于挤压方向测得的电阻要比垂直方向小得多。利用石墨电极成品电阻率的各向异性，可以判断该电极的成型方法。以石墨电极为例，判断方法如下：

① 电阻率（$\rho$）在一个方向低而在其他两个方向高（$\rho_x < \rho_y \approx \rho_z$），为挤压成型生产，$x$ 轴为挤压成型的加压方向。

② 电阻率（$\rho$）在两个方向低而在一个方向高（$\rho_x \approx \rho_y < \rho_z$），为模压成型生产，这时 $z$ 轴为模压成型的加压方向。振动成型生产的石墨电极的径向电阻率与轴向电阻率差别不大。

## 2.5　磁学性质

因炭素材料磁化后产生的磁场强度方向与外加磁场强度方向相反，所以炭素材料是一种抗磁性物质，其磁化率（$\chi$）为负值。大多数炭素材料的磁化率呈现明显的各向异性，所以磁化率也有明显的各向异性，分为（$\chi_{/\!/}$ 和 $\chi_{\perp}$）。

磁化率与其微晶大小有关，当微晶尺寸（$L_a$）从 5 nm 增大到 15 nm 时，$\chi_m$（平均抗磁性磁化率）急剧增加，说明抗磁性磁化率主要依赖于微晶的大小，因此测定炭素材料的磁化率是研究炭素材料晶体发育程度的一种方法。石墨质制品的抗磁性磁化率还和测量温度有关（见表2.9）。

磁阻为外加磁场的电阻率 $\rho_H$ 和不加磁场时的电阻率 $\rho$ 之差值与电阻率之比。磁阻受热处理温度影响。当热处理温度在 2400 ℃ 以下时，炭素材料的磁阻为负值；在 2400 ℃ 以上时，炭素材料的磁阻呈线性增加。

**表 2.9** 石墨和集中石墨制品的平均抗磁性磁化率

| 品种 | | 平均抗磁性磁化率/( ×$10^{-6}$emu · $g^{-1}$) | | |
|---|---|---|---|---|
| | | 293K | 196K | 77K |
| 天然石墨 | | − 6.48 | − 7.4 | − 8.74 |
| 高纯石墨 | | − 6.04 | − 6.75 | − 7.99 |
| 石墨电极 | 粗颗粒结构 | − 5.48 | − 6.25 | − 7.58 |
| | 中颗粒结构 | − 5.53 | − 6.21 | − 7.21 |
| | 细颗粒结构 | − 5.47 | − 6.09 | − 6.91 |

# 2.6　炭素材料的化学性质

元素碳或各种炭素材料的化学性质不活泼，因而是一种耐腐蚀的材料，但在一定条件下(温度、气氛或接触某种化学物质)，碳元素、炭质或石墨质材料也会被氧化、被侵蚀及发生各种化学反应，在高温下熔解于金属并生成碳化物。天然鳞片石墨在特殊条件下可生成各种石墨层间化合物。

炭素材料的化学反应包括与各种气体、各种酸碱和各种金属或非金属生成碳化物的化学反应。

### 2.6.1　与气体的反应

在常温时，碳与各种气体一般不发生化学反应，只有加热到一定温度反应才能进行。石墨与碳(无定形碳)比较，进行化学反应需要更高的温度。在350 ℃左右无定形碳即有明显的氧化反应，而石墨开始有明显氧化反应的温度大致在450 ℃附近。氧化反应的速度与当时的接触面积大小、无定形碳或石墨材料的气孔结构及气体压力等因素有关。无定形碳或石墨在较低的温度下，如氧气供给充分，则主要进行以下反应：

$$C + O_2 \longrightarrow CO_2 \tag{2.12}$$

在较高的温度下，又开始了下述反应：

$$2C + O_2 \longrightarrow 2CO \tag{2.13}$$

赤热的炭或石墨与水蒸气约在 700 ℃时开始反应：

$$C + H_2O \longrightarrow CO + H_2 \tag{2.14}$$

$$C + 2H_2O \longrightarrow CO_2 + 2H_2 \tag{2.15}$$

赤热的炭与 $CO_2$ 的还原反应在更高的温度下才能进行，实验测定这个温度在 900 ℃ 附近。

$$C + CO_2 \rightarrow 2CO \tag{2.16}$$

碳和石墨与氢的反应要在 1000 ℃ 以上的高温下才能进行，即使达到 1100 ～ 1500 ℃ 这样的高温，也只有少量的 $CH_4$ 生成，除非有某种触媒存在，否则其反应速度是很慢的。

$$C + 2H_2 \rightarrow CH_4 \tag{2.17}$$

以上几种反应中，$C + O_2$ 反应是最容易进行的，而 $C + H_2$ 反应是最难进行的。

元素氟与碳即使在 400 ℃ 时也会起反应，并放出大量的热：

$$C + 2F_2 \rightarrow CF_4 \tag{2.18}$$

但是元素氯与碳只有在引入电弧的条件下才能起反应：

$$C + 2Cl_2 \rightarrow CCl_4 \tag{2.19}$$

炭素材料的氧化反应性能与它们的最终热处理温度、杂质含量、晶格结构的完善程度、孔隙率的大小及孔隙结构状态（开口气孔的多少）、气体分子的扩散速度等诸多因素有关。最终热处理温度愈高，则其开始氧化温度也愈高，所以石墨制品的开始氧化温度高于炭质制品。杂质元素如铁、钠、钙、钒都能起加速氧化的触媒作用，炭素材料的孔隙率愈大，则氧化速度也愈快。

### 2.6.2　与酸碱盐的反应

炭素材料与其他金属或非金属相比，与各种酸碱的反应很不活泼，除强化性酸（王水、铬酸、浓硫酸、浓硝酸）对其有侵蚀作用外，能抵抗温度在沸点以下任何浓度种类酸的侵蚀；对其他盐类溶液，除了强氧化溶液（如重铬酸钾、重铬酸钠及高锰酸钾）外，对沸点以下的各种盐类溶液都是稳定的。石墨在强氧化性酸及强氧化性盐类溶液中被氧化时，氧侵入石墨的层状晶格间，使石墨的晶格产生体积膨胀，生成了氧化石墨的层间化合物，即石墨层间化合物。

### 2.6.3　生成碳化物的反应

碳与许多金属或金属氧化物、非金属及其氧化物在高温下能发生化学反应并生成碳化物，或者金属、非金属被还原，析出单体金属或非金属，其通式为：

$$Me_xO_y + yC \rightarrow yCO + xMe \tag{2.20}$$

当碳过量时，生成另一种碳化物：

$$2Me_xO_y + 3yC \rightarrow 2yCO + Me_{2x}C_y \qquad (2.21)$$

所有的碳化物都是固体，碳化物不挥发，而且不溶于一般溶剂中，因此碳化物的真实分子质量是个未知数，通常用最简单的分子式来表示。按其对水和稀酸的关系，可将碳化物分为两大类：第一类是可以被水和稀酸两种物质分解的，这一类碳化物应看成金属置换乙炔中氢原子的产物。这一类碳化物主要生成活性金属。第二类碳化物可看成金属置换甲烷中氢原子的产物，这类碳化物已知的只有碳化铍和碳化铝，当受到热水和稀酸作用时，这两种碳化物就会分解出纯甲烷。

碳与硫在高于 700 ℃ 的温度时起反应：

$$C + 2S \rightarrow CS_2 \qquad (2.22)$$

某些碳化物的固熔体如 $4TaC + 1ZrC$ 或 $4TaC + 1HfC$ 的熔点为 4200 K，是已知熔点最高的物质。

## 2.7　炭素材料的核物理性质

核反应是指原子核与原子核或者原子核与各种粒子(如质子、中子、光子或高能电子)之间的相互作用引起的各种变化。核裂变过程中产生的快中子速度极快(约为 $3 \times 10^7\,m/s$)，不易为核燃料所俘获，导致核裂变不能继续下去。因此，需要核反应堆对核燃料进行有控制的裂变。核反应堆中的减速材料与快中子做弹性碰撞，使快中子失去大部分能量，速度大大减慢，直至速度降为 2200 m/s，成为慢中子。用慢中子去轰击核裂变物质的原子核，才能使它持续产生核裂变。其中的减速材料必须具备以下特点：每次碰撞时，使中子损失较多能量；吸收中子少，以提高中子利用率；能长期经受快中子和其他高能粒子的轰击而变化很小；化学稳定性好，不与裂变区内物质发生化学反应。核反应原理图如图 2.3 所示。

### 2.7.1　石墨的核物理参数

石墨反应堆是核裂变反应堆中的一种，也是最常用、最早使用的一种。石墨具有良好的中子减速性能，最早作为减速剂应用于原子反应堆中，铀－石墨反应堆是目前应用较多的一种原子反应堆。作为动力用的原子能反应堆中的减速材料应当具有高熔点、稳定、耐腐蚀的性能，石墨完全可以满足上述要求。

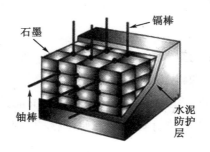

**图 2.3　核反应原理图**

（1）散射截面与吸收截面

在核物理学中，把某种核反应发生的概率用"截面"作为度量，以 $\sigma$ 表示，它的单位是靶恩（b）。1 b = $10^{-24}$ $cm^2$。中子与原子核碰撞，仅使中子运动方向和速度改变，而未被原子核吸收的现象称为散射。原子的散射截面是指某一元素的原子核散射中子的概率。一个碳原子的散射截面（$\sigma_s$）为 4.7 b。

核反应中的吸收包括裂变和俘获，后者是指原子核吸收中子后不裂成碎片，而是释放其他粒子（如 $\alpha$ 粒子、$\gamma$ 粒子）。作为减速材料应该具有较低的中子吸收概率。一个碳原子的中子吸收截面（$\sigma_a$）为 0.003 7 b。

石墨材料作为反射材料要求散射截面大，吸收截面小，因此 $\sigma_s/\sigma_a$ 可以作为反射材料的质量指标。石墨作为减速材料要求吸收截面尽量小，而一般石墨都含有杂质，某些杂质如镉、硼、稀土元素等的吸收截面十分大，所以核石墨必须是高纯石墨。

（2）全吸收系数

全吸收系数（$\Sigma_a$）是指 1 $cm^3$ 的碳原子对中子吸收的总截面，$\Sigma_a = N_c\sigma_a$，其中 $N_c$ = 1 $cm^3$ 的碳原子数。$N_c$ 可按式（2.23）计算：

$$N_c = \frac{D_v}{A_c} \cdot N_A \tag{2.23}$$

式中，$D_v$——核石墨的体积密度，$g/cm^3$；

　　$A_c$——碳的相对原子质量，为 12.01；

　　$N_A$——阿伏伽德罗常量，$N_A$ = 6.022 14 × $10^{23}$ $mol^{-1}$。

（3）减速比

快中子的减速是通过弹性散射和非弹性散射失去一部分能量实现的。每次碰撞的能量损失通常用对数平均值来表示，按照式（2.24）计算：

$$\xi = \ln \frac{E_1}{E_2} \qquad (2.24)$$

式中，$\xi$——能量损失平均对数值；

$E_1$，$E_2$——中子碰撞前和碰撞后的能量。

石墨的 $\xi$ 值为 0.158。快中子每碰撞一次失去的能量愈多，其减速能力就愈强。减速能力用 1 cm³ 减速材料的全部原子核的减速能力（$\tau$）来表示。$\tau = N_c \sigma_s \xi$。

减速能力只反映了减速材料控制快中子速度的能力，而对减速材料的另一个要求是吸收截面尽量小，综合起来，用减速比来表示。减速比（$\eta$）用下式计算：

$$\eta = \frac{\sigma_s}{\sigma_a} \cdot \xi \qquad (2.25)$$

### 2.7.2　石墨与其他材料的核物理性能的对比

重水是最理想的减速材料，但生产成本非常高。石墨的减速比虽比重水小得多，但高于其他材料，它的中子吸收截面也比较小，而且石墨资源丰富，生产成本要比重水低得多，所以从世界上第一座核反应堆开始就采用石墨作为减速材料。

### 2.7.3　辐射对石墨性能的影响

石墨在经受辐射后，晶格中的碳原子受快中子和其他高能粒子的猛烈轰击，会偏离正常位置，晶格就会产生空穴和畸变，从而引起石墨的物理和机械性能的变化。其变化的大小由辐照强度、辐照温度和石墨本身的质量所决定。

① 当辐照温度在 300 ℃以下时，垂直于挤压方向的尺寸有增大或收缩，而平行方向均为收缩；热导率下降而电阻率明显增加；线热膨胀系数变化不大。

② 即使在辐照量不大的情况下，石墨的机械强度和弹性模量增大，在低温下更显著，从而使石墨变硬、变脆、塑性变形率大为降低。

③ 石墨经辐照后，其内部储存潜在能量。这种潜能在石墨被加热到500 ℃以上时可以释放出来。如果这些能量突然释放出来，将会烧坏反应器构件。

为了减小辐照对石墨的损伤，可以从两方面着手：一方面是选择合适的原料及工艺条件，增强石墨本身质量；另一方面为控制辐照量及辐照温度，重视石墨材料对辐照的承受量。

## 2.8　炭素材料的生物相容性

　　炭素材料在生物体上的应用古已有之。古代人的刺青就是将炭质材料注入体内进行纹身刺字，充分说明炭与生物体相容，可长期在生物体内存在。所谓生物相容性，是指材料在生物体内处于动、静态变化过程中的反应能力，包括材料对生物体的反应和生物体对材料的作用。生物材料不引起明显的临床反应以及能耐受宿主各系统的作用而保持相对稳定、不被破坏和排斥的生物学性质，则为生物相容性良好。

　　如今医用炭素材料应用在心血管系统、修复结缔组织、牙科医用炭素材料、骨伤外科等众多生物医学领域。常用的医用炭素材料有炭纤维、炭/炭复合材料、石墨及热解炭、碳纳米管等等。

　　炭纤维具有低密度、高比模量、比强度、高导电性、高比表面积以及良好的生物相容性等特点，在生物医学领域中有广泛的应用前景。炭纤维及其织造物作为修复损伤的韧带与肌腱，在国内已广泛应用于临床。当炭纤维作为腱的取代物移入体内后起柔性固定的作用，炭纤维相当于支架，新的腱逐渐在炭纤维周围形成并最终取而代之。通过炭纤维网袋悬吊术可治疗肾下垂。用炭纤维增强的壳聚糖复合膜，其力学性能和抗卷曲性可得到明显改善，有望用于张力部位的体内修补和缝合。此外，利用活性炭材料的高效吸附特性，还可以将它用于血液的净化，清除某些特定的病毒和成分。

　　炭素材料在牙科主要是作为骨内种植体代替损失的牙根。与金属牙种植体相比，碳质种植体的优势在于弹性模量与骨质相近，表面易制出多孔膜，所以这种种植体植入后不易松动。

　　炭/炭复合材料不仅具有复合材料优良的力学性能，而且具有炭材料的特殊性能，例如，强度和刚度高，耐腐蚀，尺寸稳定性高，具有优异的化学惰性、断裂韧性、热稳定性、耐核辐射、耐疲劳，抗热震，有低热膨胀系数以及良好的生物相容性等。在下肢不等长畸形的肢体延长矫正手术中，用炭/炭复合材料制成的圆骨针取代不锈钢圆骨针，可减少组织反应和感染的机会。

　　目前，石墨材料已经成功用于心脏瓣膜，已能制造重量不到 1g 的心脏瓣膜，所生产的心脏瓣膜具有足够的强度、抗磨性、热导性、电导性和抗血栓性，传递脉冲可达 20 年，安全性和有效性得到了医学界的公认。用全热解炭材料制作新型人造心脏瓣膜，并对材料和瓣膜作理化性能和生物学测试，结果表明，该瓣抗血栓形成性能优良，且耐久性好，血流动力学性能、生物相容性优良。

近年来，碳纳米管在生物医学领域的研究已经吸引了越来越多的关注。国内外学者利用碳纳米管奇特的结构特点和特殊的性能已经在生物传感器、生物材料制备、组织再生与修复、神经细胞的生长等方面做了大量的工作。

## 思考题与习题

2-1　炭素材料的气孔结构有哪些？可以用哪些参数描述？其物理意义是什么？

2-2　炭素材料的力学性能包括哪些方面？分别有何特点？

2-3　炭素材料为什么具有导热导电的性能？

2-4　炭素材料的热稳定性和化学稳定性体现在哪些方面？

2-5　炭素材料的核物理性能特点是什么？

2-6　什么是炭素材料的生物相容性？

# 第 3 章　炭素材料的分类

炭和石墨材料是以碳元素为主的非金属固体材料,其中炭材料基本上是由非石墨质碳组成的材料,而石墨材料则基本上是由石墨质碳组成的材料,有时也把炭和石墨材料统称为炭素材料(或碳材料)。

## 3.1　按照产品类型分类

炭素制品按产品类型分类可分为石墨电极类、炭块类、石墨阳极类、炭电极类、炭糊类、电炭类、炭素纤维类、特种石墨类、石墨热交换器类等。

### 3.1.1　石墨电极类

石墨电极类主要以石油焦、针状焦为原料,煤沥青作黏结剂,经煅烧、粉碎、筛分、配料、混捏、压型、焙烧、石墨化、机加工而制成,是在电弧炉中以电弧形式释放电能对炉料进行加热熔化的导体。根据其质量指标高低,可分为普通功率、高功率和超高功率。

(1)普通功率石墨电极

允许使用电流密度低于 17 $A/cm^2$ 的石墨电极,主要用于炼钢、炼硅、炼黄磷等的普通功率电炉。

(2)抗氧化涂层石墨电极

表面涂覆一层抗氧化保护层的石墨电极,形成既能导电又耐高温氧化的保护层,降低炼钢时的电极消耗。

(3)高功率石墨电极

允许使用电流密度为 18~25 $A/cm^2$ 的石墨电极,主要用于炼钢的高功率电弧炉。

(4)超高功率石墨电极

允许使用电流密度大于 25 $A/cm^2$ 的石墨电极,主要用于超高功率炼钢电弧炉。

### 3.1.2 石墨阳极类

石墨阳极所用原料及生产工艺与石墨电极基本相同，一般用于电化学工业中电解设备的导电阳极。为了降低气孔率和提高机械强度，必须进行浸渍处理。它具有耐高温，导电和导热性能好，易于加工，化学稳定性高，耐酸、碱腐蚀性强，灰分低等特点。主要用于：① 食盐水溶液电解生产烧碱的电解槽的阳极，每吨烧碱生产约消耗石墨阳极 5~7 kg；② 用于熔盐电解法制造金属镁、钠的熔盐电解槽中的导电材料。

### 3.1.3 特种石墨类

特种石墨类主要以优质石油焦为原料，煤沥青或合成树脂为黏结剂，经原料制备、配料、混捏、压片、粉碎、再混捏、成型、多次焙烧、多次浸渍、纯化及石墨化、机加工而制成。一般用于航天、电子、核工业部门。包括光谱纯石墨，高纯、高强、高密以及热解石墨等。

### 3.1.4 石墨热交换器

石墨热交换器是指将人造石墨加工成所需要的形状，再用树脂浸渍和固化而制成的用于热交换的不透性石墨制品，它是以人造不透性石墨为基体加工而成的换热设备，主要用于化学工业。包括块孔式热交换器、径向式热交换器、降膜式热交换器和列管式热交换器。

### 3.1.5 不透性石墨类

不透性石墨类是指经树脂及各种有机物浸渍、加工而制成的各种石墨异型品，包括热交换器的基体块。

### 3.1.6 炭块类

炭块类是指以无烟煤、冶金焦为主要原料，煤沥青为黏结剂，经原料制备、配料、混粘、成型、焙烧、机加工而制成的炭素产品。炭块按照用途可分为高炉炭块、铝电解槽用炭块(底部炭块及侧部炭块)和电炉炭块。

其中，高炉炭块作为耐高温、抗腐蚀材料用于砌筑高炉内衬。

铝电解槽用炭块以无烟煤为主要原料，生产工艺与高炉炭块相同。它具有耐高温、抗熔盐侵蚀和导电、导热性好等特点，用于砌筑铝电解槽内衬，并作为阴极导电材料。根据使用部位不同,可分为底部炭块和侧部炭块两种。我国生产的铝电解用炭块有三种牌号,见表 3.1。

电炉炭块用于砌筑电石炉、铁合金炉、石墨化炉的炉底、炉缸和炉墙。我国生产电炉炭块的质量指标为灰分不大于 8%,抗压强度不小于 29.4 MPa,气孔率不大于 25%。

表 3.1　铝电解用炭块质量指标

| 牌号 | 灰分/% | 电阻率/$(\mu\Omega \cdot m)$ | 破损系数 | 体积密度/$(g \cdot cm^{-3})$ | 真密度/$(g \cdot cm^{-3})$ | 耐压强度/MPa |
|---|---|---|---|---|---|---|
| | 不大于 | | | 不小于 | | |
| TKL – 1 | 8 | 55 | 1.5 | 1.54 | 1.88 | 30 |
| TKL – 2 | 10 | 60 | 1.5 | 1.52 | 1.86 | 30 |
| TKL – 3 | 12 | 60 | 1.5 | 1.52 | 1.84 | 30 |

### 3.1.7　炭电极类

炭电极类是指以无烟煤和冶金焦为原料,煤沥青为黏结剂,不经过石墨化,经压制成型而烧成的导电电极。它的电阻率高,导热性及抗氧化性均不如石墨电极,灰分高,但其在常温下的抗压强度要比石墨电极高,且生产成本仅为石墨电极的 1/2。它适用于小型电弧炉和生产铁合金、黄磷及刚玉等电炉作为导电电极,不适合熔炼高级合金钢的电炉。炭电极类包括:多灰电极(用无烟煤、冶金焦、沥青焦生产的电极)、再生电极(用人造石墨、天然石墨生产的电极)、炭电阻棒(即炭素格子砖)、炭阳极(用石油焦生产的预焙阳极)和焙烧电极毛坯。

炭阳极又称预焙阳极,主要以石油焦和沥青焦为原料,用于电解槽中作为阳极导电材料。在电解过程中,预焙阳极不仅作为导电体,而且参与电化学反应。在电化学反应中,阳极上发生阳离子放电,使阳极的碳被氧化生成二氧化碳和一氧化碳。每吨铝的预焙阳极消耗为 500~550 kg,我国炭阳极的质量标准列于表 3.2。

表 3.2　我国炭阳极的质量标准

| 等级 | 灰分/% | 电阻率/$(\mu\Omega \cdot m)$ | 抗压强度/MPa | 气孔率/% |
|---|---|---|---|---|
| 一级 | 0.5 | ≤60 | ≥34 | ≤26 |
| 二级 | 1.0 | ≤65 | ≥34 | ≤26 |

### 3.1.8　炭糊类

炭糊类是指以石油焦、无烟煤、冶金焦为主要原料，煤沥青为黏结剂而制成的炭素制品。主要包括以下几种用途：用于各种连续自焙电炉作为导电电极使用的电极糊；用于连续自焙式铝槽作为导电阳极使用的阳极糊；用于高炉砌筑的填料和耐火泥浆的粗缝糊和细缝糊。炭糊类包括：阳极糊、电极糊（包括标准、非标准电极糊）、底糊（包括多灰、少灰底糊）、密闭糊（包括多灰、少灰密闭糊）和其他糊（包括粗缝糊、细缝糊、自焙炭砖等）。

### 3.1.9　电炭产品类

电炭产品类是指炭电阻棒、电刷等产品。炭电阻棒以沥青焦为原料，主要用于竖式电阻炉生产氯化镁时作发热体和填充材料。炭电阻棒要求有较高的机械强度、耐高温、耐腐蚀和适中的电阻率。我国生产炭电阻棒的质量标准为：灰分不大于1.5%；抗压强度不小于44 MPa；气孔率不大于26%；电阻率不大于$49\mu\Omega\cdot m$。

### 3.1.10　炭棒

炭棒按照其特征可分为照明炭棒、加热炭棒、导电炭棒和光谱分析用炭棒。照明炭棒主要利用电弧光能，可用于电影放映、照相、探照灯、电影摄影等需要高光强的地方。精密铸造用炭棒、电池用炭棒、接地用炭棒、电解锰用炭棒都是利用其导电性能作为导电电极。光谱分析用炭棒必须选用低灰原料，它具有纯度高、不影响分析精度、机械强度高、导电性和热稳定性好等特点，用作分光分析的色谱仪的炭电极。

### 3.1.11　非标准炭、石墨制品类

非标准炭、石墨制品类是指用炭、石墨制品经过进一步加工而改制成的各种异型炭、石墨制品。此类包括：铲型阳极、制氟阳极，以及各种规格的坩埚、板、棒、块等异型品。

## 3.2　按照炭素制品加工深度高低分类

可分为炭制品、石墨制品、炭纤维和石墨纤维等。

## 3.3 炭素制品按照原料和生产工艺不同分类

可分为石墨制品、炭制品、炭素纤维、特种石墨制品等。

## 3.4 按照炭素制品所含灰分多少分类

可分为多灰制品和少灰制品（含灰分低于1%）。

## 3.5 炭素材料按照功能和用途分类

### 3.5.1 电热化学、冶金及有色工业用炭素材料及制品

炭素材料熔点高、高温强度好且导热导电性能优良，因而在冶金及有色工业中得到了广泛的应用。例如，电炉炼钢用电极（图3.1）和其他矿热炉（铁合金炉、电磁炉和黄磷炉）用的电极，高炉及其他矿热炉用的碳块，电解铝、镁用预焙阳极（图3.2）和阴极，生产烧碱（氢氧化钠）和氯气的食盐溶液电解槽的石墨化阳极导电材料，生产金刚砂（碳化硅）使用的电阻炉的炉头导电材料石墨电极，石墨坩埚（图3.3），连铸石墨，炉衬、铸膜、导槽和炼钢增碳剂及脱氧剂等。

图 3.1　电炉炼钢用电极　　　图 3.2　电解铝用预焙阳极　　　图 3.3　石墨坩埚

由于炭素制品能耐高温和有较好的高温强度及耐腐蚀性，所以很多冶金炉内衬可用炭块砌筑，如高炉的炉底、炉缸和炉腹，铁合金炉和电石炉的内衬，

铝电解槽的底部及侧部。许多贵重金属和稀有金属冶炼用的坩埚、熔化石英玻璃等所用的石墨坩埚，也都是用石墨化坯料。

### 3.5.2 电工、机械用炭素材料及制品

炭素材料具有导电性、自润滑性和耐磨性等性能，作为耐磨和润滑材料，可用于电刷(图3.4)与电机车导电滑板及电触点，各种高压泵与汽轮机或燃气轮机的轴封、空压机活塞环、密封环、纺织机与印刷机轴承和轴套(图3.5)，汽车刹车片(图3.6)等。

图3.4 电刷 　　图3.5 轴承和轴套 　　图3.6 汽车刹车片

炭素材料除具有化学稳定性高的特性外，还有较好的润滑性能。在高速、高温、高压的条件下，用润滑油来改善滑动部件的耐磨性往往是不可能的。石墨耐磨材料可以在 −200~2000 ℃温度下的腐蚀性介质中，并在很高的滑动速度下(可达 100 m/s)，不用润滑油而工作。因此，许多输送腐蚀性介质的压缩机和泵广泛采用石墨材料制成的活塞环、密封圈和轴承。它们运转时无需加入润滑剂。这种耐磨材料是用普通的炭或石墨材料经过有机树脂或液态金属材料浸渍而成。石墨乳剂也是许多金属加工(拔丝、拉管等)的良好润滑剂。

### 3.5.3 电化学用炭素材料及制品

主要有电池炭棒(图3.7)或产生弧光用的弧光炭棒、锂离子电池阴极(图3.8)，燃料电池石墨双极板，铝、镁、钠及稀有金属电解电极与氟电解电机、电火花加工电极等。

图 3.7　电池炭棒　　　　　　图 3.8　锂离子电池阴极

### 3.5.4　化工用不透性炭素材料及制品

经过有机树脂或无机树脂浸渍过的石墨材料,具有耐腐蚀性好、导热性好、渗透率低等特点,这种浸渍石墨又称为不透性石墨。它大量应用于制作各种热交换器,反应釜及吸收塔内衬及涂层、化学阳极板、泵、管道、阀门等滤器的构件与密封环等,还可作为脱色剂和吸附剂等广泛应用于石油炼制、石油化工、湿法冶金、酸碱生产、合成纤维、造纸等工业部门。

### 3.5.5　半导体、通信、电子器件用炭素材料及制品

主要有炼硅炉及硅单晶外延炉用石墨,电子元器件及制造电子元器件装备用石墨,电子封装及焊接用石墨,光导纤维石墨,液晶、显像管石墨乳、麦克风炭粒等。

### 3.5.6　宇航军工用炭素材料及制品

主要有火箭发动机喷嘴(图 3.9)、喉衬、航天飞机及导弹鼻锥、飞机刹车片(图 3.10)及宇航结构材料与隐形材料。

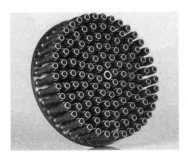

图 3.9　火箭发动机喷嘴　　　　　图 3.10　飞机刹车片

### 3.5.7 核石墨材料及制品

主要有核反应堆中子减速材料及反射体、核反应堆结构材料及外层保护材料、核燃料包覆材料与废核燃料处理用炭石墨制品、医疗用低能量反射体及减速材料等。

石墨因为具有良好的中子减速性能,最早用于原子反应堆中作为减速材料。铀-石墨反应堆是目前应用较多的一种原子反应堆。原子反应堆用的石墨材料必须具有极高的纯度。为了降低石墨中的杂质含量,在石墨化过程中通入卤素净化气体。一些经过特殊处理的石墨(如在石墨表面渗入耐高温的材料)及再结晶石墨、热解石墨,具有在极高温度下较好的稳定性及较高的强度重量比。所以,它们可以用于制造固体燃料火箭的喷嘴、导弹的鼻锥、宇宙航行设备的零部件。

### 3.5.8 工业炉用炭石墨材料及制品

主要有高温真空炉发热体及支架石墨制品、隔热材料,炉子结构用石墨、衬板、坩埚、测温管、保护管等。

例如,生产单晶硅用的晶体生长坩埚、区域精炼容器、支架、夹具、感应加热器等,都是用高纯度石墨材料加工而成的;用于真空冶炼中的石墨隔热板和底座,高温电阻炉炉管、棒、板、格栅等元件,也是用石墨材料加工制成的。

### 3.5.9 计量和测量用炭素材料及制品

主要有生物用微电极、光谱分析用石墨电极、辐射分析用炭精棒、气相色谱、液相色谱用吸收柱填充剂、氧与氮分析用坩埚、CT扫描仪支架、透射电子显微镜试样支持炭膜、计算机用炭素制品等。

### 3.5.10 铸模、压模材料

炭素材料的热膨胀系数小,而且耐急冷急热性好,所以可以用作玻璃器皿的铸模和黑色金属及有色金属或稀有金属的铸模。用石墨铸模得到的铸件,尺寸精确,表面不粗糙,不加工即可直接使用,或只要稍加工就可使用,因而节省了大量金属。生产硬质合金(如碳化钨)等粉末冶金工艺,通常用石墨材料加工压模和烧结用的舟皿。

### 3.5.11　环保、体育用品及生活用品

主要有活性炭(图3.11)、CFRP体育用品、钓鱼杆、高尔夫球杆、羽毛球拍与网球拍(图3.12)、心脏瓣膜(图3.13)、牙齿(图3.14)、骨骼等生理用石墨、铅笔芯、空气净化器、衣柜与鞋箱脱臭片等。

图 3.11　活性炭

图 3.12　羽毛球拍与网球拍

图 3.13　心脏瓣膜

图 3.14　牙齿

炭素材料具有十分突出的生物相容性和适中的机械性能,医用炭素材料主要是作为假体植入到体内,修复或替代被破坏的器官。一方面,医用炭素材料是一种化学惰性材料,具有良好的生物相容性,在体内不会因被腐蚀或磨损,不会产生对机体有害的离子,低温热解同性碳还具有罕见的抗血凝性能,可直接应用于心血管系统;另一方面,与金属材料相比,医用炭素材料又具有良好的"生物力学相容性",尤其是碳纤维问世以来,碳/碳复合材料、碳纤维增强树脂等多种高性能结构材料不断涌现,它们可容高强度低模量于一身,并具有良好的抗疲劳性能,因此医用炭素材料作为修复和替代受损骨组织的材料已较为广泛地应用于骨伤外科。

此外,还有建筑材料、电波吸收体、各种碳纤维、碳－碳复合材料、热解石

墨、玻璃炭、柔性石墨、氟化石墨、胶体石墨、石墨层间化合物和炭纳米材料等。

## 思考题与习题

3-1　炭素材料总体分类是怎么样的？

3-2　如何按照用途和生产工艺对炭素材料进行分类？

3-3　什么是石墨电极？

3-4　石墨电极主要分为哪几种类型？

3-5　什么是预焙阳极？它在铝电解槽中起什么作用？

3-6　预焙阳极是如何应用于铝电解槽的？

3-7　什么是炭电极？它主要应用于哪些领域？

# 第4章　炭素生产用原料及燃料

　　炭素生产用原材料包括固体原料和液体原料。固体原料即骨料，包括石油焦、沥青焦、冶金焦、无烟煤、天然石墨等，固体原料的种类、制备方法与特征见表4.1。液体原料即黏结剂和浸渍剂，包括煤沥青、煤焦油、蒽油和树脂等。炭素生产用燃料按照物态可分为固体燃料、液体燃料和气体燃料，如重油、天然气。

**表 4.1**　　　　　　　　固体原料的种类、制备方法及主要特征

| 固体原料种类 | 制备方法 | 主要特征 |
| --- | --- | --- |
| 石油焦 | 石油重质油经延迟焦化而制得 | 灰分较低，石墨化性能好，热膨胀系数小，用于制造人造石墨制品等 |
| 沥青焦 | 煤沥青用延迟焦化法或炉室法制得 | 沥青焦比石油焦易于获得密度高而各向异性小的制品。石墨化性能较差。用于制造石墨电极、石墨阳极、炭电阻棒、阳极糊等 |
| 针状焦 | 石油重质油或煤沥青脱除杂质及原生 QI 后，经延迟焦化而制得 | 各向异性明显，石墨化性能最好，热膨胀系数小。用于制造超高功率石墨电极或高功率石墨电极 |
| 冶金焦 | 煤在炼焦炉中经高温干馏而制得 | 机械强度较高，但灰分也较高。用于生产炭电极、炭块、电极糊等，又是焙烧炉的填充料和石墨化炉的电阻料 |
| 石墨化冶金焦 | 冶金焦经石墨化制得 | 导热和导电性优于冶金焦。在生产炭块、电极糊时少量加入，以提高导热、导电性 |
| 硬沥青焦 | 天然硬沥青经焦化而制得 | 球状，硬度、强度高，各向同性。用于制造密度各向同性石墨 |

**续表 4.1**

| 固体原料种类 | 制备方法 | 主要特征 |
|---|---|---|
| 无烟煤 | 天然矿物，经开采 | 组织致密、气孔少，耐磨、耐蚀性好。用于制造炭块、电极糊、填缝及黏结炭糊等 |
| 天然石墨 | 天然矿物，经开采 | 抗氧化性、耐热性、耐碱性好，导电、导热性良好，有自润滑性。用于制造电炭产品、机械用炭制品、不透性石墨、膨胀石墨等 |
| 炭墨 | 低分子碳氢化合物由气相炭化而制得 | 作为骨料添加剂，以增加密度和硬度，减小各向异性，调整电阻率。用于电刷、核石墨等 |

## 4.1　固体原料

### 4.1.1　石油焦

石油焦是石油炼制过程中的副产品，石油经常压或减压蒸馏，分别得到汽油、煤油、柴油和蜡油，剩下的残余物称为渣油。将渣油进行焦化而得到的固体产物便是石油焦。因而，石油焦的性质主要取决于渣油的种类。石油焦是一种黑色或暗灰色的蜂窝状焦，焦块内气孔多数呈椭圆形，且一般相互贯通(图4.1)。

**图 4.1　石油焦**

### 4.1.1.1　焦化工艺

根据焦化工艺不同,石油焦可分为延迟焦和釜式焦。目前,釜式焦已被淘汰。延迟焦化是近代生产石油的先进工艺,其焦化工艺流程如图4.2所示。

渣油首先经加热炉加热到300~330 ℃,然后进入联合分馏塔,分馏出汽油、柴油和蜡油后,继续加热到500 ℃左右,再迅速进入已经吹起试压和预热好的焦化塔中(塔内液面维持2/3),塔顶温度430 ℃左右,塔底温度480~500 ℃,塔顶气压1.2~2.0个大气压(1.21×10⁵~2.02×10⁵ Pa),在这样的温度和压力下,渣油凭着本身所含有的热量供给焦化所需的反应热。在无外加热源而仅靠从延迟焦化塔底进入的渣油维持一定温度,渣油在高温作用下在焦化塔内进行分解和缩合,保持24~36 h,生成的焦炭称为延迟焦。同时,其挥发气体和液体馏分进入分馏塔,而焦化塔的焦炭用高压水切割冲出的方法除焦。

延迟焦化法生产效率高,劳动条件好,但所得焦挥发分较高,结构疏松,机械强度较差。

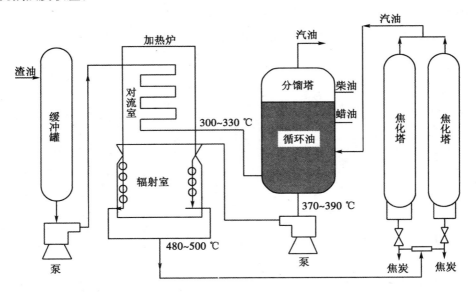

**图4.2　延迟焦化工艺流程**

### 4.1.1.2　石油焦的分类

按焦化方法的不同,石油焦可分为延迟焦、釜式焦、流化焦和平炉焦。

按热处理温度不同,石油焦可分为生焦和煅烧焦。延迟焦化所得的是生焦,含有大量的挥发分,机械强度较低。煅烧焦是生焦经煅烧而得,中国大多数炼油厂只生产生焦,而煅烧作业都在炭素厂内进行。

按硫含量的不同,石油焦分为高硫焦、中硫焦和低硫焦。石油焦按照硫含量、挥发分和灰分等指标的不同分为1号、2号和3号,每个牌号又按照质量分为A、B两种。

按结构和外观的不同,石油焦可分为海绵状焦、蜂窝状焦和针状焦。海绵状焦外观类似海绵,杂质含量较多,内部含有许多小孔,孔隙间焦壁很薄,不适合作为生产炭素材料的原料。蜂窝状焦内部小孔分布比较均匀,有明显的蜂窝结构,具有较好的物理性能和力学性能,此类石油焦可以作为普通功率石墨电极、预焙阳极和电炭制品生产用的原料。针状焦外表有明显条纹,焦块内部的孔隙呈细长椭圆定向排列,破碎后呈细长颗粒,可作为生产高功率和超高功率石墨电极的原料。

### 4.1.1.3　石油焦的质量指标

石油焦的质量一般可以用灰分、硫含量、挥发分和1300 ℃煅烧后的真密度来衡量。具体的质量指标见表4.2,其中1号焦供生产炼钢用普通石墨电极和炼铝用炭素制品,2号焦供生产炼铝用炭素制品,3号焦用于化工。

表 4.2　　　　　　　　　　　　　石油焦的质量指标

| 项　目 | 质量指标 | | | | | | | 试验方法 |
|---|---|---|---|---|---|---|---|---|
| | 一级品 | 合格品 | | | | | | |
| | | 1A | 1B | 2A | 2B | 3A | 3B | |
| 硫含量/% | ≤0.5 | ≤0.5 | ≤0.8 | ≤1.0 | ≤1.5 | ≤2.0 | ≤3.0 | GB/T 387－1990 |
| 挥发分/% | ≤12 | ≤12 | ≤14 | | ≤17 | ≤18 | ≤20 | SH/T 0026—1990 |
| 灰分/% | ≤0.3 | ≤0.3 | ≤0.5 | | | ≤0.8 | ≤1.2 | SH/T 0029—1990 |
| 水分/% | ≤3 | | | | | | | SH/T 0032—1990 |
| 真密度/(g·cm⁻³) | 2.08～2.13 | — | | | | | | SH/T 0033—1990 |
| 粉焦量(块粒 8 mm 以下)/% | ≤25 | — | | | | | | |
| 硅含量/% | ≤0.08 | — | | | | | | SH/T 0058—1991 |
| 钡含量/% | ≤0.015 | — | | | | | | SH/T 0058—1991 |
| 铁含量/% | ≤0.08 | — | | | | | | SH/T 0058—1991 |

注:本表数据来自 SH/T 0527—1992。

（1）灰分

石油焦的灰分主要来源于原油中的盐类杂质。我国原油盐类杂质较少,故灰分含量较低。石油焦的灰分还与延迟焦化的冷却水质以及原料厂的管理水平

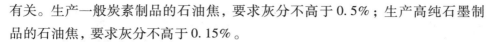

有关。生产一般炭素制品的石油焦，要求灰分不高于 0.5%；生产高纯石墨制品的石油焦，要求灰分不高于 0.15%。

（2）硫含量

石油焦中的硫主要来源于原油。石油焦中的硫可分为有机硫和无机硫两种，有机硫有硫醇、硫醚和硫化物等，无机硫有硫化铁和硫酸盐。石油焦中的硫以有机硫为主，在较低温度下可除去。而无机硫则需要在石墨化高温下才能分解挥发。硫是一种有害组分，过量的硫含量使石墨化工艺过程中易产生异常现象，产品容易开裂，电阻率增大。

（3）挥发分

石油焦的挥发分含量表明其焦化程度，对煅烧操作影响很大。延迟焦的成焦温度只有 500 ℃ 左右，其挥发分含量高达 10% ~ 18%，在罐式炉中煅烧时容易产生结焦、棚料等现象。

（4）真密度

真密度的大小标志着石油焦石墨化的难易程度。石油焦在 1300 ℃ 温度下煅烧后，真密度较大，这种焦易石墨化，电阻率较低，热膨胀系数较小。

### 4.1.2 沥青焦

沥青焦是煤沥青焦化后得到的固体产物。沥青焦生产属于高温干馏过程，成焦温度较高，达到 1300 ~ 1350 ℃，因此不经煅烧可以直接使用。

#### 4.1.2.1 焦化工艺

沥青焦的生产方法有炉室法和延迟法两种。由于原料沥青和焦化方法不同，这两种沥青焦的性质具有明显的差异。

（1）炉室法

炉室法一般采用高温沥青作为生产原料。这是因为高温沥青黏度大、甲苯不溶物含量高、残碳率高，减轻了沥青在炉室中的外渗，有利于保护炉体和安全生产。同时，高温沥青的性状较稳定，挥发分较低，也有利于提高焦化生产的效率。高温沥青主要由中温沥青在氧化釜中用热空气氧化而成，高温沥青与中温沥青的性质比较见表 4.3。

表 4.3                                 高温沥青与中温沥青的性质比较

| 沥青种类 | 软化点（环球法）/℃ | 甲苯不溶物/% | 挥发分/% | 气体析出最多的温度范围/℃ | 流动性相同时的温度范围/℃ | 成焦率/% |
|---|---|---|---|---|---|---|
| 中温沥青 | 75~95 | 17~20 | 65~69 | 350~510 | 220~230 | 52~55 |
| 高温沥青 | 95~120 | 44~48 | 47~49 | 450~550 | 380~390 | 65~68 |

炉室法生产工艺流程如图 4.3 所示，首先将中温煤沥青加热 300 ℃，流至中温槽，通入压缩空气，使其软化点提高至 130~150 ℃，成为高温沥青。然后定量地进入焦化炉，焦化炉火墙内平均温度达到 1260~1350 ℃，沥青在 450 ℃前主要是蒸馏和热缩合，在 450~500 ℃放出大量气体，随即形成半焦，焦化时间为 15 h，最后温度达 1100 ℃变成沥青焦。

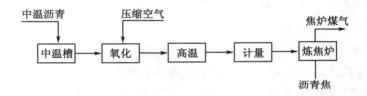

图 4.3　炉室法生产工艺流程

（2）延迟法

用煤沥青为原料，采用延迟焦化法生产的沥青焦即为延迟沥青焦。其生产工艺流程如图 4.4 所示。将低温沥青先送入蒸馏塔，分解出一部分气体产物及一部分轻油与重油，剩下的残渣送入管式加热炉，加热到 480~495 ℃后打入焦化塔，焦化 24 h 后再用水冷却及出焦。延迟沥青焦的质量与所用原料种类、循环比、加热温度、塔内压力有关。

延迟焦化克服了炉室法存在的装炉时跑油冒火、操作条件差、环境污染严重和炉龄短等缺点，因此是一种比较先进的沥青焦生产方法。

4.1.2.2　沥青焦的性能与质量指标

沥青焦是一种含碳量高，机械强度好，低灰、低硫的优质原料。其结构致密、气孔率小，因而机械强度和耐磨性比石油焦好，其灰分和硼含量略高于石油焦，可墨化性能比石油焦差，其形状如图 4.5 所示。

沥青焦是生产各种石墨化电极、石墨化阳极、石墨化块等石墨化产品以及预焙阳极、阳极糊等产品的主要原料，也是生产电炭制品和超细结构特种石墨的主要原料。生产石墨电极时，为了提高产品的机械强度，一般加入 20%~25%的沥青焦。

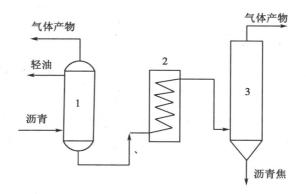

**图 4.4　延迟沥青焦生产工艺流程**

1—蒸馏塔；2—加热炉；3—焦化塔

**图 4.5　沥青焦**

沥青焦成焦温度高，不经过煅烧也可以直接使用，但因沥青焦一般采用浇水法熄火，所以含水量较大，如果不煅烧就必须烘干后使用。我国对沥青焦的质量要求列于表4.4。

表 4.4　　　　　　　　　　　　　沥青焦质量指标

| 指标名称 | | 电极冶炼用 | 电炭制品用 |
|---|---|---|---|
| 灰分（$A_d$）/% | 不大于 | 0.5 | 0.8 |
| 全硫量（$S_{t,d}$）/% | 不大于 | 0.5 | 0.5 |
| 挥发分（$V_{daf}$）/% | 不大于 | 1.2 | 1.2 |
| 真相对密度（$d_{20}$） | 不小于 | 1.96 | 1.80 |
| 焦末含量（25 mm 以下）/% | 不大于 | 4 | 4 |
| 水分（$M_t$）/% | 不大于 | 3 | 5 |

### 4.1.3　针状焦

针状焦是由芳香烃含量较高的热裂化渣油或催化裂化渣油经焦化制得的优质石油焦，是炭素原料中大力发展的一个优质品种。其外观为银灰色、有金属光泽的多孔固体，焦块孔径小，分布均匀，且略呈椭圆形，颗粒有较大的长宽比，因其破碎后呈现细长针状，故称为针状焦，如图4.6所示。针状焦从宏观形态到微观结构都具有显著的各向异性，反映出其分子结构已具有相当程度的有序排列，因而具有良好的可石墨化性。

**图4.6　针状焦**

#### 4.1.3.1　针状焦的分类

针状焦根据生产原料的不同，可分为油系针状焦和煤系针状焦两种。以石油渣油为原料生产的针状焦为油系针状焦，以美国为代表；以煤焦油沥青及其馏分为原料生产的针状焦为煤系针状焦，以日本为代表。目前，全球针状焦年产能大约在100多万吨，集中在美国、日本和英国，我国产量只有5万吨，而每年针状焦需求量约为30万～40万吨，80%～90%依赖进口。从我国钢铁产业发展前景看，加大针状焦开发力度，使优质针状焦国产化，不但可以改变我国生产大规格超高功率石墨电极受制于人的现状，而且可以促进我国钢铁工业的发展。

#### 4.1.3.2　针状焦的生产工艺

针状焦的生产工艺复杂，典型的工艺有热裂化－焦化联合工艺、普焦－针状焦联合工艺和延迟焦化工艺等。其中，延迟焦化工艺最为普遍，生产过程包括原料预处理、延迟焦化过程和煅烧三个工序。

（1）原料预处理

主要是除去一次喹啉不溶物的杂质，以保证精制沥青中喹啉不溶物的质量分数小于 1.0% 。如采用真空闪蒸 – 加压缩聚法生产工艺，可以获得几乎不含喹啉不溶物的精制沥青。该工艺的主要操作参数是真空闪蒸温度和压力，加压缩聚温度、压力及缩聚时间。

（2）延迟焦化过程

把精制沥青在加热炉内快速加热到反应温度后，立即送入焦化塔，利用其自身显热使沥青裂解和缩合，生产出延迟焦。

（3）煅烧过程

将流线状纤维结构的针状焦通过回转窑进行 1300 ~ 1450 ℃ 煅烧，以提高焦炭真密度，降低挥发分和水分，提高含碳量及强度和导电性，改善焦炭结构，从而获得高质量的沥青针状焦。

### 4.1.3.3 针状焦的性能与质量指标

针状焦具有电阻率小、热膨胀系数小、耐冲击性能强、机械强度高、抗氧化性能好、消耗低、容易石墨化等优点，是生产超高功率电极、特种炭素材料、炭纤维及其复合材料等高端炭素制品的原料。国际上根据针状焦的品质高低将其分为超级针状焦、高级针状焦、普通针状焦和半针状焦四个级别。其中，超级和高级针状焦是生产超高功率石墨电极的理想原料，普通针状焦和部分半针状焦是生产高功率石墨电极的原料。国内外针状焦的质量指标见表4.5。

**表4.5**                       **国内外针状焦的质量指标**

| 项 目 | 日本 Petrocokes | 日本兴亚石油公司 | 荷兰 Shell 石油公司 | 苏联 KRⅡC 石油焦* | 美国大陆石油公司水岛厂 | 中国 |
|---|---|---|---|---|---|---|
| 灰分/% | 0.04 | <0.3 | 0.1 | 0.05 | <0.1 | <0.1 |
| 硫分/% | 0.26 | <1.0 | 0.5 | 0.26 | <0.2 | <0.2 |
| 挥发分/% | 0.27 | <0.3 | 0.3 | 1.05 | <0.45 | |
| 金属杂质：V/% | $1.2 \times 10^{-4}$ | — | $3 \times 10^{-4}$ | | | $3 \times 10^{-4}$ |
| Ni/% | $27 \times 10^{-4}$ | — | | | | |
| 密度 [ 0.074 nm（ –200 目）]/( g·$cm^{-3}$ ) | 2.128 | >2.10 | 2.14 | 2.14 | 2.12 | 2.12 |
| CTE（石墨化试样）/（℃$^{-1}$） | $3.4 \times 10^{-4}$（30 ~ 100 ℃） | $1.5 \sim 2.0 \times 10^{-4}$ | | $4.71(\perp)2.2$（‖）$\times 10^{-6}$（20 ~ 400 ℃） | $1.35 \times 10^{-6}$（1000 ℃） | $1.0 \times 10^{-6}$ |

注：* 石油热解特种焦中的针状焦。

### 4.1.4 冶金焦

冶金焦是炼焦煤按一定配比在焦炉中经高温干馏焦化得到的一种固体残留物(图4.7)。焦化后呈银灰色,敲击有金属声。

**图4.7 冶金焦**

#### 4.1.4.1 冶金焦的用途

冶金焦的灰分含量较高,其强度、导热、导电性能也较石油焦或沥青焦差,而且不容易石墨化。在炭素行业中冶金焦可用于生产电极糊及其他糊类、各种炭块、炭电极等,其中最常被用作焙烧时的填充料或石墨化保温料和电阻料。冶金焦是炼铁的燃料和还原剂,还可用于化肥、电石等其他工业部门。

#### 4.1.4.2 冶金焦的性质与质量指标

冶金焦的性质可用化学成分、机械强度等表征,其中化学成分影响较大,化学成分可用灰分、硫分和挥发分指标来评价。参照国家标准(GB/T 1996—2017),冶金焦的质量指标见表4.6。

(1)灰分

灰分主要来源于煤中的矿物质,其主要成分是 $SiO_2$ 和 $Al_2O_3$,均是导电性较差的物质,灰分过高,会严重影响炭制品的电阻率。

(2)硫分

硫也是焦炭中的有害杂质。冶金焦中的硫大部分转入到炭素材料中。

(3)挥发分

焦炭的挥发分可表征其成熟度。成熟的焦炭挥发分在1%左右,外观呈银灰色,敲击有金属声。这种焦炭在炭素生产中只需烘干即可使用。如挥发分过高,颜色发黑,敲击时声音发哑,说明焦炭未成熟,这种焦炭必须煅烧后才能使用。

**表 4.6　　　　　　　　冶金焦的质量指标**

| 指标 | | | 等级 | 粒度/mm | | |
|---|---|---|---|---|---|---|
| | | | | >40 | >25 | 25～40 |
| 灰分($A_d$)/% | | | 一级 | | ≤12.0 | |
| | | | 二级 | | ≤13.5 | |
| | | | 三级 | | ≤15.0 | |
| 硫分 $S_{t,d}$(质量分数)/% | | | 一级 | | ≤0.70 | |
| | | | 二级 | | ≤0.90 | |
| | | | 三级 | | ≤1.10 | |
| 机械强度 | 抗碎强度 | ($M_{25}$)/% | 一级 | | ≥92.0 | 按供需双方协议 |
| | | | 二级 | | ≥89.0 | |
| | | | 三级 | | ≥85.0 | |
| | | ($M_{40}$)/% | 一级 | | ≥82.0 | |
| | | | 二级 | | ≥78.0 | |
| | | | 三级 | | ≥74.0 | |
| | 耐磨强度 | ($M_{10}$)/% | 一级 | | ≤7.0 | |
| | | | 二级 | | ≤8.5 | |
| | | | 三级 | | ≤10.5 | |
| 反应性(CRI)/% | | | 一级 | | ≤30 | — |
| | | | 二级 | | ≤35 | |
| | | | 三级 | | — | |
| 反应后强度(CSR)/% | | | 一级 | | ≥60 | |
| | | | 二级 | | ≥55 | |
| | | | 三级 | | — | |
| 挥发分($V_{dal}$)/% | | | | | ≤1.8 | |
| 水分含量($M_t$)/% | | | 干熄焦 | | ≤2.0 | |
| | | | 湿熄焦 | | ≤7.0 | |
| 焦末含量/% | | | | | ≤5.0 | |

注:百分号为质量分数。

### 4.1.5 无烟煤

自然界中的煤按照变质程度排列有泥炭、褐煤、烟煤和无烟煤。无烟煤是变质程度最高的一种煤，变质程度越高，则煤的含碳量越高，颜色逐渐变深，密度逐渐增大，硬度和光泽也逐渐增强(图4.8)。

**图 4.8　无烟煤**

#### 4.1.5.1　无烟煤的分类

无烟煤按其生成地质年代的长短可分为年老、中年和年轻无烟煤。在我国现行煤炭分类国家标准(GB/T 5751—2009)中，以无水无灰基氢含量($H_{daf}$)或无水无灰基挥发分($V_{daf}$)为分类指标，将无烟煤分成无烟煤一号、无烟煤二号、无烟煤三号，如表4.7。

表4.7　　　　　　　　　　　　　　无烟煤分类

| 类别 | $V_{daf}/\%$ | $H_{daf}/\%$ |
|---|---|---|
| 无烟煤一号 | 0~3.5 | 0~2.0 |
| 无烟煤二号 | >3.5~6.5 | >2.0~3.0 |
| 无烟煤三号 | >6.5~10.0 | >3.0 |

#### 4.1.5.2　无烟煤的用途

泥煤不能作为生产炭素制品的原料，褐煤和烟煤可作为无黏接剂炭素制品的原料，烟煤通过焦化生成冶金焦、煤焦油和煤沥青以及沥青焦后，可用于生产炭素制品。无烟煤是生产各种炭块、电解铝阴极、炭素电极，各种电极糊、底糊、粗缝糊等制品的主要原料，优质低灰分的无烟煤还可作为石墨电极的一个组成成分，特纯的无烟煤还可用于制造麦克风炭粒等。

#### 4.1.5.3　无烟煤的性质与质量指标

无烟煤具有固定碳含量高、挥发分低、密度大、硬度高、燃烧时不冒烟、外观光泽较强等特征。炭素材料的原材料必须是优质无烟煤，其质量指标如表4.8。

**表 4.8　　　　　　　生产炭素材料用无烟煤的质量指标**

| 项　目 | 一级 | 二级 |
| --- | --- | --- |
| 灰分/%　不大于 | 10.0 | 11.0 |
| 挥发分/%　不大于 | 7.0 | 7.0 |
| 硫分/%　不大于 | 2.0 | 2.0 |
| 水分/%　不大于 | 3.0 | 3.0 |
| 抗磨强度(大于4 mm 残量)/%　不小于 | 35.0 | 35.0 |

（1）灰分低

生产炭素制品时，无烟煤的灰分全部进入炭素制品，灰分过高，将降低产品质量。生产铝电解槽阴极、炭素电极和高炉炭块时，要求无烟煤灰分不大于8%，且无矸石。生产电极糊的无烟煤灰分则应小于10%。

（2）机械强度高

无烟煤的机械强度包括抗碎、耐磨和抗压等机械性质。无烟煤的机械强度一般采用抗磨试验(转鼓试验法)来测定，即将一定大于40 mm 的无烟煤块在转鼓中滚磨后，以仍保持40 mm 以上块度的煤占入鼓煤的质量百分数来表征其机械强度。一般要求转鼓试验后大于40 mm 的残留量不小于35%。生产炭素制品需采用经过挑选的、具有较高强度的块状无烟煤。

（3）热稳定性好

无烟煤的热稳定性是指煤块在高温作用下，不易炸裂成小块，保持原来块度的性质。测定热稳定性的方法为：将一定数量6～13 mm 的无烟煤在(850 ± 10)℃温度下灼烧30 min，冷却后通过6 mm 的筛网筛分，留在6 mm 筛网上的试样越多，说明这种煤的热稳定性越好。热稳定性系数 $K$ 值为留在6 mm 筛网上的试样百分数，大于70%为热稳定性好的无烟煤，70%～55%为热稳定性中等的无烟煤，小于55%为热稳定性较差的无烟煤。

（4）硫含量少

无烟煤中含硫量过多，不仅燃烧时放出 $SO_2$ 气体污染环境，而且容易引起无烟煤块爆裂，影响炭素材料的强度。炭素生产要求无烟煤的硫含量不大于1%～2%。

### 4.1.6 天然石墨

#### 4.1.6.1 天然石墨的分类

天然石墨是一种非金属矿物，是由地层内含碳化合物经过气成作用或深度变质作用而形成的(图4.6)。天然石墨按其结晶形态可分为显晶石墨和隐晶石墨。

**图4.9　天然石墨**

显晶石墨是由气成作用生成的，通常为肉眼可见的鳞片状晶体，因此也称鳞片石墨。气成作用是地球深处高温高压的气态含碳化合物，沿着地壳缝隙上升，在接近地壳表面压力较低的地方分解为高纯度大晶体石墨矿脉的过程。鳞片石墨外观为黑色或钢灰色，有金属光泽，具有良好的导电性和润滑性。

深度变质作用形成的隐晶石墨，也称土状石墨，是指地层中的煤或天然沥青，在高压和异常高温(如大量岩浆侵入)作用下，发生热解而得到的深度变质产物。隐晶石墨晶体很小，平均颗粒只有$0.01 \sim 0.1 ~\mu m$，即使在普通光学显微镜下，也难以辨别其晶体形态。隐晶石墨的无机矿物杂质含量较高，颜色深黑，无金属光泽，导电性与润滑性均较鳞片石墨差。隐晶石墨矿床分两种，即分散型土状石墨矿和致密块体土状石墨矿。前者品位低，一般仅含石墨2%～3%，因此不具有工业开采价值。

#### 4.1.6.2 天然石墨的选矿与质量标准

天然石墨矿石的品位一般都不会太高，矿石开采出来以后要经过选矿处理。鳞片状石墨具有良好的可选性，经过多次磨矿和精选，可得到品位为89%～95%的石墨精矿，选矿回收率达80%～87%。我国天然鳞片石墨根据固定碳含量的不同可分为四类：高纯石墨、高碳石墨、中碳石墨和低碳石墨，见表4.9。用于电炭的鳞片石墨，含灰分量不大于5%。隐晶石墨可选性不如鳞片状石墨，因为含有一些有机质，对浮选有抑制作用，不过其品位高，含石墨60%～80%，经过挑选、粉碎就可成为成品。

表 4.9 天然鳞片石墨的种类及代号

| 名　　称 | 高纯石墨 | 高碳石墨 | 中碳石墨 | 低碳石墨 |
|---|---|---|---|---|
| 固定碳/% | 99.9~99.99 | 94.0~99.0 | 80.0~93.0 | 50.0~79.0 |
| 代　　号 | LC | LG | LZ | LD |

### 4.1.6.3　天然石墨的性质与应用

天然石墨颜色呈黑色或银灰色，有光泽。理想石墨的真密度为 $2.26\ \text{g/cm}^3$，天然石墨则为 $2.1~2.25\ \text{g/cm}^3$。天然石墨具有优良的导热性，导热性在铜与铁之间，在 $\alpha$ 平面内的导热率比许多金属还要大，在室温下约为 $8.4~20.9\ \text{J/(cm·s·℃)}$。天然石墨具有优良的导电性，比电阻为 $11.8~15.7\ \mu\Omega/\text{cm}$。同时天然石墨的化学稳定性好，可以抵抗大多数化学试剂以及酸、碱、盐的侵蚀，抗氧化性好，着火点高，还具有良好的润滑性。

天然石墨可用于制造金属冶炼坩埚、各种耐火制品。鳞片石墨是制造电刷和机械用炭的主要原料，还可用来生产柔性石墨、石墨层间化合物、石墨电极、柔软质铅笔芯等。隐晶石墨主要用来制造铅笔芯、电池炭棒、电极等。天然石墨可用来生产各种蒸汽机、内燃机、空压机等的润滑剂、光滑剂和石墨乳膏等。

## 4.1.7　炭黑

炭黑是由碳氢化合物不完全燃烧制得的、具有准石墨结构的黑色粉状产物（图 4.10）。它具有质量轻、纯度高、高度分散性的特点，它的比表面积高达 $30~150\ \text{m}^2/\text{g}$，粒度小，一般仅为 $10.0~500.0\ \text{nm}$。

图 4.10　炭黑

4.1.7.1 炭黑的生产工艺

炭黑的生产工艺一般为炉法、接触法(主要为槽法和无槽气法)和热解法。目前,炭黑的主要生产方法是炉法生产。

(1)炉法

炉法是指在反应炉内,原料烃(液态烃、气态烃或其混合物)与适量空气形成密闭湍流系统,通过一部分原料烃与空气燃烧产生高温,使另一部分原料烃裂解生成炭黑,然后将悬浮在烟气中的炭黑冷却、过滤、收集、造粒成成品炭黑的方法。其中,以气态烃(天然气或煤层气)为主要原料的制造方法称为气炉法(主要产品为软质炭黑),其工艺流程如图4.11所示。以液态烃(芳烃重油,包括催化裂化澄清油、乙烯焦油、煤焦油馏出物等)为主要原料的制造方法称为油炉法。油炉法由于具有工艺调节方法多、热能利用率高、能耗小及成本低等特点,已成为主要的炭黑制造方法。

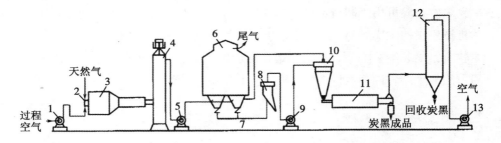

**图4.11　天然气半补强炉法炭黑的生产工艺流程**

1—鼓风机;2—火嘴箱;3—反应炉;4—冷却塔;5—排风机;6—袋滤器;7—收集器;8—筛选机;
9—精制风机;10—风送旋风分离器;11—造粒机;12—吸尘滤袋器;13—排风机

(2)接触法

槽法、滚筒法和混气法都是原料烃在空气中进行不完全燃烧而形成开放型扩散火焰,再将火焰还原层中裂解生成的炭黑冷却、收集、造粒制成成品炭黑的方法。槽法和滚筒法均是通过火焰与温度较低的收集面(槽钢或钢制水冷滚筒表面)接触来收集裂解生成的炭黑的,故又称为接触法。

滚筒法是指在火房内,以焦炉煤气或氢气作载体的汽化原料烃(芳烃含量较大的烃类物质,如粗蒽、蒽油或防腐油)通过灯管上数以千计的圆形小孔与空气进行不完全燃烧而形成鼠尾形扩散火焰,通过火焰还原层与旋转钢制水冷滚筒接触使裂解生成的炭黑沉积在滚筒表面,然后用刮刀将炭黑刮入漏斗内,经螺旋输送器输出、造粒而制成成品炭黑的方法。

与槽法相比，滚筒法所用的原料烃芳烃含量大、炭黑生成率高、烟气中悬浮的炭黑多。现在其烟气中悬浮的炭黑一般采用袋滤器过滤回收，并与从滚筒表面收集的炭黑混合后再造粒制成成品炭黑。滚筒法炭黑的补强性能稍低于槽法炭黑，但其胶料的耐磨性能优于槽法炭黑胶料。滚筒法炭黑也曾在橡胶工业中大量应用，但由于其价格高于油炉法炭黑，现在国内外都只有少量生产，主要产品为油漆和油墨用色素炭黑。

（3）热解法

热解法炭黑是一种以气态烃为原料，在反应炉内隔绝空气进行热裂解而生成的炭黑，如热裂法炭黑、乙炔炭黑等。

热裂法是一种不连续的炭黑制造方法，每条生产线设置 2 个内衬耐火材料的反应炉。生产时，先在一个反应炉内通入天然气和空气并燃烧，待反应炉达到一定温度后停止通入空气，再使天然气在隔绝空气的条件下热裂解生成炭黑。在该反应炉进行裂解反应时，另一个反应炉开始燃烧。每个反应炉均在完成裂解反应且温度降到一定程度后再燃烧加热，如此循环，生产出的炭黑与烟气一起冷却，然后对收集到的炭黑进行造粒处理。热裂法反应炉结构如图 4.12 所示。

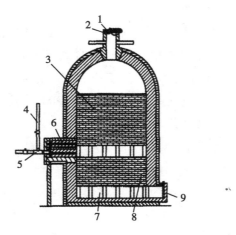

**图 4.12　热裂法反应炉结构**

1—烟囱；2—稀释气入口；3—稀释气预热室；4—空气入口；

5—原料气入口；6—原料气预热室；7—燃料气和空气入口；

8—分解室；9—炭黑烟气出口

#### 4.1.7.2　炭黑的性质与应用

炭黑是生产硬质电化石墨电刷和弧光炭棒的主要原料之一，也是生产机械用炭制品的原料，同时可作为石墨化炉的保温料。用炭黑制取的电炭制品具有电阻率大、机械强度高、纯度高且各向同性的特点。此外，在制备高密度炭素制品时，也可加入少量炭黑，用来填充焦粒间的微小孔隙，起到密实化和补强的作用。

## 4.2　黏结剂

黏结剂能很好地浸润和渗透到各种焦炭及无烟煤的表面和孔隙，并使各种配料的颗粒成分能互相连接及形成具有良好塑性状态的糊料，有利于成型。

在炭素生产中，通常使用的黏结剂有煤沥青、煤焦油、蒽油，以及酚醛树脂、环氧树脂、呋喃树脂等各种人造树脂。

### 4.2.1　煤沥青

#### 4.2.1.1　煤沥青的组成

煤沥青是煤焦油蒸馏提取馏分后的产物，是一种复杂的混合物，其化学组成大多数为三环以上的芳香族烃类，还有含氧、氮和硫等元素的杂环化合物以及少量的高分子炭素物质（图4.13）。煤沥青中化合物含量众多，已查明的有70余种。煤沥青的相对分子质量为2000～3000，其元素组成为 C：92%～93%；H：3.5%～4.5%；其余为 N，O，S。

溶剂抽提法是研究煤沥青组分的主要方法，使用的溶剂不同，所得到的组分也不同。常用的方法是使用甲苯（或苯）和喹啉为溶剂，将沥青分为苯可溶组分（BS）（γ树脂）、甲苯不溶物喹啉可溶组分（TI）（β树脂）和喹啉不溶物（QI）（α树脂）。

(1)（甲）苯不溶物喹啉可溶组分（TI）——β树脂

不溶于甲苯但溶于喹啉的组分称为 TI(BI)，也称 β 树脂。β 树脂常温时为固态，加热时熔融膨胀，其平均分子量范围为1000～1800，是沥青中起黏结作用的主要成分，其结焦值可达90%～95%，即在焙烧过程中使骨料炭颗粒和粉料结合成一个整体，对骨料的焦结起重要作用，影响着炭材料的密度、强度和导电率等性质。

**图 4.13　煤沥青**

β 树脂具有热可塑性,其含量应保持在一定范围内,其含量过低会使焙烧制品强度低、气孔率大。它对固体炭质物料湿润能力差,含量过高会影响煤沥青在混捏时的黏结性能。炭材料生产中煤沥青 β 树脂的最佳含量为:阳极糊生产用煤沥青为 15% ~25% ,预焙阳极生产用煤沥青为 25% ~35% 。

(2)喹啉不溶物(QI)——α 树脂

不溶于甲苯也不溶于喹啉的组分称为喹啉不溶物(QI),也称为 α 树脂。α 树脂对炭质骨料无润湿和黏结能力,是沥青炭化形成黏结焦的主要成分。适量的 α 树脂有利于提高焙烧品的体积密度,但过量时将降低沥青的黏结性能,使煤沥青流动性变差,即在一定范围内增加煤沥青的 α 树脂含量,将有利于提高炭材料的强度。炭材料生产用煤沥青的 α 树脂含量要求如下:阳极糊生产用煤沥青 α 树脂为 6% ~9% ,预焙阳极生产用煤沥青 α 树脂为 6% ~12% 。

(3)苯可溶组分(BS)——γ 树脂

沥青中溶于甲苯的组分(BS)称为 γ 树脂。γ 树脂是带黏性的深黄色半流体,平均分子量范围为 210 ~1000。γ 树脂在沥青中的功能是降低沥青的黏度,使沥青易于被炭质骨料及粉料吸附,增加炭糊的塑性,但过量的 γ 树脂会降低沥青的结焦值,影响焙烧品的体积密度和机械强度。

### 4.2.1.2　煤沥青的性质

煤沥青与炭素生产有关的性质主要有软化点、黏度、密度和残炭率等。

(1)软化点

煤沥青是一种非晶态热塑性材料,常温下为黑色固体,无固定熔点,只有从固态转化为过渡态的温度范围,通常用软化点表示。煤沥青根据软化点的不同一般可分为三种：硬沥青或高温沥青（软化点为 95～120 ℃）、中温沥青（软化点为 75～95 ℃）和低温沥青或软沥青（软化点为 35～75 ℃）。

软化点的测定方法有环球法、梅特勒法、水银法、空气中立方体法、环棒法和热机械法。由于使用的仪器简单、方法易行，环球法成为普遍使用的现场监测方法。

（2）黏度

黏度是表征煤沥青流变性能的重要物理性质，是两流体层发生相对运动时的内摩擦力的大小，黏度越小，流体的流动性越好。煤沥青的黏度与温度有关，又取决于本身的结构特性，是糊料混合、成形、制品浸渍和管道输送时的重要工艺参数，一般测定 100～200 ℃温度范围的黏度。

（3）密度

煤沥青的密度是其化学结构与组成的表征。相似条件下制取的煤沥青，其密度随软化点升高呈线性变化。一般中温沥青的密度为 1.20～1.25 $g/cm^3$，高温煤沥青和改质沥青的密度可达 1.30 $g/cm^3$ 以上，国外炭素阳极生产用煤沥青的密度为 1.30～1.33 $g/cm^3$。密度大的沥青，在生坯焙烧时收缩较小，坯体体积密度和强度较高。

（4）结焦残炭值

结焦残炭值也称残炭率，是煤沥青在一定条件下干馏所得固体残渣占沥青的质量百分数，是评价煤沥青质量的重要依据。残炭率与煤沥青挥发分含量和分子组成密切相关。煤沥青的挥发分高，结焦残炭值低，两者的关系可近似用式（4.1）表示：

$$K.C. = 100\% - 0.7V \tag{4.1}$$

式中，$K.C.$——结焦残炭值；

$V$——沥青中的挥发分，%。

煤沥青的结焦残炭值在一定程度上还取决于焙烧过程中的某些条件，如升温速度、加热持续时间、挥发分排出的阻力等条件。慢速升温、阻力增大会使结焦残炭值提高。一般中温煤沥青的结焦值在 50%以下，改制煤沥青的结焦值可提高到 55%～65%。表 4.10 为不同软化点的煤沥青的结焦残炭值。

**表 4.10** 　　　　　　　　　不同软化点的煤沥青的结焦残炭值

| 煤沥青种类 | 软化点/℃ | 挥发分/% | 结焦残炭值/% |
|---|---|---|---|
| 沥青 1 | 134 | 57.74 | 60.02 |
| 沥青 2 | 100 | 58.83 | 58.23 |
| 沥青 3 | 83 | 63.86 | 54.08 |

（5）沥青的气体析出量

在加热过程中，沥青的气体析出量并不均匀，软化点不同的沥青，气体析出量也不同。煤沥青在加热过程中的气体析出曲线对制定焙烧升温曲线关系很大，因为在某些温度阶段，挥发分剧烈排出，所以要放慢升温速度，否则易产生裂纹废品。

#### 4.2.1.3　煤沥青的生产

（1）中温煤沥青的生产

中温煤沥青采用连续式装置管式加热炉、蒸发器加蒸馏塔生产。连续式加工装置生产能力大、操作稳定，适用于大型焦化厂。

生产工艺流程如下：经过均匀混合及初步脱水的焦油用泵打入管式加热炉对流段加热到 130 ℃后，送入一次蒸发器，进行蒸发脱水，脱水后的无水焦油再打入管式加热炉的辐射段，加热至 400 ℃，送入二次蒸发器，使轻质馏分与沥青分离，从底部排出的沥青进入冷却池冷却成固态，顶部逸出的轻质馏分进入蒽塔及蒸馏塔，分别得到轻油、酚油、蒽油及洗油等产品。

（2）改质沥青生产

改质沥青又称高温沥青或硬沥青，世界各国炭素制品所用黏结剂由改质沥青来替代中温沥青已达到普及的程度。改质沥青作为黏结剂具有以下优点：

① 结焦残炭值高，焙烧时可生成更多的黏结焦，制品的机械强度高；

② 软化点高，夏天运输和远距离运输问题易于解决；

③ 混捏成型过程中，沥青逸出的烟气较少，可减轻环境污染；

④ 沥青熔化温度、混捏温度高于中温沥青；

⑤ 改质沥青含有较多的树脂和次生 QI，具有较高的热稳定性，有利于提高炭素制品的质量。

国内改质沥青生产方法主要采用高温热聚法（间歇加压式、连续常压式和常压间歇式）和闪蒸法两种工艺。

① 间歇加压热聚法。先将中温沥青加热熔化后输入到密闭釜中，再缓慢加

热到规定温度，然后在常压或加压下保持一段时间，使沥青进行热解聚合反应，热聚合温度维持在 400 ℃ 左右，热聚合时间持续 4~8 h，使中间相球体成长熔并，最后沥青软化点逐渐提高，其分子量和结焦残炭值也相应增大。

② 闪蒸法。先将经过管式炉蒸馏所得中温沥青输入闪蒸塔内，在距塔底约 1.5 m 处喷滴出来。由于闪蒸塔顶部是由蒸气喷射泵造成塔内真空状态，因此中温沥青在 360~370 ℃ 受到减压蒸馏，馏分在闪蒸塔内迅速挥发，沥青在很短时间内软化点提高到 110~120 ℃，然后用齿轮泵打到冷却塔中用水喷淋冷却。

### 4.2.1.4　煤沥青的用途

低温沥青主要用于筑路材料、加工防水油毡纸、建筑用防水涂料、生产沥青漆(如沥青环氧树脂漆)、干电池的密封材料等。低温沥青还是延迟焦化法生产沥青焦的原料，经过特殊处理后可作为生产炭纤维的原料。中温沥青主要作为生产炭素制品的黏结剂和浸渍剂，如生产石墨电极、冶金炉用炭块、铝电解用的阳极糊及冶炼铁合金、电石所需的电极糊等。高温沥青可作为生产沥青焦或活性炭的原料，目前生产一些细颗粒结构的特殊炭素制品，如电火花加工所用的高密高强石墨、作为机械密封件使用的耐磨炭和耐磨石墨及高温模压炭砖等产品；还可以采用高温沥青和炭质骨料及粉料一起混合后直接模压成型。高炉堵出铁口的泥炮材料也需要用软化点为 135 ℃ 以上的高温沥青作黏结剂。

### 4.2.2　煤焦油

煤在高温干馏时，热解反应除了生成焦炭、焦炉煤气以外，每吨入炉干煤可产生 30~45 kg 煤焦油。煤焦油形状为黑色黏稠液体，具有特殊臭味，是一种由芳烃组成的复杂混合物，含有 1 万多种化合物，目前已查明的约为 500 种。根据干馏温度的不同，可以将煤焦油分成低温焦油(干馏温度在 450~600 ℃)、中温焦油(干馏温度在 700~900 ℃)和高温焦油(干馏温度在 1000 ℃)。

煤焦油的质量指标为：密度 1.16~1.20 g/cm³；灰分不大于 0.2%；水分不大于 0.2%；游离碳含量 5%~9%。

焦油蒸馏的目的是将焦油中沸点接近的化合物集中到相应的馏分中，以便进一步加工分离出单体产品。煤焦油蒸馏工艺根据生产规模的不同，可采用间歇式或连续式焦油蒸馏装置。

后者分离效果好，操作稳定，生产能力大，各种馏分产率高，酚和萘可高度集中在一定的馏分中，故生产规模较大的焦油车间均采用管式炉连续式装置进行焦油蒸馏。

连续式焦油蒸馏装置的主要设备：

① 管式加热炉。主要由燃烧室、对流式和烟囱组成。

② 一段蒸发器。一段蒸发器是快速蒸出煤焦油中所含水分和部分轻油的蒸馏设备。

③ 二段蒸发器。二段蒸发器是将 400～410 ℃的过热无水焦油闪蒸并使其馏分与沥青分离的蒸馏设备。

在两塔式流程中所用的二段蒸发器不带精馏段，构造比较简单；在一塔式流程中所用的二段蒸发器带有精馏段。

④ 馏分塔。馏分塔是焦油蒸馏工艺中切取各种馏分的设备，可分为精馏段和提馏段，内设塔板。

## 4.2.3　蒽油

蒽油是煤焦油加热蒸馏到 270～360 ℃蒸发冷凝后得到的褐色黏稠液体，产量占煤焦油量的 20%左右。与煤焦油相同，蒽油的使用目的也是为了降低煤沥青的软化点或黏度。

蒽油对中温沥青软化点的影响作用比煤焦油大，达同一软化温度蒽油加入量仅是煤焦油加入量的一半。冷捣糊生产混合黏结剂的配比为：

煤沥青∶蒽油 = (70 ± 2)∶(30 ± 2)

混合后就可达到冷捣糊对其软化点的要求。

## 4.2.4　合成树脂

人造树脂是具有一定弹性、塑性、强度、耐化学腐蚀性、绝缘性等特征的一种高分子有机化合物。在炭素生产中，常用的人造树脂有酚醛树脂、环氧树脂和呋喃树脂等，主要用作黏结剂和浸渍剂。

### 4.2.4.1　酚醛树脂

酚类化合物与醛类化合物在催化剂作用下经缩聚反应而制成的聚合物称为酚醛树脂，其中以苯酚和甲醛为原料缩聚的酚醛树脂最为常用，简称 PF。酚醛树脂又称电木粉，为无色或黄褐色透明物。酚醛树脂的化学稳定性良好，除了硝酸、浓硫酸和强碱以外，对其他酸、碱、盐和有机溶剂都很稳定。

酚醛树脂根据原料种类、配比、催化剂的不同，可分为热固性和热塑性两类树脂。热固性树脂是苯酚在碱性条件下与过量的甲醛发生反应合成的，热塑性树脂是苯酚在酸性条件下与少量的甲醛反应合成的。热固性树脂在一定温度下受热后即固化；而热塑性树脂受热时仅熔化，需加入固化剂，才可转变为热固性。

炭素制品加工中主要采用热固性酚醛树脂，一般分为高、中、低三种黏度产品，相应的质量指标列于表 4.11。低黏度产品可用于浸渍剂，中黏度产品可用于化工石墨设备接头、热模压石墨的黏结剂，高黏度产品可用于化工用石墨材料、挤压石墨管等。

**表 4.11**　　　　　　　　　　　　**热固性酚醛树脂质量指标**

| 粘度分级 | 游离酚/% | 游离醛/% | 水分/% | 黏度（测定方法） |
|---|---|---|---|---|
| 高黏度 | 13～17 | 1.3～1.5 | <8 | 1～3 h（落球法） |
| 中黏度 | 14～17 | 1.8～2.5 | 10～12 | 5～20 min（落球法） |
| 低黏度 | 19～21 | 3～3.6 | <20 | 20～60 s（7 mm 漏斗法） |

#### 4.2.4.2　环氧树脂

环氧树脂是指分子结构中含有 2 个或 2 个以上环氧基，并在适当的化学试剂存在下能形成三维网状固化物的化合物的总称，是一类重要的热固性树脂。

环氧树脂既包括环氧基的低聚物，也包括含环氧基的低分子化合物。由于环氧基的化学活性高，可用多种含有活泼氢的固化剂使其开环、固化交联而生成网状结构，因而其黏结性极强。

环氧树脂及其固化物因具有力学性能高、附着力强、固化收缩率小、工艺性好、稳定性好等优良特点而应用于炭素制品生产中，目前用于炭素生产中的环氧树脂的质量标准见表 4.12。

**表 4.12**　　　　　　　　　　**炭素生产中常用的环氧树脂质量标准**

| 型号 | 外观 | 色泽 HCB2002-59 | 软化点（环球法）/℃ | 环氧值（盐酸吡啶法）/（当量/100g） | 有机氯值（银量法）/（当量/100g） | 无机氯值（银量法）/（当量/100g） | 挥发物（110 ℃，3 h）/% |
|---|---|---|---|---|---|---|---|
| E-51（618） | 黄色至琥珀色高黏度透明液体 | ≤2 | — | 0.48～0.56 | ≤2×10⁻² | ≤1×10⁻³ | ≤2.0 |
| E-44（6101） | | ≤6 | 12～20 | 0.41～0.47 | ≤2×10⁻² | ≤1×10⁻³ | ≤1.0 |
| E-42（634） | | ≤8 | 21～27 | 0.38～0.45 | ≤2×10⁻² | ≤1×10⁻³ | ≤1.0 |
| E-35（637） | | ≤8 | — | 0.26～0.40 | ≤2×10⁻² | ≤1×10⁻³ | ≤1.0 |

#### 4.2.4.3　呋喃树脂

呋喃树脂是分子中带有呋喃环、以糠醛为原料聚合而成的热固性树脂的总称。常用的有糠醛、糠酮树脂、糠酮醛树脂。

呋喃树脂的特点是含有呋喃环，能耐强酸、强碱和有机溶剂的腐蚀，耐热性也较好，因此是不透性化工石墨设备的优质黏结剂与浸渍剂，也可作为玻璃炭等新型炭材料的原料。

## 4.3 浸渍剂

在炭素制品生产中，为了提高制品的体积密度、不透性、润滑性、强度及其他特殊性能，需要对制品焙烧、石墨化及机械加工后采用浸渍处理。用于浸渍处理的物质称为浸渍剂，浸渍剂与黏结剂类似，但技术指标要求不同。常用的浸渍剂有煤焦油、蒽油、煤沥青、合成树脂和金属及合金等。

（1）煤焦油、蒽油、煤沥青

用于浸渍剂的煤焦油、蒽油和煤沥青的质量指标与用作黏结剂的相同。但用于浸渍剂的煤沥青软化点要低一些，一般为 65～75 ℃。

（2）合成树脂

用作浸渍剂的树脂应为低黏度或中等黏度的合成树脂，有酚醛树脂、糖醇树脂和环氧树脂。

（3）金属或合金

通常采用低熔点的铜（熔点为 1083 ℃）、铝（熔点为 660 ℃）、铅（熔点为 232 ℃）或铜锡合金、铅锡合金作浸渍剂。

（4）油脂类

用石蜡、蓖麻油、松节油、机油或硬脂酸铝作为润滑剂。

（5）无机化合物或其他浸渍剂

无机化合物浸渍剂有硅、二氧化硅、硅酸等。其他浸渍剂包括聚四氟乙烯、二硫化钼、纸浆废液和水玻璃等。

## 4.4 其他辅助材料

辅助材料一般包括制品焙烧时的填充料、石墨化使用的电阻料和保温料。主要为焦粉、焦粒、石英砂等。

## 4.5　燃料

### 4.5.1　燃料的定义及其分类

燃烧时放出大量的热，且该热量能经济、有效地用于现代工农业生产或日常生活的所有物质即为燃料。燃料燃烧时将化学能转变为热能。常见的燃料有木柴、煤、焦炭、重油、煤气等。

按照物态不同，燃料可分为三种：固体燃料、液体燃料和气体燃料。按照来源不同，燃料又分为两种：天然产品（木柴、石油、天然气）和加工产品（如焦炭、木炭、煤气、重油、焦油、高炉煤气等）。

炭素生产中煅烧、焙烧和石墨化工艺多使用重油、煤气、天然气作燃料，用于炭素生产的燃料具有以下几个特点：

① 燃烧所放出的热量满足生产工艺的要求；

② 方便控制和调节燃烧过程；

③ 燃料成本低，使用方便；

④ 燃烧产物应对人、植物、厂房、设备等无害。

### 4.5.2　燃料的特性

燃料的特性包括化学组成和发热能力。

（1）燃料的化学组成

固体、液体燃料都是极其复杂的有机化合物。通常由碳、氢、氧、氮、硫等元素和部分矿物杂质（通常统称灰分）、水分等七种物质组成。

碳是固体、液体和气体燃料的主要成分。在固体燃料中碳波动在 50% ~ 90%，液体燃料中碳含量一般在 85% 以上。碳的发热值为 33.91 MJ/kg。碳完全燃烧时生成 $CO_2$；氧气不足时则不完全燃烧，生成 CO。

氢是固体和液体燃料的第二主要成分。可燃氢燃烧时能大量放热，其发热值为 103.095 MJ/kg。氢燃烧生成水。

氮不参加燃烧反应，不能放热，是燃料中的惰性物质。

氧是固、液体燃料中的有害组成物，它不能燃烧，也不能助燃。

硫是有害组成物，在燃料中有三种存在形式：① 有机硫；② 黄铁矿硫；

③ 硫酸盐硫。前两种硫能燃烧放热，计算中把它们当作自由存在的硫，并统称挥发(可燃)硫。最后一种硫不能燃烧，它以各种硫酸盐的形式存在于燃料中。硫燃烧生成 $SO_2$ 气体。含硫燃料在燃烧时，会影响产品质量。因此，固体、液体燃料中的含硫量应受到限制，一般不允许大于 1.5%。

水分是有害组成物，本身不能放热，还要吸收大量热。

灰分是最有害的组成物，主要有 $SiO_2$、$Fe_2O_3$、$CaO$ 等。

(2)燃料的发热能力

发热量是评价燃料质量的重要指标，单位质量或体积的燃料在完全燃烧的情况下所能放出热量的千焦数叫作燃料的发热量或热值。燃料的发热量取决于燃料内部的化学组成，与外部的燃烧条件无关。燃料发热量的大小影响燃料的燃烧温度，要想提高燃烧温度，其措施之一就是提高燃料的发热量。

### 4.5.3　常用燃料的性质

(1)气体燃料

常用的气体燃料包括天然气、高炉煤气和焦炉煤气。气体燃料具有以下几个优点：

① 易与空气混合，用较少的过量空气，即可保证充分燃烧；

② 煤气易于预热，从而可以提高燃烧温度；

③ 炉内温度、压力、气氛等比较容易调节，使燃烧过程易于控制；

④ 气体燃料比较经济、输送方便、燃烧干净、劳动强度小，有利于改善环境。

(2)液体燃料

液体燃料包括汽油、煤油、柴油、重油等，重油是工业上最常用的燃料油。液体燃料具有如下特点：

① 可燃物多，灰分和水分少，发热量高；

② 燃烧火焰的辐射力强，燃烧温度高；

③ 燃烧操作方便，控制调节比较容易。

(3)固体燃料

固体燃料主要有煤、焦炭和粉煤。固体燃料含水分和灰分多，可燃物较少，发热量较低。炭素工业中使用最多的是无烟煤和烟煤，煤的储量多、分布广，但使用煤作燃料，劳动条件差。

常采用工业分析法将煤分成挥发分、固定碳、灰分和水分四个组成物。煤在隔离空气的条件下，加热到850 ℃时，分解出来的气体量，即为挥发分含量；煤分解出挥发分后，残留下来的固体可燃物（不包括灰分）即为固定碳，其主要成分是 C，同时还残留有少量的 H，O，N 元素等。固定碳是可以燃烧的，它是煤中的重要发热成分，也是衡量煤使用特性的指标之一。灰分是煤完全燃烧以后，残留下来的固体矿物灰渣。水分是指在 105 ~ 110 ℃可挥发掉的附着水分。

粉煤是将块煤或碎煤磨至 0.05 ~ 0.07 mm 粒度的煤面，其表面积很大，具有极强的空气吸附能力，流动性好，可使用空气输送。粉煤能使用预热空气，在较小的空气过剩系数下完全燃烧，所以燃烧时就能得到较高的温度。但空气中悬浮一定浓度的煤粉时极易发生爆炸，应注意粉煤的使用安全。

## 思考题与习题

4 – 1  什么是石油焦？石油焦如何分类？生焦的质量指标主要有哪些？

4 – 2  石油焦的石墨化性优于沥青焦与同级石油针状焦的质量优于煤沥青针状焦这两件事有何联系？

4 – 3  无烟煤有哪些特性？它是哪些产品的生产原料？

4 – 4  煤沥青分为哪几类？煤沥青由哪些组分组成？其中哪种组分对煤沥青的性能起重要作用？

4 – 5  改质沥青有哪些特点？它有哪几种生产方法？

4 – 6  煤沥青萃取所得各部分在炭素生产中起什么作用？为什么？

4 – 7  炭素生产的燃料应具备哪些条件？一般燃料如何分类？

4 – 8  燃烧的定义是什么？燃料燃烧的必备条件有哪些？

# 第5章 煅 烧

炭素各种固体原料(如石油焦、沥青焦、无烟煤、冶金焦等)的成焦温度或成煤温度的地址、年代等不同,内部结构不同程度地含有水分、杂质或挥发物。原料中这些物质不预先排除,将直接影响产品质量和使用性能。除石墨和炭黑外,绝大多数固体原料均需要进行煅烧。

煅烧是将各种固体原料在隔离空气的条件下进行高温热处理的过程。煅烧使炭素原料获得良好的综合性能,决定其在破碎、与黏结剂的互相作用、成型、焙烧以及石墨化时的形状。

## 5.1 煅烧目的

(1)排除原料中的水分和挥发分

炭素原料一般都含有3%～10%的水分,通过煅烧排除原料中的水分,有利于破碎、筛分及磨粉等作业的进行,有利于提高黏结剂对原料的浸润、吸附能力,获得塑性良好的糊料,利于成型。同时,煅烧可排除原料中的挥发分,提高原料的固定碳含量,从而提高原料的物理化学性能。

(2)提高原料的密度和机械强度

在煅烧中,原料挥发分排除,发生热解与缩聚反应以及碳结构的重排,本身体积逐渐收缩,密度增大,强度提高,同时获得较好的热稳定性,从而减少制品在焙烧时产生的二次收缩。原料煅烧越充分,对产品质量就越有利。

(3)提高原料的导电性能

原料的导电性能提高是原料煅烧后排出了挥发分、分子结构得到重排和电阻率降低的结果。多数炭素制品是作为导电材料使用的,而制品的导电性在很大程度上取决于煅烧、焙烧和石墨化的热处理程度,原料煅烧后的电阻率是判断原料煅烧质量好坏的重要指标之一。

（4）提高原料的抗氧化性能

炭质原料中含杂质元素氢、氧、硫等，其化学活性增大，容易和其他物质相互作用。炭氢化合物在煅烧过程中被热解，在炭质原料表面和孔壁沉积一层坚实、有光泽的炭膜，这层炭膜化学性能稳定，从而提高了原料的抗氧化性能。此外，经过煅烧，原料发生热解和聚合反应，氢、氧、硫等杂质相继排出，化学活性下降，物理化学性质趋于稳定，从而提高了原料的抗氧化性能。

各种原料的煅烧质量指标见表 5.1。

表 5.1　　　　　　　　　　各种原料的煅烧质量控制指标

| 原料 | 电阻率/($\mu\Omega \cdot m$) | 真密度/($g \cdot cm^{-3}$) | 水分/% |
|---|---|---|---|
| 石油焦 | ≤600 | ≥2.00 | ≤0.3 |
| 沥青焦 | ≤650 | ≥2.0 | ≤0.3 |
| 冶金煤 | ≤900 | ≥1.09 | ≤0.3 |
| 无烟煤 | ≤1300 | ≥1.74 | ≤0.3 |

## 5.2　煅烧前后原料微观结构的变化

煅烧前，石油焦的层面堆积厚度 $L_c$ 和层面直径 $L_a$ 只有几纳米。随着煅烧温度的升高，它们不断增大，变化趋势如图 5.1 所示。700 ℃前，$L_c$、$L_a$ 有所缩小；700 ℃以上，$L_c$、$L_a$ 则不断增大。这种变化趋势与侧链和结构重排有关。在接近 700 ℃时，$L_c$、$L_a$ 的缩小说明焦炭层结构在这一温区移动和断裂得更杂乱和细化，此时挥发分的排出最为强烈。煅烧无烟煤时，情况类似，排出气体总量在 700～750 ℃最大。

各种炭素原料在煅烧中先后进行了热解、聚合以及碳结构的重排。其变化过程如图 5.2 所示，随着缩合反应的进行，挥发分排尽，导致原料因收缩而致密化，晶粒互相接近。

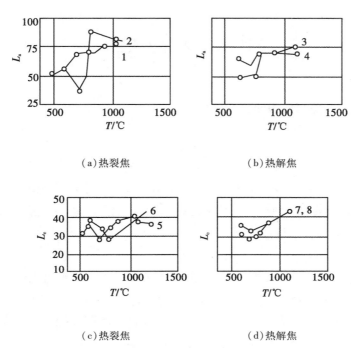

（a）热裂焦 　　　　　　　（b）热解焦

（c）热裂焦 　　　　　　　（d）热解焦

**图 5.1 石油焦的 $L_c$、$L_a$ 随煅烧温度的变化**

1，4，5，8—在填充料中；2，3，6，7—在氢气中

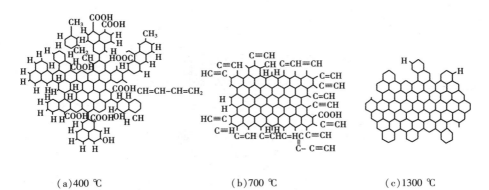

（a）400 ℃ 　　　　　　（b）700 ℃ 　　　　　　（c）1300 ℃

**图 5.2 不同煅烧温度下炭素原料分子平面网格的变化**

## 5.3 煅烧前后原料的物理、化学变化过程

### 5.3.1 煅烧前后原料所含元素的变化

（1）氢含量的变化

随着煅烧温度的提高，炭素原料发生脱氢反应。在 600～900 ℃时，有大量的气体排出，氢含量大幅度降低，而气体排出速度取决于煅烧温度。一些国家用氢含量作为煅烧质量的评价标准。对于大部分炭素原料，氢含量降低到 0.05% 的温度为最佳煅烧温度。

（2）硫含量的变化

硫是有害杂质元素，高温煅烧是最有效的脱硫方法，高温可以使 C—S 化学键断裂，促使焦炭结构重排。从图 5.3 可以看出，煅烧温度达到 1200～1500 ℃时，硫才能大量逸出。煅烧无烟煤时，硫含量可降低 30%～50%。

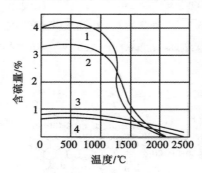

**图 5.3　煅烧温度与石油焦含硫量的关系**
1—鞑靼原油残渣油焦炭；2—鞑靼石油裂化焦炭；
3—高尔基厂焦油热解焦炭；4—戈洛茨镍斯基原油裂化焦炭

### 5.3.2 煅烧前后原料收缩和气孔结构的变化

煅烧后原料的体积收缩是由挥发分排出所发生的毛细管张力以及结构和化学变化，使焦炭物质致密化而引起的。沥青焦和石油焦煅烧时的线尺寸变化曲线如图 5.4 所示。收缩曲线出现两个拐点：第一拐点是焦炭生成时的温度，焦炭在该温度下受热膨胀；第二个拐点对应于焦炭的最大收缩期，收缩量的绝对

值依赖于焦炭品种和横向交联发展程度。

煅烧温度为700~1200 ℃时，原料气孔的总体积大幅度增加，这与700 ℃时气体的大量析出有关，由于气体的析出产生了开口气孔。当温度升高到1200 ℃以上时，气孔体积由于焦炭收缩而减小，大部分转变为连通的开口气孔。图5.5 给出了石油焦的气孔直径分布与煅烧温度的关系。

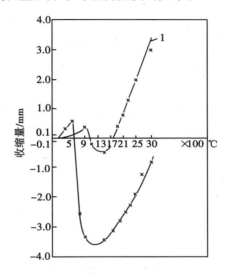

**图5.4　沥青焦和石油焦煅烧时体积收缩**

1—沥青焦；2—石油焦

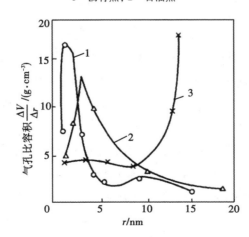

**图5.5　石油焦气孔直径分布与煅烧温度的关系**

1—煅烧至950 ℃；2—1200 ℃；3—2900 ℃；

$r$—气孔有效半径，nm；$V$—气孔单位体积，$cm^3/g$

### 5.3.3 煅烧后原料所含挥发分的排除

在煅烧过程中，随着热处理温度的升高，原料排出的可燃性气体称为挥发分。碳质原料所含挥发分的高低，取决于原料成焦温度或变质程度的高低。挥发分的排出阶段主要是化学变化过程，即原料发生芳香族化合物的分解和缩聚过程。

热处理温度在 200 ℃ 以下时，原料处于低温烘干阶段，主要是排除水分，所发生的变化基本属于物理变化。

原料开始逸出挥发分的温度一般是 200~300 ℃，逸出量随温度的升高不断增加。原料不同，气体逸出量和逸出速度也不同。例如，在相应的温度范围内，无烟煤挥发分的逸出量的增加比石油焦更均匀，逸出速度也不同于石油焦，这主要是由于经过焦化过程的石油焦的挥发分中少含或不含轻质馏分。即使同样是石油焦或无烟煤，也会因其成焦原料和焦化条件不同或成煤地质年代不同，出现不同的气体逸出情况。从表5.2、图5.6 及图5.7 可以看出，起初气体的逸出量随温度的上升而加强，当温度上升到一定值后，气体逸出量便急剧下降，大约 1100 ℃ 后基本停止逸出。

**表 5.2　　　　　　　　　　　石油焦挥发分逸出情况**

| 原料名称 | 开始逸出温度/℃ | 大量析出温度/℃ | 最大析出量/% |
|---|---|---|---|
| 釜式焦 | 200~500 | 550~650 | 4~6 |
| 延迟石油焦 | 150 左右 | 400~550 | 10~25 |

在 400 ℃ 以下，各种炭素原料（无烟煤除外）所排的挥发分，主要是来自焦炭中的少量的轻质馏分。当煅烧温度升高到 400~500 ℃ 时，炭素原料中大分子裂解成小分子和部分侧链基团断裂，并以挥发分的形态排出，此时挥发分是呈油雾黄烟的形态逸出的。

温度在 500~800 ℃ 时，挥发分的排出量最大。当煅烧温度约为 700 ℃ 时，挥发分主要成分是碳氢化合物及由碳氢化合物热解所分解的氢。当温度继续升高，将会引起碳氢化合物的强烈分解，生成热解炭，然后不断沉积在焦炭气孔壁及其表面，形成一种坚实有光泽的炭膜，使焦炭的抗氧化能力和机械强度大大提高，同时焦炭晶粒互相接近，导致原料收缩和致密化。直到挥发分热解和排除完毕以后才结束。

随着温度的继续升高，气体的逸出量减少，热解的温度增加，进一步促进

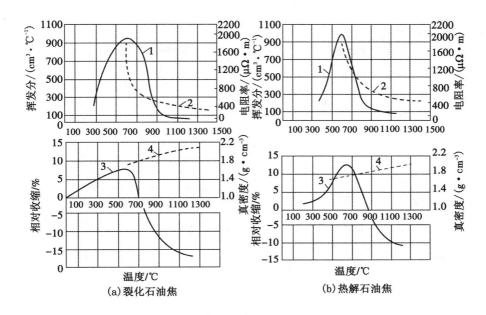

图 5.6 石油焦性质与煅烧温度的关系

1—挥发分逸出速率；2—电阻率；3—相对收缩；4—真密度

结构的紧密化，从而使焦炭的电阻率降低。

若继续升高温度，挥发分的排出量会急剧下降。当温度达到 1100 ℃ 以上时，挥发分排出基本停止，收缩相对稳定，煅后碳质物料的挥发分含量降低到 0.5% 以下。煅烧的最高温度一般控制在 1300 ℃。此时的炭素原料已形成了碳原子的平面网格，呈两维空间的有序排列结构。因此，石油焦的煅烧温度一般不低于 1250～1300 ℃，无烟煤的煅烧温度一般不低于 1250～1400 ℃。煅烧原料的焦化程度或炭化程度越好，其热解温度就越高，达到最大气体逸出量的温度也就越高。

### 5.3.4 煅烧后原料物理化学性质的变化

在煅烧过程中，炭素原料的物理、化学性质(如电阻率、真密度、机械强度等)均发生了显著的变化，其变化主要取决于炭素原料的性质，也取决于煅烧温度作用下气体逸出和收缩过程的进行。当原料的热解和缩聚过程结束，收缩达到稳定之后，原料的物理化学性质也趋于稳定。表 5.3 所列为各种炭素原料煅烧前后的理化指标，石油焦、无烟煤的性质与煅烧温度的关系如图 5.6 和图 5.7 所示。

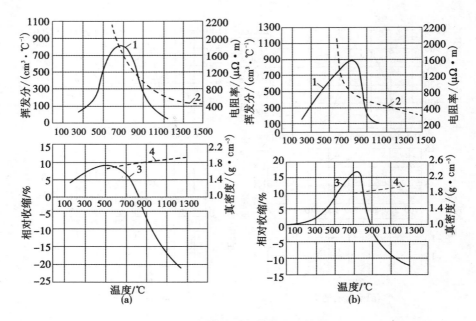

**图 5.7　无烟煤性质与煅烧温度的关系**

1—挥发分逸出速率；2—电阻率；3—相对收缩；4—真密度

**表 5.3　　　　　各种炭素原料煅烧前后物理化学指标的变化**

| 指标 | | 石油焦 | | | | | 沥青焦 | 无烟煤 | |
|---|---|---|---|---|---|---|---|---|---|
| | | I | II | III | IV | V | | I | II |
| 灰分/% | 煅烧前 | 0.11 | 0.15 | 0.2 | 0.17 | 0.14 | 0.38 | 6.47 | 5.06 |
| | 煅烧后 | 0.35 | 0.41 | 0.35 | 0.54 | 0.21 | 0.44 | 10.04 | 9.11 |
| 真密度 /(g·cm⁻³) | 煅烧前 | 1.61 | 1.46 | 1.42 | 13.7 | 13.6 | 1.98 | — | — |
| | 煅烧后 | 2.09 | 2.09 | 2.08 | 2.05 | 2.08 | 2.06 | 1.77 | 1.85 |
| 体积密度 /(g·cm⁻³) | 煅烧前 | 0.9 | 0.82 | 0.93 | 0.99 | 0.94 | 0.8 | 1.35 | 1.35 |
| | 煅烧后 | 0.97 | 0.99 | 1.11 | 1.13 | 1.15 | 0.8 | 1.61 | 1.59 |
| 硫分/% | 煅烧前 | 0.51 | 0.4 | 0.17 | 1.09 | 0.38 | 0.27 | 0.73 | 0.41 |
| | 煅烧后 | 0.58 | 0.57 | 0.19 | 1.26 | 0.42 | 0.25 | 0.84 | 0.73 |
| 挥发分/% | 煅烧前 | 2.23 | 2.23 | 5.79 | 11.71 | 14.95 | 0.55 | 7.43 | 6.31 |
| 水分/% | 煅烧前 | 0.95 | 1.97 | 0.28 | 0.34 | 6.5 | 0.06 | 0.49 | 0.33 |
| 煅后体积收缩/% | | 13.0 | 14.6 | 21.5 | 28.5 | 25.5 | 1.25 | 25.5 | 23.9 |
| 煅后粉末电阻率/(μΩ·m) | | 511 | 493 | 487 | 480 | 523 | 791 | 1074 | 1022 |

（1）煅烧后原料的真密度的提高

煅烧原料的真密度随煅烧温度的变化呈很好的直线关系。煅烧后，各种碳质原料的真密度都有较大提高，主要是原料在高温下不断逸出挥发分并同时发生分解缩聚反应，导致结构重排和体积收缩的结果。受焦炭结构收缩的影响，石油焦的真密度从煅烧前的 1.42~1.61 $g/cm^3$ 提高到 2.00~2.12 $g/cm^3$，提高了约 40%。真密度可以表示煅烧料的结构致密化程度和微晶规整化程度，因此煅后料的真密度可以用来评价煅后料质量的优劣以及煅烧工艺的好坏。生产上通常用煅烧料的真密度直接反映碳质原料的煅烧程度以及所处的煅烧温度。

（2）煅烧后原料的机械强度增加

煅烧原料的机械强度随密度的增大而增加。在煅烧过程中，碳质原料在热的作用下，能量较小的侧链基团脱离母体，在碳平面网格中产生许多活性较强的自由链，其在进一步的高温作用下，发生侧链与侧链、侧链与碳网平面之间的缩聚反应，使得碳网平面分子越来越大，因而原料体积收缩，密度增大，机械强度提高。

（3）煅后料导电性提高

导电性能的变化与结构变化有关，与原料中氢含量的降低一致。随着煅烧温度的升高，碳质原料的热解反应进一步加深，大量的碳氢键断裂，氢随着挥发分的排除，含量逐渐减少。由于氢的大量析出，原料的电阻系数下降，导电性能提高。

石油焦的电阻系数与煅烧温度的关系如图 5.8 所示。变化可分为四个温区：① 500~700 ℃，焦炭的电阻系数最大；② 700~1200 ℃，焦炭的电阻系数直线下降，从 $10^7$ Ω·cm 降至 $10^{-2}$ Ω·cm；③ 1200~2100 ℃，电阻系数变化甚少；④ 2100 ℃以上，电阻系数随煅烧温度进一步降低，这与焦炭的石墨化有关。

（4）煅后料的抗氧化性提高

随着煅烧温度的提高，碳质原料所含杂质逐渐排除，降低了碳质原料的化学活性。同时，在煅烧过程中碳质原料热解逸出的碳氢化合物在原料颗粒表面和孔壁沉积一层致密有光泽的热解炭膜，其化学性能稳定，从而提高了煅后料的抗氧化性能。

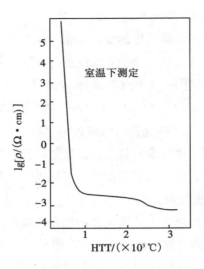

图 5.8　石油焦的电阻系数与煅烧温度的关系

## 5.4　煅烧质量指标及煅烧温度的确定

### 5.4.1　煅烧料的质量要求

粉末电阻率和真密度是控制煅烧质量的两个主要指标,原料的煅烧程度越高,则煅后料粉末比电阻越低,同时真密度也越高。两个指标中,真密度的测定时间比较长,但测定结果精确度高。而测定粉末电阻率速度快,从取样到测定结束 1 小时内即可完成分析。分析时间越短,不合格煅烧料进入下道工序的概率越小,所以通常用电阻率指标作为调整煅烧炉操作的指标。各种碳质原料煅烧质量控制指标见表 5.4。

表 5.4　　　　　　　　　　　　　　原料煅烧质量控制指标

| 原料种类 | 粉末电阻率/(μΩ·m) | 真密度/(g·cm⁻³) | 灰分/% | 硫分/% | 水分/% |
|---|---|---|---|---|---|
| 石油焦 | 550 | 2.06 | ≤0.5 | ≤1.0 | ≤0.3 |
| 沥青焦 | 650 | 2.00 | ≤0.5 | ≤1.0 | ≤0.3 |
| 冶金焦 | 900 | 1.90 | ≤13.5 | ≤0.8 | ≤0.3 |
| 无烟煤 | 1250 | 1.74 | ≤10.0 | ≤2.0 | ≤0.3 |

煅后焦质量的要求如下：

① 原材料应达到理化性能稳定和均匀，煅烧温度不应低于 1100 ℃，特别不应在 700~800 ℃ 停止或延长煅烧时间。

② 硫及其他易挥发杂质在煅烧时被排除，但要将大部分硫除去，煅烧温度则应达到 1400 ℃ 以上。

③ 煅烧温度影响焙烧制品和石墨化时的收缩率。如煅烧温度低，则焙烧和石墨化时收缩率大，将引起制品的变形或开裂。真密度不合格的，需重新回炉煅烧。若煅烧温度过高，则制品在焙烧和石墨化时收缩率小，其收缩仅靠黏结剂提供，将使制品结构疏松，体积密度和机械强度低。因此，如用石墨化过的材料作为返回料，最多加入 10%，而不能全部使用石墨化料。

### 5.4.2　煅烧温度的确定

煅烧温度是煅烧工序的主要控制参数。煅烧温度的确定与生焦的品种及产品的用途有关。真密度可以直接反映原料的煅烧程度，根据真密度可以确定煅烧温度。炭素原料的煅烧温度一般为 1250~1350 ℃。合适的煅烧温度既可以保证煅烧物料的质量，又可以延长煅烧设备的使用寿命。为了避免碳质原料颗粒在焙烧热处理时产生再收缩，一般煅烧温度应高于焙烧温度。

煅烧温度视生焦的品种及产品的用途而定，高功率和超高功率电极比普通石墨电极要求原料焦炭的真密度大，所以煅烧温度高。铝电解用阳极，原料焦炭煅烧温度应尽量接近焙烧温度 1150 ℃，以防止高温引起氧化。

## 5.5　煅烧工艺及设备

未煅烧的生焦进厂块度可达 250 mm，而煅烧炉只能处理最大块度为 70 mm 的焦块，所以需要对进厂生焦进行预碎处理。

原料块度过大，煅烧工序不仅保证不了煅后料质量的均一性，而且受到煅烧设备的限制，给进料和排料作业造成困难，同时还会影响中碎设备的效率，因此碳质原料在煅烧前要预先破碎到 50~70 mm 的中等块度，确保大小块料得到均匀的深度煅烧。注意原料预碎不能过细，否则会造成粉量过多，从而增加煅烧的烧损量。原料的预碎通常选用颚式破碎机和辊式破碎机。

煅烧工艺视所用煅烧设备不同而异，不同的煅烧设备，其煅后焦的质量也

有差别。目前,国内外常用的煅烧设备包括:回转窑、罐式煅烧炉和电煅烧炉。

### 5.5.1　回转窑

回转窑是一种直接加热物料的煅烧设备,其结构简单,具有产能大、基建投资小、建设速度快、自动化程度高等优点;同时也具有炭质烧损大、物料实收率低和碎料多等缺点。目前,全世界约80%以上的锻后焦都是用回转窑生产的。

#### 5.5.1.1　回转窑结构

回转窑是一台纵长的钢板制成的圆筒,内衬耐火砖。窑体的大小根据生产需要而定。较小的回转窑内径只有1 m左右,长20 m左右;较大的回转窑内径可达2.5～3.5 m,长60～70 m。

为了使物料能在窑内移动,窑体要倾斜安装,其倾斜度的大小一般为窑体总长的2.5%～5%。

回转窑由窑身、窑头、窑尾、内衬、托轮、挡轮、传动装置、密封装置、燃料喷嘴、排烟系统和冷却装置等组成(图5.9)。

(1)窑身

窑身由厚钢板卷成圆筒并用焊接或铆接而成,内衬耐火材料,按一定倾角安装在两对以上的托轮上。筒体的转动装置是由一组齿轮完成的。为了冷却煅烧后灼红的物料,在主窑的正下方另安装一台尺寸稍小的冷却窑。冷却窑的表面用淋水冷却。

(2)窑头

排出煅烧料和喷入燃料的一端称为窑头。其上有窑门和燃料喷口,作用是通风、喷入燃料和隔绝炉端对外界的辐射热。炉头有固定式和移动式两种,煅烧好的物料从窑头底部的下料孔落入冷却窑。

(3)窑尾

加入原料和排出废气的一端称为窑尾。窑尾直接与沉灰室相连,加料管由窑上方斜插入窑尾罩内。窑尾还与余热锅炉烟道相接,或直接与通往排烟机的烟道相连。

(4)托轮、滚圈与挡轮

托轮是安装在一定位置上承受窑体重量并能随窑体转动的轮子。滚圈是安装在窑体上的一个铸钢环,窑体转动时借助于滚圈回转于托轮上。挡轮安装在滚圈两侧,主要是为了防止运转中窑体滑动。

（5）传动装置

回转窑的运转是靠机械传动的，电动机联接减速箱，减速箱联接减速齿轮，减速齿轮联接在窑体上的大齿轮圈上。

（6）密封装置

为了防止空气漏入窑内，在窑头、窑尾与窑体结合部位安装密封装置，密封装置部位设有冷却设备。密封材料一般为金属、胶皮或石棉防风圈等。

（7）燃料喷嘴和排烟机

为了燃烧和控制窑内温度，在窑头安装燃料喷嘴。回转窑内的负压靠烟囱和排烟机的抽力来控制，窑内产生的废气也靠烟囱和排烟机排入大气。

（8）冷却窑（冷却装置）

冷却窑其倾斜方式与大窑倾斜方式相反，是一个外面淋水的旋转钢筒，内砌耐火材料内衬，其传动和固定装置与回转窑相同，排料端安装有密封装置，以冷却煅后料。

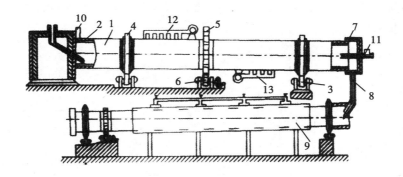

**图 5.9　回转窑的炉体结构**

1—筒体；2—炉衬；3—托辊；4—轮缘；5—大齿轮；

6—传动齿轮；7—窑头；8—排料口；9—冷却机；10—沉灰室；

11—燃烧喷嘴；12—三次风管；13—二次风管

#### 5.5.1.2　回转窑煅烧工艺

（1）回转窑的温度带

回转窑内喷入的燃料与原料中逸出的挥发分一起燃烧，产生的高温在窑内分成三个温度带。

① 预热带。预热带位于窑尾开始的一段较长区域，物料在此带脱水干燥和排出挥发分。应尽可能利用热烟气的热量和挥发分的燃烧热。该带的高温端温

度为800~1100 ℃，加料端温度为500~600 ℃。窑筒体越短，则预热带越短，窑尾温度越高，排出的烟气温度也就越高。物料在预热带的变化是脱水并排出挥发分及硫分。

② 煅烧带。煅烧带的起点位于距煤气喷嘴2 m左右的地方。该带温度最高达1300 ℃以上，物料在此带被加热到1200~1300 ℃。煅烧带的长度取决于燃料和挥发分燃烧火焰的长度，一般约为3~5 m，对于煅烧挥发分含量较高的石油焦，煅烧带的长度可增至8~10 m。

③ 冷却带。冷却带位于窑头端，处于燃烧火焰前进方向的后面，长度为1.5~2 m。经过此带，物料温度逐渐降至800~900 ℃。

（2）回转窑煅烧工艺流程

回转窑煅烧工艺流程如图5.10所示。碳质原料经预碎后送入贮料仓，经圆盘或振动给料机连续向窑尾加料，物料随窑体的转动而缓慢向窑头移动。物料在从窑尾向窑头移动过程中，首先经预热带预热，然后经1250~1350 ℃的高温带煅烧。煅烧好的物料从窑头下料管落入冷却窑中，冷却后的煅烧料经密封的排料机构定期排出。

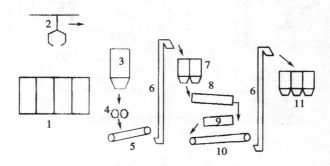

**图5.10 回转窑煅烧工艺流程图**

1—贮料仓；2—抓斗天车；3—上料斗；4—对辊破碎机；5—胶带输送机；6—斗式提升机；

7—煅前仓；8—回转窑；9—冷却窑；10—胶带输送机；11—煅后料储仓

（3）煅烧物料与烟气运动

煅烧物料在窑内运动方向为：窑尾→窑头→冷却机→煅后仓。

烟气在窑内运动方向为：窑头→窑尾→沉灰室→余热锅炉→净化系统→排空。

回转窑煅烧用燃料除挥发分外，还可采用天然气、重油或柴油。燃料从窑头喷嘴喷入，与窑头控制的空气混合燃烧。燃烧的热气流借助烟囱或排烟机的抽力，经过窑身加热物料，然后从窑尾进入废热锅炉，废气从烟囱排入大气。

### 5.5.1.3　回转窑煅烧质量控制

（1）给料量的控制

为了保证煅烧的质量，在回转窑的生产中，一般要求给料量均匀、稳定和连续，只有这样才能保证回转窑热工制度的稳定。

若给料量少且不均匀，物料烧损会增大，降低实收率，回转窑的生产能力也将受到影响；若给料量过多，则料层过厚，一方面物料可能烧不透，煅烧质量变差，另一方面，由于给料量过多，窑内阻力增大，烟气流通性变差，从而恶化煅烧条件。回转窑给料量取决于窑体的内径，内径越大，填充率越低。一般规定窑内料层厚度以 200～300 mm 为宜。

（2）燃料和空气混合量的控制

燃料量和空气量的合理配比是保证回转窑煅烧温度的关键。燃料完全燃烧所需实际空气量要比理论空气量大一些，实际空气需要量可用空气过剩系数 $a_m$ 表示：

$$a_m = V_a / V_{0a} \tag{5.1}$$

式中，$a_m$——空气过剩系数；

$V_a$——实际空气需要量；

$V_{0a}$——理论空气需要量。

在回转窑的煅烧生产中，空气过剩系数是衡量燃料燃烧是否合理的标志。通常如果空气过剩系数正常，燃料就能完全地燃烧，煅烧的温度就能保持在较高的水平，此时目测火焰呈白色；如果空气过剩系数较大，则空气就会过量，窑内热气体量就要增大，同时，烟气要带走大量的热，这势必影响回转窑的煅烧温度，此时目测火焰呈红褐色。正常情况下，空气过剩系数以 1.05～1.10 为宜。

（3）煅烧带的控制

煅烧带的长度和位置既与物料的烧损有关，也与保护窑头和煅烧最高温度有关，煅烧带应处在保证窑头不会被烧坏的最近距离。

煅烧带离窑头越远，物料的烧损越大。此时送入窑内的空气通过已煅烧好的温度达 1100～1200 ℃ 的物料层时，就把物料燃烧了。

煅烧带越长，物料的烧损越大。过长的煅烧带将使进入与挥发分燃烧的空气量所剩无几，一方面使挥发分不能充分燃烧而降低其热效率，以致影响炉温；

另一方面，未完全燃烧的挥发分可能在窑尾处随物料带进的空气一起燃烧而使窑尾烟气温度急剧升高。因此，煅烧带的加长应在煅烧带方向都能保持最高温度才是有益的。

当煅烧带加长时，只要加快回转窑的转速，使物料在窑内移动的速度加快，就可以提高回转窑的生产能力。

（4）煅烧物料移动速度的控制

如果煅烧物料在窑内运动速度过快，即物料在窑内停留时间短，则物料煅烧不透，煅烧质量变差。如果煅烧物料运动速度太慢，即物料的逗留时间过长，将会使物料氧化烧损增大，灰分含量增加，回转窑的生产能力降低。物料的逗留时间按式(5.2)计算，一般确保物料在窑内停留 30 min。

$$t = \frac{L}{\pi Dn\tan\alpha} \tag{5.2}$$

式中：$D$——窑内径，m；

$n$——窑转速，r/min；

$L$——窑体长度，m；

$\alpha$——窑体倾斜角，(°)。

（5）物料在窑内的填充率

物料在窑内的填充率为物料占窑体总容积的百分率。填充率高，则窑的产量也高，但填充率超过一定范围，又会恶化操作条件，使物料煅烧不透。物料在窑内的填充率随窑的内径增大而减小。一般物料在窑内的填充率是：窑的内径为 1 m，选择 12% ~15%；窑的内径为 2.5 ~3.0 m，选择 6% ~8%。

（6）窑内负压的控制

回转窑在正常生产时，窑内始终保持负压。负压过大或过小对窑内的温度控制和整个煅烧都是不利的。控制好负压，就能使煅烧带的位置和长度保持正常。在燃烧及给料量相对稳定的情况下，负压过大，则：

① 窑内抽力增大，粉料被吸走而导致煅烧实收率下降；

② 窑内火焰被拉长，使煅烧带的温度降低，为了保证煅烧质量，就必须增大燃料用量；

③ 挥发分燃烧不完全而被吸入烟道燃烧，导致废气温度过高，不仅热量损失，而且容易烧坏排烟设备；

④ 窑尾温度过高，造成刚进入窑尾的物料产生不均匀的突然收缩，挥发分也急剧逸出，导致煅后粉料增多。

负压过小，则：

① 造成窑内外压差小，使窑头窑尾冒烟，恶化操作环境；

② 燃烧火焰不稳定，窑头有引起火焰反扑的危险；

③ 煅烧带由于火焰不长而变短，直接影响煅烧质量和产量；

④ 窑内烟气流动性变差，造成窑内混浊不清，难以观察煅烧温度。

### 5.5.2 罐式煅烧炉

罐式煅烧炉加热碳质原料属于间接加热，根据加热方式和使用燃料的不同可分为：

① 顺流式罐式煅烧炉：燃气的流动方向与原料的运动方向一致。

② 逆流式罐式煅烧炉：燃气的流动方向与原料的运动方向相反。

#### 5.5.2.1 罐式煅烧炉的结构

罐式煅烧炉主要由以下几个部分组成：

① 炉体，包括罐式煅烧炉的炉膛和加热火道；

② 加料、排料和冷却装置；

③ 煤气管道、挥发分集合道和控制阀门；

④ 空气预热室、烟道、排烟机和烟囱。

顺流式罐式煅烧炉的结构如图 5.11 所示。顺流式罐式炉由多个用耐火砖砌成的相同结构及垂直配置的煅烧罐组成。每个罐体高约 3～4 m，罐体内宽为 360 mm，长为 1.7～1.8 m，每四个罐为一组，每台煅烧炉可配置 3～7 组，多为 24 罐或 36 罐。每个煅烧罐两侧设有水平加热火道 5～8 层，目前多数为 6 层。

逆流式罐式煅烧炉的结构如图 5.12 所示。一台逆流式罐式炉包含多个相同尺寸的煅烧罐，分前后两排布置，每 4 个罐为一组，每台罐式炉可根据产量配置 6～7 组。与顺流式罐式煅烧炉相比，其炉体结构有以下不同：

（1）罐体几何尺寸不同

顺流式罐式煅烧炉的煅烧罐上下尺寸相同，而逆流式罐式炉的煅烧罐上部内宽为 260 mm，下部内宽为 360 mm，呈锥形罐体，可使物料因截面增大而顺利向下移动。

（2）火道数目不同

顺流式罐式炉有 6 层水平火道，逆流式罐式炉有 8 层水平火道，通过加长煅烧增加原料在罐内的煅烧时间，以便充分利用挥发分，达到高产优质的目的。

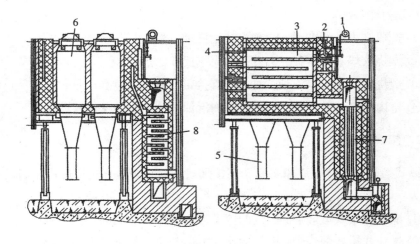

**图 5.11　顺流式罐式煅烧炉炉体结构**

1—煤气管道；2—煤气喷口；3—火道；4—观察口；

5—冷却水套；6—煅烧罐；7—蓄热室；8—预热空气道

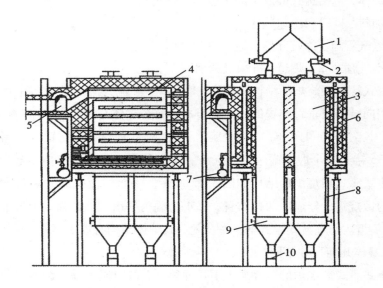

**图 5.12　八火道逆流式罐式煅烧炉结构(无蓄热室)**

1—加料贮斗；2—螺旋输送机；3—煅烧罐；4—加热火道；5—烟道；

6—挥发分道；7—煤气管道；8—冷却水套；9—排料机；10—振动输送机

(3)挥发分出口位置和尺寸以及挥发分截面积不同

与顺流式罐式炉相比，逆流式罐式炉的煅烧罐的挥发分出口要高于煅烧料面，并增加了挥发分出口和挥发分道的截面积，能使挥发分顺利排出罐外。

（4）加料装置不同

顺流式罐式炉采用人工加料或自流式加料；而逆流式罐式炉采用机械连续自动加料，并在排料装置内设有破碎设备，目的是使加料均匀和排料顺利，保证煅烧温度稳定。

（5）空气预热与余热利用方式不同

逆流式罐式炉取消了蓄热室，采用加热火道所传递的热量和煅烧料间接传热来加热炉底的空气预热道，从而把冷空气加热，更有利于简化炉体结构，降低造价，充分利用余热。

### 5.5.2.2　罐式煅烧炉煅烧工艺

罐式煅烧炉煅烧工艺如图 5.13 所示。罐式炉的燃料由原料煅烧时排出的挥发分和外加煤气两部分组成。煤气和挥发分首先在首层火道燃烧，炽热的火焰及燃烧后的高温气流由烟囱及排烟机产生的抽力引导，从首层火道末端向下迂回进入第二层火道，又由第二层火道向下迂回进入第三层火道。最后，从末层火道进行蓄热室，在蓄热室通过格子砖的热交换使冷空气加热到 400 ~ 500 ℃。预热后的空气上升到第一层火道，与挥发分或煤气混合燃烧。通过蓄热室的烟

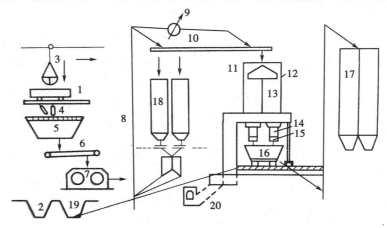

**图 5.13　罐式煅烧炉煅烧工艺流程图**

1—火车厢；2—原料槽；3—抓斗天车；4—颚式破碎机；5—带格配料斗；

6—皮带给料机；7—对辊破碎机；8—提升机；9—计量称；10—运料皮带；11—漏斗；

12—加料装置；13—罐式煅烧炉；14—冷却水套；15—排料机构；16—排料小车；

17—煅后料斗；18—煅前贮料斗；19—返料贮槽；20—烟道

气，经总烟道和排烟机由烟囱排入大气。烟气温度还有 500~600 ℃，余热可以继续利用。原料在煅烧时排出的挥发分，从煅烧罐上部排出，进入挥发分集合道及分配道，再向下引入第一层火道及第二层火道燃烧。

在煅烧过程，原料通过炉顶的加料机构间断或连续加入罐内，接受罐内两侧火道间接加热。原料先经过预热带排出水汽及一部分挥发分，再往下经过煅烧带，原料在煅烧带继续排出挥发分，同时产生体积收缩，密度、强度不断提高。最后，原料从煅烧罐底部落入带有冷却水套的冷却筒，使灼热的原料迅速冷却下来，经过密封的排料机构定期或连续排出。

5.5.2.3  罐式煅烧炉的工艺控制

罐式煅烧炉的工艺控制主要包括以下几个方面。

（1）加排料

按时适量加排料，可以保证火道内总保持一定量的挥发分燃烧，而且挥发分的排出量基本稳定，使火道内温度变化不大，这样就可以保证煅烧物料质量的基本稳定。如果加排料过多、过少或不及时，则火道内燃烧的挥发分就会忽多忽少，导致煅烧温度忽高忽低，既使煅烧物料的质量不稳定，又影响炉体的使用寿命。

（2）煅烧炉的密封和煅后料的冷却

如果煅烧炉的密封性能不好，就会造成煅烧物料烧损、火道温度降低。特别是排料装置，要求有更好的密封性能，否则灼红的煅后料将大量被氧化，同时会把排料设备烧坏。冷却装置的冷却性能要好，使煅烧料能迅速冷却下来，既可减少煅后料的烧损，又可延长设备的使用寿命和改善工作环境。

（3）混合料的配比和粒度要求

为了保证煅烧物料的挥发分在煅烧过程中均匀逸出，避免物料在罐内结焦堵炉，对于含挥发分 12% 以上的石油焦，可加入低挥发分的物料混合煅烧。加入物料为沥青焦或回炉重新煅烧的焦炭。混合焦的配比视原料焦的挥发分含量而定，以使混合焦的挥发分控制在 7%~12% 为宜。混合焦应在预碎时混合好，焦粒大小以 50 mm 为宜，最大不应超过 70 mm。如果粒度过大，物料不能烧透，会影响煅烧质量。

（4）物料停留时间计算

物料在煅烧罐内的停留时间可用式（5.3）计算：

$$t = \frac{V\gamma}{Q} \qquad\qquad (5.3)$$

式中，$t$——物料逗留时间，h；

　　$V$——煅烧罐的有效体积，$m^3$；

　　$\gamma$——物料平均堆积密度，$kg/m^3$；

　　$Q$——每小时排料量，kg。

### 5.5.2.4　罐式煅烧炉的常见故障及处理

表 5.5　　　　　　　　　罐式煅烧炉的常见故障及处理

| 序号 | 故障 | 原因分析 | 排除方法 | 备　注 |
|---|---|---|---|---|
| 1 | 棚料 | 石油焦质量 | 减少该石油焦的用量 | |
| | | 排料器不能正常运转 | 修理或更换排料器 | 排料器修理不超过 2 小时 |
| | | 清理料罐后加入生焦量大 | 少量多次加入 | |
| | | 加料口结焦 | 用压缩空气吹扫 | |
| 2 | 下火放炮 | 排料量过大 | 减小排料量 | 提产时应初步提高 |
| | | 溢出口、下火口堵塞 | 用压缩空气吹扫 | |
| | | 负压小 | 检查烟道、提高负压 | |
| 3 | 负压波动 | 炉体、烟道有漏风点 | 用耐火材料密封 | |
| | | 火道、烟道长时间未清理 | 清扫火道的挂灰 | |
| | | 烟气温度的变化 | 保证煅前料挥发分、排料量的稳定 | |
| 4 | 溢出口、火道挂灰 | 清理不及时 | 定期清理 | 一般每季度一次 |
| | | 负压低或使用不均匀 | 调整负压拉板 | |
| | | 冷空气进入多 | 密封炉体、减小风门 | 炉体漏风或风门大 |

### 5.5.2.5　罐式煅烧炉的优缺点

　　罐式煅烧炉具有煅烧质量稳定、物料氧化烧损小、煅烧物料纯度较高、挥发分可以充分利用、高温废气通过蓄热室预热冷空气、全炉热效率比较高等优点。但炉体庞大复杂，需要大量钢材和规格繁多的异性耐火砖（尤其是产能要求大时），砌筑技术要求高，施工期较长，建设投资较大，且劳动条件差，环保治理难，维修费用高，不易实现自动化。

## 5.5.3　电热煅烧炉

　　电热煅烧炉是一种结构比较简单的立式电阻炉，通过安装在炉筒两端的电极，利用物料本身的电阻构成通路，使电能转变成热能，加热碳质物料到高温，从而达到煅烧目的。

电热煅烧炉结构简单紧凑，操作连续方便，自动化程度高，煅烧温度高，部分煅后料具有半石墨化性质，特别适用于无烟煤的煅烧。它的缺点是燃烧过程中物料逸出的挥发分不能充分利用而被排放，炉子电容量和生产能力都较小，耗费电能，物料氧化损耗较大，煅烧质量不均匀和生产成本高。

### 5.5.3.1 电热煅烧炉的结构

电热煅烧炉根据供电方式不同可分为单相电热煅烧炉和三相电热煅烧炉两种。

电热煅烧炉(图 5.14)炉体为钢外壳的直立圆筒，内衬耐火材料。炉膛上部悬挂一根可上下移动的石墨电极，炉膛底部砌炭块或石墨电极作为导电的另一级，炉底设有双层水冷却筒和排料机构。原料自炉顶加入，经过炉上部的预热带再下降到煅烧带。煅烧好的物料落入双层水冷却筒冷却。

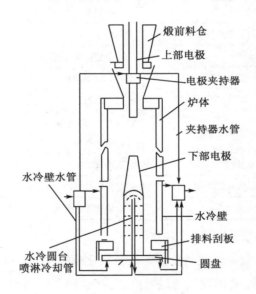

**图 5.14 电热煅烧炉结构示意图**

### 5.5.3.2 电热煅烧炉的煅烧工艺

(1)电热煅烧炉的工艺特点

① 电热煅烧炉是一个电阻炉，被煅烧原料(无烟煤)本身就是电阻，电流通过无烟煤而产生热量，在电压一定的条件下，随着电流的增大，无烟煤受热后电阻降低，从而实现煅烧过程。

② 电热煅烧炉在生产工艺控制上主要是调节电流和排料量(即排料速度)，

以此保证炉内温度和无烟煤在炉内的停留时间而得到合格的煅后焦。

（2）电热煅烧炉的工艺要求

为保证炉内的电阻和其他的电气参数正常化，待煅烧的原料要预先破碎、过筛，取 10～30 mm 的颗粒进行煅烧。开始加入炉内的生料电阻较大，需在炉底加入已煅烧好的料约 1/3，然后生料从炉顶漏斗装入，将电极埋入物料达 300～500 mm 深，以免电极和高温区的原料被氧化。原料尚未加热时，电阻大，应调高电压，使一定的电流通过，随着物料的温度升高，电阻率逐渐降低，电流上升。

根据规定的电流调整电压，其中最适当的电压、电流值、排料时间和数量应根据多次试烧来确定。当电流达到规定值时，表示炉内物料的温度已达到要求的温度，即可排料，排料以后，新料进入，电流降低。

排料的数量及时间间隔，依赖于原料的真密度，通常每隔 20 min 排料一次。

电压、电流、排料时间和排料数量四者相互制约，在生产控制上主要通过调节电流和掌握排料时间，来保证炉内达到规定要求的温度而得到合格的煅后焦。

除了调整电压来控制外，还可以调整电机的悬挂高度来控制炉内的电阻，这种调整方法一般是在改变原料品种和粒度而使炉内电阻显著改变时施行。

（3）电热煅烧炉的煅烧工艺流程

电热煅烧炉的煅烧工序由煅前无烟煤输送系统、煅烧炉、煅后无烟煤输送系统、煅后无烟煤贮槽、供电系统和冷却水供给系统组成。煅烧生产工艺流程如下：

原料斗→皮带运输机→煅前料仓→爬坡皮带→炉顶料仓→燃烧炉→下部排料刮板机→振动输送机→斗式提升机→螺旋运输机→煅后贮槽。

生无烟煤自煅烧炉上部自动流入炉中，在炉子的上下电极之间被煅烧，然后煅后无烟煤从下部刮板排出。

（4）煅烧工艺技术指标及工艺控制

无烟煤的煅烧程度是通过粉末比电阻和真密度两项指标来控制的。无烟煤煅烧程度越高，其真密度越大，粉末比电阻越低。无烟煤电热煅烧质量控制指标见表 5.6。

**表 5.6**             无烟煤电热煅烧质量控制指标

| 原料种类 | 粉末比电阻/($\mu\Omega \cdot m$) | 真密度/($g \cdot cm^{-3}$) |
|---|---|---|
| 高温煅烧无烟煤 | $650 \pm 100$ | $1.88 \pm 0.03$ |
| 普通煅烧无烟煤 | $900 \pm 200$ | $1.82 \pm 0.03$ |

（5）影响电热煅烧炉煅烧质量的因素

① 生无烟煤的粒度。原料粒度对煅烧质量影响是很大的，尤其对电气煅烧炉来讲，粒度保持相对稳定，对炉内电阻和其他电气参数都非常重要，同时可以保证煅烧质量的均匀性。典型的生无烟煤粒度规定范围是：粒度在 1～15 mm 的应大于 45%，粒度在 15～35 mm 的应大于 55%。

② 煅烧温度。煅烧温度是决定煅烧料质量的主要因素。煅烧本身就是对原料进行高温处理的过程，原料的物理化学变化都是在高温下完成的。煅烧温度越高，则煅烧质量越好。因此，为保证煅烧质量，不同的煅烧原料对煅烧温度都有明确的要求。

③ 其他。影响煅烧质量的因素还有煅烧原料本身的质量、煅烧炉型、生产工艺条件等，而这些条件的选择都是根据原料特性、工艺要求以及生产规模等方面来确定的。

##  思考题与习题

5-1 什么是煅烧？煅烧的目的是什么？

5-2 在煅烧过程中，焦炭发生了哪些方面的变化？

5-3 煅烧质量的控制指标有哪些？对比常见原料煅烧质量控制指标的区别？

5-4 为什么要进行预碎？

5-5 常用的煅烧设备有哪几种？怎么进行分类？

5-6 试比较各种煅烧设备的特点及对不同原料的适用性。

5-7 分别说明回转窑、罐式煅烧炉及电热煅烧炉的煅烧工艺流程。

5-8 合理控制回转窑负压有什么重要意义？

5-9 罐式炉生产操作有哪些技术要点？

# 第6章 粉碎与筛分

炭素材料的性能很大程度上取决于所采用的原料粒度大小、数量、形状和表面状况等。煅后焦(煤)必须经过粉碎和筛分工序,才能获得配料所需的不同粒级。因此,煅后焦(煤)的粉碎和筛分工艺在炭素工业中占有重要地位。

## 6.1 粉碎基础知识

### 6.1.1 粉碎基本概念

所谓粉碎,即在外力作用下,克服固体分子之间的内聚力,由大块碎解成小块或细粉的操作过程。根据固体物料粉碎后的尺寸大小不同,将粉碎分为破碎和粉磨两阶段。将大块物料破裂成小块物料的过程称为破碎,将小块物料磨成细粉的过程称为粉磨。相应的机械设备称为破碎机和粉磨机。

根据被粉碎物料在粉碎前和粉碎后颗粒的大小,一般把粉碎作业分为粗碎、中碎、细碎、磨粉和超细磨粉五个级别。在炭素材料生产中,通常把粉碎操作分为三个级别:

① 粗碎:也被称为预碎,由 200 mm 左右的大块物料破碎到 50~70 mm;

② 中碎:将 50 mm 左右的中块物料破碎到 1~20 mm,一般指煅后料进一步破碎到配料所需的粒度;

③ 磨粉:也称细磨,将 1 mm 左右的物料磨到 0.15 mm 或 0.075 mm 以下。

### 6.1.2 粉碎比

物料每经过一次粉碎,其颗粒变小。用粉碎比 $i$ 来衡量物料在破碎前后的尺寸大小变化及破碎程度。粉碎比的计算方法有以下几种:

① 用平均粉碎比来表示。

$$i = D/d \tag{6.1}$$

式中，$D$——破碎前物料的平均直径，mm；

$d$——破碎后物料的平均直径，mm。

② 用公称粉碎比来表示，通常用粉碎机允许的最大进料粒度与最大出料粒度尺寸之比来确定。

$$i = D_{max}/d_{max} \qquad (6.2)$$

式中，$D_{max}$——粉碎机允许的最大进料粒度直径，mm；

$d_{max}$——最大出料粒度直径，mm。

通常为保证粉碎机的正常运行，最大进料尺寸总小于设备允许的最大进料粒度，因此设备的实际粉碎比都比公称粉碎比低。

③ 用破碎机给料口的有效宽度和排料口宽度的比值来确定。

$$i = 0.85B/S \qquad (6.3)$$

式中，$B$——破碎机给料口的宽度，mm；

$S$——破碎机排料口的宽度，mm。

因为给入破碎机的最大块料块直径应比破碎机的进料口宽度约小15%才能被钳住，所以式(6.3)中0.85$B$为破碎机给料口的有效宽度。

粉碎前后物料都是由若干个粒级组成的统计总体，只有平均直径最能代表总体。因此，平均粉碎比能真实地反映破碎程度，理论研究中常用此法。

一台破碎机的粉碎比是有限的，当需要的粉碎比较大时，就需要串联两台或多台破碎机(磨粉机)进行粉碎，称为多级粉碎。这种串联使用的破碎机台数称为粉碎级数，各阶段的粉碎比称为各级粉碎比。第一级粉碎的入料平均粒径与最末一级破碎的出料平均粒径之比称为总粉碎比。总粉碎比可用各级粉碎比的乘积来计算：

$$i = i_1 \cdot i_2 \cdot i_3 \cdot \cdots \cdot i_n \qquad (6.4)$$

式中，$i$——多级粉碎系统的总粉碎比；

$i_1, i_2, i_3, \cdots, i_n$——各级粉碎比。

### 6.1.3　物料粉碎特性

物料粉碎的难易程度称为易碎性，物料的易碎性与其本身的强度、硬度、密度、结构的均匀性、黏性、裂痕、含水量及表面形状等因素有关。硬度大的物料不一定难粉碎，强度和硬度都大的物料比较难粉碎。硬度大而强度小，即结构松弛而脆性的物料，比强度大硬度小的韧而软的物料易于破碎。

### 6.1.4　粉碎方法

粉碎时对物料施加的外力超过物料的强度时，物料即发生破裂。在实际生产中，根据物料的不同特性采用不同的破碎方法来达到粉碎物料的目的。常用的粉碎方法主要有以下 6 种，如图 6.1 所示。

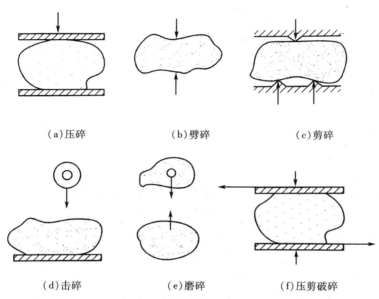

（a）压碎　　　　　（b）劈碎　　　　　（c）剪碎

（d）击碎　　　　　（e）磨碎　　　　　（f）压剪破碎

**图 6.1　物料的粉碎方法**

（1）压碎

压碎是指物料在两个破碎工作平面间受到缓慢增加的压力而破碎。其主要特点是作用力逐渐增大，力的作用范围较大，如 300 t、500 t 的破碎机，多用于大块物料破碎。

（2）劈碎

物料受到尖棱的劈裂作用而被破碎的方法称为劈碎。其特点是力的作用范围较为集中，发生局部碎裂，多适用于破碎脆性物料。

（3）剪碎

物料在受到两个相互错开的凸棱工作面间的压力作用发生弯曲折断而被破碎的方法称为剪碎。此法主要适用于破碎硬脆性物料。

（4）击碎

击碎是指物料在瞬间受到外来冲击力的作用被破碎。冲击破碎的方法有很多，如静止的物料受到外来冲击物体的打击被破碎，高速运动的物料撞击钢板而物料被破碎,行动中的物料相互撞击而破碎等。此法适用于脆性物料的破碎,目前采用的许多破碎设备往往同时兼有上述几种作用中的 2~3 种。

(5)磨碎

物料受到两个相对移动的工作面的作用,或受到各种形状的研磨体之间的摩擦作用而被粉碎的方法称为磨碎。该法主要适用于研磨小块物料或韧性物料。

(6)压剪破碎

压剪破碎具有压碎和剪碎的共同特征。

## 6.2 粉碎设备

### 6.2.1 粉碎设备的分类

炭素工业中采用的破碎、磨粉机械设备根据破碎粒度大小可分为两类:一类是破碎设备,如颚式破碎机、辊式破碎机、锤式破碎机和反击式破碎机等;另一类是磨粉设备,如悬辊式磨粉机(雷蒙磨)、球磨机和自磨机。粉碎机的分类及特点见表 6.1。

表 6.1 粉碎机的分类

| 分类 | 机名 | 粉碎方法 | 运动方式 | 粉碎比 | 适用范围 |
|---|---|---|---|---|---|
| 破碎设备 | 颚式破碎机 | 压碎为主 | 往复 | 4~6,中碎时最高达 10 | 粗碎硬质料<br>中碎中硬料 |
| | 辊式破碎机 | 压碎为主 | 旋转(慢) | 3~8 | 中碎硬质料<br>细碎软质料 |
| | 锤式破碎机 | 击碎 | 旋转(快) | 单转子 10~15<br>双转子 30~40 | 中碎硬质料<br>细碎中硬料 |
| | 反击式破碎机 | 击碎 | 旋转(快) | 10 以上,最高可达 40 | 中碎中硬料 |
| 磨粉设备 | 悬辊式磨粉机(雷蒙磨) | 压碎+研磨 | 自转公转 | 数百以上 | 磨碎、细碎中硬质料、软质料 |
| | 球磨机 | 击碎+研磨 | 旋转(慢) | 数百以上 | 磨碎硬质料、中硬料 |
| | 自磨机 | 击碎+研磨 | 旋转(慢) | 数百至数千 | 细碎、磨碎硬质料 |

(1)颚式破碎机

颚式破碎机的工作原理是活动颚板对固定颚板作周期性的往复运动,物料在两颚板之间被压碎。颚式破碎机的结构如图 6.2 所示，主要部件由两块颚板组成，一块颚板固定不动，另一块颚板在一端绕定轴转动，而他端则连在心轴上作周期摆动或平行移动，而且根据物料特性不同，两颚板构成一定的夹角。

颚式破碎机工作时，活动颚板对固定颚板作周期性的往复运动，当活动颚板摆动到接近固定颚板时，原料加入两块颚板夹成的破碎腔内，受颚板的挤压、劈裂和冲击而破碎成小块，并从破碎腔的下部排出。

颚式破碎机按照其动颚板周期摆动的特点不同，可以分为简单摆动型、复杂摆动型和混合摆动型三种。

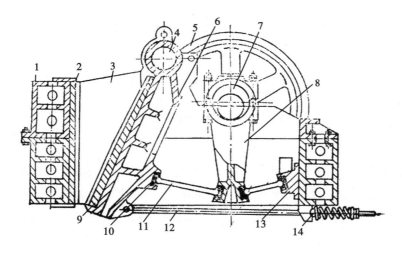

**图 6.2 颚式破碎机结构示意图**

1—机架；2—固定颚板；3—护板；4—动颚轴；5—飞轮；6—动颚；7—主轴；
8—连杆；9—活动颚板；10—滑块；11—推力板；12—拉杆；13—调整块；14—弹簧

（2）辊式破碎机

辊式破碎机又称双辊式破碎机，其工作部件是两个大小相同、相对方向转动的圆柱形金属辊筒，其结构如图 6.3 所示。工作时两个辊体相对旋转，由于物料和辊子之间的摩擦作用，物料被卷入两辊所形成的破碎腔内而被压碎。破碎颗粒从两个辊子之间的间隙处排出。变动两个辊子之间的距离可以调整破碎颗粒的尺寸。辊式破碎机的辊子表面分为光面和齿面，光面辊式破碎机的破碎主要是压碎和研磨作用；齿面辊式破碎机主要是劈碎，同时起研磨作用。

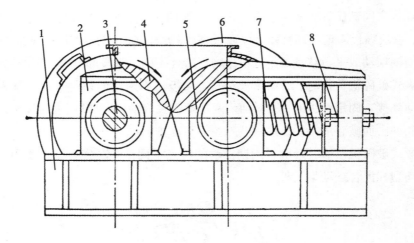

**图 6.3　辊式破碎机结构示意图**

1—机体；2—固定轴承；3—轴；4—轧辊；

5—活动轴承；6—长齿，齿轮罩；7—弹簧；8—调整螺丝

（3）锤式破碎机

锤式破碎机的工作原理是物料受到快速回转部件的冲击作用而被破碎。锤式破碎机的结构如图 6.4 所示，其主要部件是一个挂有若干个活动锤头的高速旋转的转子，围绕旋转的转子安装着带有筛孔的筛板或筛条，当转子高速旋转后，因离心力的作用锤头呈放射状。

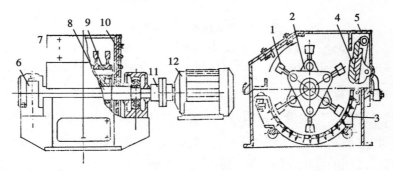

**图 6.4　锤式破碎机结构示意图**

1—破碎锤；2—锤盘；3—箅子筛；4—破碎板；5—机架；6—轴承；

7—盖；8—转子轴；9—锤子轴；10—保护板；11—联轴节；12—电动机

在锤式破碎机内，加入的原料块受到高速圆周运动的锤头的打击，并且被锤头撞击到筛板或筛条上撞碎。破碎后的物料若小于筛孔尺寸或筛条间隙，即

被排出。不能通过筛板或筛条的料块经锤头多次打击和碰击，直到能通过筛板或筛条为止。为了使破碎后的颗粒能顺利的排出而不致将筛孔或筛条堵住，实际上筛孔或筛条间隙的大小要比破碎后所需的最大颗粒大1.5~3倍。

（4）反击式破碎机

反击式破碎机的主要部件为固定在旋转主轴上的工作转子，工作转子的圆柱面上装有三个坚硬的板锤。在转子的上方机壳内壁上吊有前后两块反击板，从而形成两个破碎腔。反击板与进料口之间吊有许多链条所组成的链幕一直垂到给料筛板上，可防止物料被反击板碰回而飞出给料口。反击式破碎机的结构如图6.5所示。

反击式破碎机的工作原理与锤式破碎机一样，也是利用高速旋转的转子，带动板锤转动，物料受到板锤的强烈冲击而被破碎，同时，被板锤击打的物料块以很快的速度沿切线方向飞向反击板，受到冲撞而再次被破碎。这样，物料在板锤和反击板构成的破碎腔中受到反复的冲撞而被破碎，直到料块小于反击板和板锤之间的间隙而排出为止。反击式破碎机常用于破碎各种生产返回料。

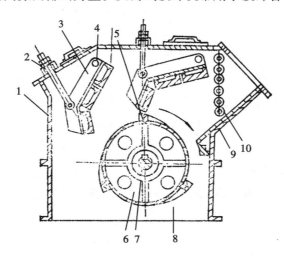

**图6.5 反击式破碎机结构示意图**

1—机体；2—调整螺杆；3—反击板；4—反击板轴；5—耐磨衬板；
6—转子；7—转子轴；8—机壳衬板；9—进料溜板；10—链幕

（5）悬辊式磨粉机

悬辊式磨粉机又称雷蒙磨（图6.6），是磨辊在离心力作用下紧紧地滚压在磨环上，由铲刀铲起物料送到磨辊和磨环中间，物料在碾压力的作用下破碎成粉。然后在风机的作用下把粉状物料吹起经过分析机，达到细度要求的物料通过分析机，达不到要求的重回磨腔继续研磨，通过分析机的物料进旋风分理器分离收集。

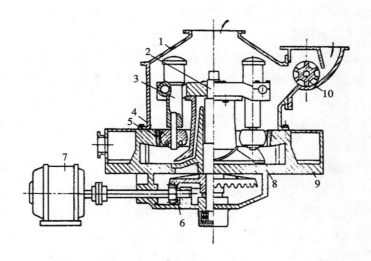

**图 6.6　悬辊式磨粉机结构示意图**

1—外罩；2—竖轴；3—悬辊摆套；4—悬辊；5—环形衬垫；

6—伞齿轮；7—电动机；8—耙；9—机体；10—加料器

（6）球磨机

球磨机的主体是一个用厚钢板制成的筒体，筒体的两端为带有加料及出料装置的端盖，筒体内壁镶有耐磨衬板，筒体中部开有长方形的入孔，为添加钢球和检修时用，平时用盖板堵上。球磨机由电动机经减速机和大齿轮带动。球磨机的结构如图 6.7 所示。

当物料和钢球随着筒体旋转时，钢球将物料击碎和研磨，同时在筒体转动时，钢球与物料、衬板与物料以及物料与物料之间都要产生相对位移和滑动，使物料受到反复的研磨，直至将物料磨成粉末状。

球磨作用示意图如图 6.8 所示。球磨机的转速太快，则产生的离心力太大，钢球与物料贴在衬板上随筒体一起旋转而不落下，不能起到击碎物料的作用；转速太慢，则钢球与物料从较低的位置落下，甚至只有相对滑动，这样钢球对物料的粉碎能力减弱。

（7）自磨机

自磨机是利用被磨物料自身为介质，通过相互的冲击和磨削作用实现粉碎。自磨机的最大特点是可以将经过粗碎的物料直接给入磨机，并将物料一次磨碎到 0.074 mm，粉碎比可达 4000~5000，比球、棒磨机高十几倍。自磨机是一种兼有破碎和粉磨两种功能的新型磨粉设备。

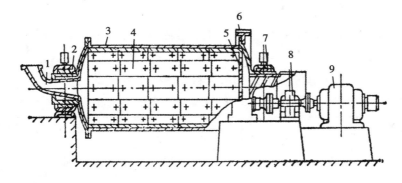

**图6.7 球磨机结构示意图**

1—进料口；2—轴承；3—钢筒；4—衬板；5—出料衬板；

6—齿轮；7—出料口；8—减速机；9—电动机

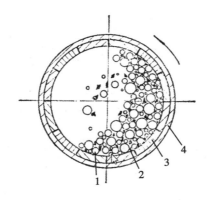

**图6.8 球磨作用示意图**

1—钢球；2—物料；3—衬板；4—外壳

## 6.2.2 粉碎设备的选择原则

① 粉碎设备的选择应根据粉碎物料的物理特性来决定。硬而脆的物料用击碎或压碎法较好，韧性物料用压碎和研磨相结合的方法。为了避免产生大量粉尘，获得大小均匀的物料，脆性物料用劈碎法，需细碎的物料则采用击碎与磨碎相结合的方法。

② 粉碎机的结构、尺寸与粉碎料的强度和尺寸相适应。满足所要求的产量并稍有富裕，以免在给料量增加时超载。被粉碎料的最大尺寸不能过大，一般

略小于粉碎机进料口的尺寸,以便顺利进入粉碎机。

③ 粉碎后的物料粒度要均匀,粉碎过程中形成的粉尘少。粉碎过程要均匀不断,粉后料应能迅速和连续排出。

④ 粉碎机的工作部件要经久耐用且便于拆换,能量消耗应尽可能小,粉碎比调整方便。

炭素厂常用的粉碎机及其适用的物料范围列于表6.2。

表6.2　　　　　　　　　　　　炭素厂常用粉碎设备特征

| 粉碎设备名称 | 所达到的粉碎程度 | | | | 施力特征 | 适合的被粉碎料 |
|---|---|---|---|---|---|---|
| | 粗、中碎 | 细碎 | 磨粉 | 超细磨 | | |
| 颚式破碎机 | √ | | | | 压碎和部分磨碎 | 石油焦、沥青焦、无烟煤 |
| 辊式破碎机 | 带齿的 | 不带齿的 | | | 压碎、剪碎、磨碎 | 石油焦、沥青焦、无烟煤,带齿的适用于焙烧块和石墨废料 |
| 反击式破碎机 | | √ | √ | | 击碎 | 炭素填充料、煤沥青、各种焦炭、无烟煤 |
| 锤式破碎机 | | √ | √ | | 击碎、磨碎 | 炭素填充料、煤沥青、各种焦炭、无烟煤 |
| 球磨机 | | | √ | | 击碎、压碎、磨碎 | 石油焦、沥青焦、天然石墨等 |
| 振动磨 | | | √ | | 压碎、磨碎、超声振动 | 石油焦、沥青焦、天然石墨、沥青粉 |
| 雷蒙磨 | | | √ | | 压碎、磨碎 | 石油焦、沥青焦、天然石墨等 |
| 鼠笼式磨粉机 | | | √ | | 撕碎、磨碎 | 压粉,天然石墨 |
| 圆盘磨粉机 | | | √ | | 磨碎 | 压粉 |

## 6.3　筛分基础知识

### 6.3.1　筛分基本概念

粒度：物料颗粒尺寸大小的量度，一般用 mm 或 μm 表示。

粒级：将松散物料借用某种方法分成若干级别，这些级别称为粒级。

筛分：也叫分级，把破碎后的物料通过筛网分成几种粒度间隔的过程。

粒度组成：用称量法将各粒级的质量称出，并计算出它们的质量百分数，从而说明这批物料是由含量各为多少的粒级组成，即为粒度组成。

粒度分析：确定粒度组成的实验叫粒度分析。

### 6.3.2　粒度表示方法

（1）单个料块的粒度表示法

对于不规则形状的料块，一般用平均直径 $d_{平}$ 来表示其大小，即测量料块三个相互垂直方向的尺寸 $l$，$b$，$h$，求出平均值。这种测定方法常用来测定大料块（破碎机的给料和排料）中的最大块粒度。

（2）粒级表示方法

用 $n$ 个筛面分成（$n+1$）的粒度级，确定每一级料粒的尺寸。通常以料粒能透过的最小正方形筛孔宽度作为该级别的粒度。如筛孔宽为 $b$，则有：$d = b$。如透过上层筛的筛孔宽为 $b_1$，留在下一层筛面上的筛孔为 $b_2$，粒度级别按以下方法表示：

$$-b_1 + b_2 \text{ 或 } -d_1 + d_2$$
$$b_1 \sim b_2 \text{ 或 } d_1 \sim d_2$$

（3）平均粒度

用平均粒径表示含有各种粒级的混合物料的平均大小。平均粒径可以用统计学上求平均值的方法来计算，设 $r_i$ 表示各级的质量分数，$D$ 为混合料的平均直径，$d_i$ 为各级的平均直径。计算混合料平均直径的方法有以下几种：

① 加权算术平均法。

$$D = \frac{\sum r_i d_i}{\sum r_i} = \frac{\sum r_i d_i}{100} \tag{6.5}$$

② 加权几何平均法。

$$D = \frac{\sum r_i \lg d_i}{\sum r_i} = \frac{\sum r_i \lg d_i}{100} \tag{6.6}$$

③ 调和平均法。

$$D = \frac{\sum r_i}{\sum \dfrac{r_i}{d_i}} = \frac{100}{\sum \dfrac{r_i}{d_i}} \tag{6.7}$$

上述三种计算方法的结果是：加权算术平均法 > 加权几何平均法 > 调和平均法。计算混合料的平均粒度时，混合料筛分的级别越多，求得的平均粒度越准确。

（4）物料的均匀度

平均粒度虽然可表示物料的平均大小，但还不能充分说明物料的粒度状况，因此引入偏差系数 $k_d$ 来表示物料粒度的均匀程度。偏差系数的计算公式如下：

$$k_d = \frac{\sigma}{D} \tag{6.8}$$

式中，$D$——加权算术平均法计算得出的平均粒度；

$\sigma$——标准差，按照式（6.9）计算：

$$\sigma = \sqrt{\frac{\sum (d_i - D)^2 r_i}{\sum r_i}} \tag{6.9}$$

一般认为，$k_d < 40\%$，物料颗粒是均匀的；$k_d = 40\% \sim 60\%$，为中等均匀；$k_d > 40\%$，为不均匀。

### 6.3.3  粒度分析

常用的粒度分析方法有筛分分析、水力沉降分析和显微镜分析三种。

（1）筛分分析

筛分分析是利用筛孔大小不同的一套筛子进行的粒度分析，适用于粒度在 $100 \sim 0.043$ mm 的物料，适合较大颗粒，是最简单的也是应用最早的粒度分析方法。筛分法分干筛和湿筛两种形式，可以用单个筛子来控制单一粒径颗粒的通过率，也可以用多个筛子叠加起来同时测量多个粒径颗粒的通过率，并计算出百分数。筛分法具有简单方便、直观、设备成本低、可直接测出颗粒粒级的真实尺寸的优点,常作为其他物料粒度分析方法的校正标准,缺点是受颗粒形状影响较大。

（2）水力沉降分析

水力沉降分析是利用不同尺寸的颗粒在水中的沉降速度不同而分为若干级别,测得的结果是具有相同沉降速度的颗粒的当量直径,适用于 50 μm 以上粒度范围的物料测定。测试时受颗粒形状、颗粒密度的影响较大。

（3）显微镜分析

主要用来测量微细物料,测量范围一般为 0.5～20 μm。该种方法简单方便、直观,可进行形貌分析,但测试结果代表性差,速度慢,无法测超细颗粒。

### 6.3.4　筛分分级方法

筛分分析用的筛子有两种:一种是标准套筛,适用于筛分细度物料(0.043～6 mm),多用在磨粉物料分级或作粒度分析;另一种是非标准筛,它是工厂根据需要自己制造的,用于筛分粗粒物料(6～300 mm)。

标准筛由一套筛孔大小成一定比例、筛孔宽度和筛丝直径都是按标准制造的筛子组成。上层筛子筛孔大,下层筛子筛孔小,上部带有一个防止试样损失的上盖,下部有一个用来接取最底层筛子的筛下颗粒的筛底。

标准筛有两种类型:一种是泰勒标准筛,其筛号是用每英寸筛网长度中排列的筛孔数目规定的,亦称目;另一种是国标标准筛,其筛号和筛孔尺寸是一致的。

我国标准筛采用公制筛号,以每平方厘米筛面面积上含有的筛孔数目表示筛孔大小,用一厘米长度上筛孔的数目表示筛号。

例如,每厘米长度上有 100 个孔,此筛为 100 号筛,其筛孔尺寸是 0.1 mm。英、美等国采用英制筛,以每一英寸长度上筛孔数目表示筛号。筛子的"目"是指每一英寸(25.4 mm)筛网长度中排列的筛孔数目,例如,200 目的筛子就是指一英寸长度的筛网上有 200 个筛孔,其筛孔尺寸是 0.075 mm。设 $M$ 表示筛目数(孔/英寸),$N$ 表示公制筛号(孔/厘米),则有下列关系:

$$N = \frac{M}{2.54} \tag{6.10}$$

例如,250 目的英制筛折算成公制,$N = 250/2.54 \approx 100$,即相当于 100 号公制筛。

标准筛目数/粒度对照表见表 6.3。

表 6.3　　　　　　　　　　　标准筛目数/粒度对照表

| 英国标准 | 美国标准筛 | 泰勒标准筛 | 国际标准 | 微米对照 | 毫米对照 |
|---|---|---|---|---|---|
| 100 | 100 | 100 | 15 | 150 | 0.15 |
| 120 | 120 | 115 | 12 | 125 | 0.12 |
| 150 | 140 | 150 | 10 | 105 | 0.10 |
| 170 | 170 | 170 | 9 | 90 | 0.09 |
| 200 | 200 | 200 | 8 | 75 | 0.075 |
| 240 | 230 | 250 | 6 | 63 | 0.063 |
| 300 | 270 | 270 | 5 | 53 | 0.053 |
| 350 | 325 | 325 | 4 | 45 | 0.045 |
| 400 | 400 | 400 | — | 37 | 0.037 |
| 500 | 500 | 500 | — | 25 | 0.025 |
| 625 | 625 | 625 | — | 20 | 0.020 |

目数前加正负号则表示能否漏过该目数的网孔。负数表示能漏过该目数的网孔,即颗粒尺寸小于网孔尺寸;正数表示不能漏过该目数的网孔,即颗粒尺寸大于网孔尺寸。

例如,颗粒为 - 100 目 ~ + 200 目,表示这些颗粒能从 100 目的网孔漏过,而不能从 200 目的网孔漏过。在筛选这种目数的颗粒时,应将目数大(200)的粒级放在目数小(100)的筛网下面,在目数大(200)的筛网中留下的即为 - 100 ~ + 200 目的颗粒。

### 6.3.5　筛分效率与筛分纯度

筛分过程中存在筛分效率的问题。一般比筛孔尺寸小的级别应该全部透过筛孔,成为筛下产物,但实际情况是总有一部分细级别的颗粒不能透过筛孔,而是随筛上产物一起排出。筛上产物中未透过筛孔的细级别数量愈多,说明筛分的效果愈差。

筛分效率即实际得到的筛下产物量与入筛物料中所含粒度小于筛孔尺寸的物料量之比,计算公式如下:

$$E = \frac{C}{Q \cdot \dfrac{a}{100}} \times 100\% = \frac{C}{Qa} \times 10^4\% \tag{6.11}$$

式中，$E$——筛分效率，%；

　　　$C$——筛下产物量，kg；

　　　$Q$——入筛物料总量，即筛下产物量与筛上残留的物料量之和，kg；

　　　$a$——入筛原物料中小于筛孔的粒级的含量，%。

筛分效率的测定方法是在入筛的物料流中和筛上物的料流中，每隔 10 ~ 20 min取一次样，应连续取样 2 ~ 4 h，将取得的平均试样用检查筛进行筛分。

生产上常用筛分纯度 $\eta$ 来表示筛分效率的好坏。筛分纯度指经过一段时间的筛分后，某种粒度级别的物料的质量百分数，可以用下式来表示：

$$\eta = \frac{C}{Q} \times 100\% \tag{6.12}$$

筛分效率是决定筛分工序生产效率的关键指标，提高筛分效率意味着增加单位时间物料的分级数量。影响筛分效率的因素有很多，主要包括物料特性、筛面特性和操作工艺。

在实际生产中多用筛分纯度来衡量筛分情况。影响筛分纯度的因素包括给料量的多少、均匀与否、筛孔形状、筛面运动方式、物料的颗粒形状和含水量等。给料量多，筛面料层过厚，会降低纯度；给料量不稳定，会使纯度不稳定。

炭素生产中的配方也是按一定的纯度要求来计算的，若纯度不稳定或太低，会破坏正常的粒度组成，从而使混捏工序所用黏结剂量波动，导致产品质量下降。实际生产中对各种原料的各粒级的筛分纯度要求列于表6.4。

表6.4　　　　　　　　　　　　　　筛分纯度的要求

| 物料名称 | 混合焦/mm | | | | 无烟煤/mm | | | | 少灰细粉 | 多灰细粉 |
|---|---|---|---|---|---|---|---|---|---|---|
| 粒级 | 4 ~ 2 | 2 ~ 1 | 1 ~ 0.5 | 0.5 ~ 0.15 | 20 ~ 10 | 10 ~ 5 | 5 ~ 2.5 | 2.5 ~ 0 | < 0.075 | < 0.075 |
| 纯度/% | 80 | 75 | 65 | 60 | 80 | 75 | 55 | 55 | 75 | 45 |

## 6.4　筛分流程

每种规格的筛面可将物料筛分成两部分，即留在筛面的筛上料和穿过筛孔的筛下料。用多个不同筛号的筛面可将物料分成若干粒级，如图 6.9 所示。若筛面数为 $n$，则可将物料分成 $(n+1)$ 个粒度级。把 $n$ 个筛面组合的不同方案，就是筛分流程。筛分的三种基本流程为：由细到粗流程、由粗到细流程和综合流程。由细到粗的流程布置简单，但细筛面遇到粗料易磨损筛面，筛分效率低。而由粗到细的流程与此相反，能保护筛面、延长筛分机械寿命，成为工厂用得最多的筛分流程。

**图 6.9　筛分流程示意图**

# 6.5　筛分设备

### 6.5.1　筛分设备的种类

炭素工业中经常使用的筛分设备有以下几类。

（1）振动筛

振动筛是工业上使用最广泛的筛分机，多用于筛分细碎物料。其工作原理是利用旋转的带有偏心质量的轴所产生的离心力激起与之连接的筛箱按一定频率和振幅产生振动。

振动筛按照传动方式可分为偏心振动筛和惯性振动筛，按照运动方式可分为圆运动振动筛和直线运动振动筛。

惯性振动筛结构如图 6.10 所示，其主要部件是筛框和惯性振动器。筛框安装在柱形或板形弹簧上，弹簧的下缘固定在机架上。当电动机转动时，惯性振动器产生离心惯性力使筛框急速振动，惯性振动筛的振幅不大（0.5～12 mm），但频率较高，一般每分钟振动次数可达 900～1500 次甚至 3000 次。当振动筛的筛网作高频振动时，加在振动筛上的物料颗粒在筛网上跳动，小于筛网筛孔的物料掉入料仓，大于筛孔的物料向前移动进入另一容器而实现不同大小颗粒的分级。

振动筛是一种生产率和筛分效率较高的筛分设备，筛分效率一般达80%～95%。筛分原料粒度的范围大，在0.1 mm或0.01～250 mm。操作和调整比较简便，筛网更换也很方便，能耗较低。振动筛适用于石油焦、沥青焦、无烟煤和石墨碎等多种物料的筛分。

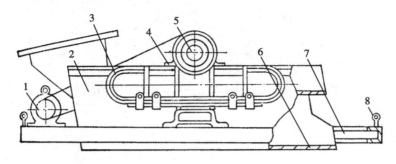

**图6.10　惯性振动筛结构示意图**

1—电动机；2—振动壳；3—弹簧弓；4—轴承；

5—轴；6—筛网；7—框架；8—挂钩

（2）回转筛

回转筛（图6.11）的主体是一个固定在中心轴上呈圆柱形或六角锥形的筛框架，带筛孔的筛板或金属丝编织的筛网固定在筛框架上。筛框由电动机经减速机带动主轴而缓慢转动。物料从一头加入，随筛框的转动而在筛网上滚动，小于筛网筛孔的物料颗粒通过筛孔落入筛框下部料仓中，大于筛孔的物料颗粒向前滚动进入另一贮料仓内。为同时得到几种粒度的物料颗粒，可安装不同规格的筛网，在筛网下面相应部位安装几个贮料仓。

回转筛虽然结构简单，但生产效率及筛分纯度均不如振动筛，常用于筛分焙烧和石墨化炉所用的填充料和保温料。

（3）固定筛

固定筛由筛框和一组平行排列的钢制筛板构成。位置固定不动，筛子与水平成35°～75°的倾角，角度大小取决于筛分物料的性质。固定筛主要用于大块物料的粗筛。

固定筛的优点是坚固、简单、投资少，而且不用传动设备和动力。缺点是筛分效率低（60%～70%），条筛易堵塞，设备占地面积和净空高度都大。

（4）莫根生筛

莫根生筛又称概率筛，也是一种振动筛，但其工作原理与常用的振动筛完全不同，它是利用大筛孔、多层筛面、大倾斜角的原理进行筛分。

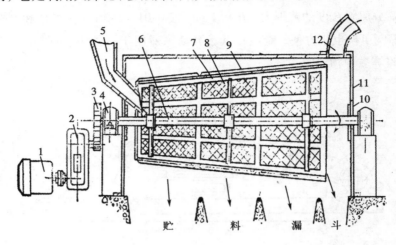

图 6.11　回转筛结构示意图

1—电动机；2—减速机；3—齿轮；4—轴承；5—进料溜子；6—筛中心轴；
7—筛框支承；8—筛框；9—活动筛网；10—密封垫；11—密闭罩；12—吸尘口

### 6.5.2　筛面

筛面是筛子承受被筛物料并完成筛分过程的重要工作部件。好的筛面应满足以下两个基本要求：

① 有足够的机械强度，耐腐蚀、耐磨损；

② 有最大的开孔率（筛孔面积与筛面面积的比值），筛面不易堵塞，在物料运动时与筛面相遇的机会较多。

常用的筛面有板状筛面、编织筛面、条缝筛面、棒条筛面和非金属筛面等。

（1）筛栅

筛栅由相互平行、按一定间隔排列的圆钢或钢质棒条组成，如图 6.12 所示。筛面上的筛孔尺寸由栅条间的缝隙宽度决定。栅条的断面形状有多种，断面形状一般呈上大下小，以避免物料堵塞。筛栅通常用在固定格筛上，格筛倾斜放置，筛面与水平成 30° ~60°角，筛孔尺寸一般大于 50 mm，筛分效率不超过 60% ~70%，用于粗碎或中碎前的预先筛分。筛栅的机械强度大、维修简单。

（2）筛板

筛板由薄钢板（5 ~12 mm）冲孔制成，孔的形状有圆形、方形或长圆形等几种，如图 6.13 所示。为减少筛孔堵塞现象，筛孔上小下大呈锥形，圆锥角约为

图 6.12 筛栅结构示意图

7°，筛孔多采用交错排列。筛板的机械强度较高，刚度也大，使用寿命较长，但有效筛面面积较小，筛孔尺寸为 12～50 mm，且筛孔尺寸不易做得小，一般用在中筛作业中，如用于回转筛。

图 6.13 筛板

（3）筛网

筛网是一种应用最为广泛的筛面，它由钢丝、铜丝、尼龙丝或绢丝等编织而成，筛孔有正方形和长方形两种，如图 6.14 所示。工业用筛由钢丝编织而成，筛孔大于 0.4 mm，黄铜和青铜丝可制得 0.4～0.01 mm 的筛面，合成纤维和绢丝可制得小于 0.2 mm 的实验用筛。筛网有效筛面面积大，可达 70%～80%，筛网的筛孔尺寸幅度大，从数十微米到几十毫米，通常用于细碎和中碎作业。

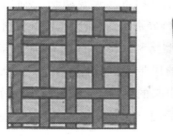

图 6.14 筛网

## 6.6　粉碎、筛分工艺流程

炭素制品生产中，粉碎、筛分工艺流程图如图6.15所示。

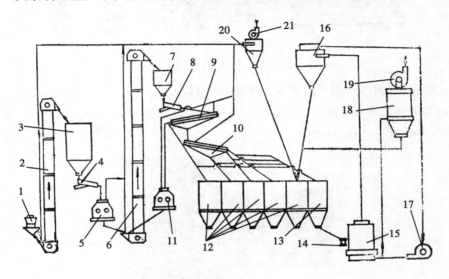

**图6.15　粉碎、筛分工艺流程图**

1—煅烧后料；2,6—斗式提升机；3—贮料仓；4—振动给料机；5—大辊式破碎机；
7—贮料斗；8—振动给料机；9,10—双层振动筛；11—小辊式破碎机；12—分级料仓；
13—贮料斗；14—星形给料机；15—雷蒙磨；16—大旋风分离器；17—鼓风机；
18—袋式除尘器；19,21—抽风机；20—小旋风分离器

　　粉碎、筛分系统工艺流程是：煅烧后料1由提升机2提升到贮料仓3，再由电磁振动给料机4加到辊式破碎机5中，破碎后的物料由提升机6提升到贮料斗7，再由电磁振动给料机8加到振动筛9，大于15 mm的物料进入小辊式破碎机11中继续破碎，然后进入提升机6。从振动筛9筛出的15～5 mm、1～0.15 mm和0.15 mm以下的物料分别进入料仓12各分级料仓中。料仓12中不平衡物料进入贮料斗13，再经溜槽和星形给料机14加到雷蒙磨15进行磨粉。磨细的粉料由鼓风机17鼓进的风带着经雷蒙磨上的分级器进入旋风分离器16，使粉料与空气分离。分离出来的细粉下到0.075 mm分级料仓中。经分离后的空气再经鼓风机吹入雷蒙磨内。为了保持磨机内有一定的风压，多余的空气被送到袋式除尘器18，除尘后的空气由抽风机19排放，粉尘下到0.075 mm

的分级料仓。辊式破碎机、提升机下料处和振动筛中含有粉尘的空气集中抽入旋风分离器 20，待粉尘与空气分离后，粉尘进入 0.075 mm 分级料仓，净化后的空气排入大气。

## 6.7　粉碎、筛分操作与控制

### 6.7.1　粉碎原则与粉碎作业

粉碎作业应遵循"不作过粉碎"的基本原则，加料速度与排料速度要相等，且与粉碎机的处理能力相适应，这样才能发挥最大的生产能力。

粉碎操作有间歇粉碎、开路粉碎和闭路粉碎三种流程，其特点见表 6.5。

（1）间歇粉碎

将一定物料加入到粉碎机内，关闭排料口。粉碎机运转到全部物料被粉碎到所要求的粒度，然后排出全部碎成料。通常适用于处理量不大而粒度要求较细的粉碎作业。

（2）开路粉碎

将被碎料不断加入粉碎机内，碎成料连续排出。被碎料一次通过破碎机，碎成料控制在一定粒度下。开路粉碎操作简单，一般用于破碎煅前料的预碎处理。

（3）闭路粉碎

经粉碎机一次粉碎后，被碎料后的颗粒由运载流体夹带强行离开，再由机械分离设备进行分离。取出粒度合乎要求的部分，将较粗不合格颗粒返回粉碎机再行粉碎。闭路粉碎是一种循环连续作业，它严格遵守"不作过粉碎"的原则。

表 6.5　　　　　　　　　　　粉碎流程特点

| 粉碎流程 | 加料 | 出料 | 粒度分布 | 生产能力 | 机件磨损 | 适用范围 | 设备费 |
|---|---|---|---|---|---|---|---|
| 间歇 | 方便 | 不方便 | 广 | 小 | 大 | 磨粉 | 小 |
| 开路 | 方便 | 方便 | 广 | 中 | 大 | 破碎 | 小 |
| 闭路 | 方便 | 方便 | 窄 | 大 | 大 | 细碎、磨粉 | 大 |

### 6.7.2　影响筛分作业的因素

影响筛分效率的因素有物料性质、筛分机械和操作条件。

（1）物料的性质

① 物料的粒度特征。在筛分过程中，物料被分为三种粒度，小于 3/4 筛孔尺寸的颗粒称为"易筛粒"，"易筛粒"愈多的物料愈容易筛，生产率也随之增加；小于筛孔尺寸但大于 3/4 筛孔尺寸的颗粒称为"难筛粒"，这种颗粒愈多且粒度愈接近筛孔愈难筛，这时筛分效率和生产率都将下降；1～1.5 倍于筛孔尺寸的颗粒为"阻碍粒"，它阻碍细粒达到筛面而透过筛孔，使筛分效率降低。

② 物料的含水量。物料含水时，筛分效率和生产率都会降低。筛孔愈大，水分影响愈小。通常采用适当加大筛孔的办法来改善含水量高的物料的筛分效率。

③ 物料的颗粒形状。圆形颗粒物料容易通过方形和圆形筛孔。破碎产物往往是多角形，透过方孔和圆孔不如透过长方形孔容易，特别是条形、板状和片状物料较容易通过长方形孔。

（2）筛分机械影响

① 有效筛面面积。有效筛面面积愈大，筛面的单位生产率和筛分效率都将愈高。生产上常见的筛面有棒条筛、钢板筛和钢丝筛等。钢丝筛的有效面积最大，筛面的单位生产能力和筛分效率最高，但使用寿命最短。棒条筛的使用寿命最长，但有效面积最小。钢板筛的有效面积和使用面积中等。

② 筛孔直径和筛孔形状。筛孔直径愈大，单位筛面的生产率愈高，筛分效率也愈好。若希望筛上产物中所含小于筛孔的细粒尽量少，就应该用较大的筛孔；反之，若要求筛下产物中尽可能不含小于规定粒度的粒子，筛孔不宜过大，以规定粒度作为筛孔直径限度。

圆形筛孔与其他形状的筛孔比较，在名义尺寸相同的情况下，透过这种筛孔的筛下产物的粒度较小。长方形筛孔的筛面有效面积大，适于条状和片状颗粒通过，生产率较高。正方形筛孔适合于块状物料的筛分。

筛孔尺寸、筛孔形状和筛下产物最大粒度的关系可按式（6.13）计算：

$$d_{max} = K\alpha \tag{6.13}$$

式中，$d_{max}$——筛下产物最大粒度，mm；

$\alpha$——筛孔尺寸，mm；

$K$——筛孔形状系数，见表 6.6。

**表 6.6** **K 值表**

| 孔型 | 圆孔 | 方孔 | 长方孔 |
|---|---|---|---|
| K 值 | 0.7 | 0.9 | 1.2～1.7[1) |

注:1)板条状物料取最大值。

③ 筛面运动状况。筛面与物料之间的相对运动,有利于颗粒通过筛孔。各种筛子的筛分效率为:固定条筛 50%～60%,转筒筛 60%,摇动筛 70%～80%,振动筛 90% 以上。

(3)筛分操作

① 加料均匀性。均匀连续加料,控制加料量,使物料沿整个筛面的宽度布满一薄层,既充分利用了筛面,又便于细粒通过筛孔,因此可以提高生产率和筛分效率。

② 给料量。给料量增加,生产能力增大,但筛分效率就会逐渐降低。原因是筛子过负荷,使筛子成为一个溜槽,实际上只起到运输物料的作用。因此,筛分作业必须兼顾筛分效率和处理量。

③ 筛面倾角。增大筛面倾角,可以提高送料速度,使生产能力将有所增加,但会缩短物料在筛上的停留时间,使筛分效率降低,所以筛面倾角要适当。通常振动筛安装时的倾角为 0°～25°,固定棒条筛的倾角为 40°～45°。

## 思考题与习题

6－1　什么叫粉碎?有哪几种粉碎方法?

6－2　什么是粉碎比?其大小对粉碎生产有何影响?

6－3　粉碎时的基本原则是什么?为什么?如何能实现?

6－4　炭素材料生产用粉碎设备的种类有哪些?它们具有哪些功能?

6－5　如何计算筛分纯度?它有什么用处?

6－6　什么叫多级粉碎?为什么要采用多级粉碎?画出多级粉碎流程。

6－7　什么是筛分和筛分效率?

6－8　什么是筛分纯度?如何检查筛分纯度?

# 第7章 配　料

炭素的配料工艺是指配方的制定及配料操作。配方是将不同粒级的原料和黏结剂按一定的比例配合，其目的是为了得到堆积密度较大而气孔率较小的炭素材料。正确地制定配方及准确地配料操作与炭素制品质量及各工序的成品率密切相关。

配料一般包括以下几个方面的内容：

① 选择炭素原料的种类及不同原料的使用比例；

② 确定固体炭素原料的粒度组成及其使用比例；

③ 确定黏结剂的种类及使用量。

## 7.1　原料选择

### 7.1.1　原料选择的基本原则

炭素配料工艺应从用途、质量指标要求和经济性三个角度来选择不同的原料，在保证质量和用途的前提下，尽可能选择价廉和来源广泛的原料。

具体原则如下：

① 纯度要求较高的炭素制品可选用石油焦、沥青焦等少灰原料；对导电、传热和热稳定性要求较高的制品，要选用易石墨化的原料；制品的机械强度要求愈高，则所需原料的强度也要求愈高。

② 纯度要求不高的炭素制品可选用无烟煤和冶金焦等多灰原料，两者来源广泛、价格便宜。各种炭块和电极糊一般采用无烟煤与冶金焦混合配料生产，有时为降低灰分和提高成品导电性能，也加入少量石油焦、沥青焦和石墨碎等。

③ 电机用电刷的配方组成十分复杂，高电压电机用电刷以炭黑或炭黑和沥青焦混合料为主要原料，中等电压电机用电刷以石油焦为主要原料，低电压电机用电刷以鳞片石墨为主要原料。

④ 炭电阻片、各种炭棒等小型炭素制品要求有较高的机械强度，以沥青焦为主要原料，用炭黑或石墨来调整电阻。

⑤ 电流密度要求不高的电极糊类产品为降低成本采用无烟煤、冶金焦或石墨化冶金焦生产。

⑥ 金属－石墨制品的主要原料为铜粉、铅粉、锡粉、银粉和鳞片石墨粉等，含金属量在75%以内的制品要采用黏结剂。

### 7.1.2　生产返回料

炭素制品配料中常常用到生产返回料，生产返回料主要指加工废品或加工碎屑，如生碎、焙烧碎、石墨碎和石墨化冶金焦。

（1）生碎

生碎主要包括糊类成型后经检查不合格的生坯和成型过程中掉落的糊渣以及挤压时的切头等。生碎一般加入到相同配方的产品中，加入量可占糊料量的25%左右，也可以将沥青用量和粒度组成换算后加入到另一种配方的产品中，已污染的生碎可用于生产电极糊等多灰产品。生碎在使用前应破碎至 20 mm 以下。

（2）焙烧碎（熟碎）

焙烧碎是生坯焙烧后经检查不合格的废品，以及焙烧品加工时回收的切削碎屑。焙烧碎使用前需破碎成中等颗粒，不受产品原配方的限制，只分多灰焙烧碎和少灰焙烧碎。配方中加入焙烧碎有利于提高产品的机械强度。

（3）石墨碎

石墨碎是石墨化后经检查不合格的废品，以及石墨制品在加工过程中产生的切削碎屑。配料中加入一定量的石墨碎可以改善糊料的塑性，减少糊料对挤压嘴的摩擦阻力，提高制品的密度和成品率。石墨碎的用量在配方中可占5% ~ 15%，可被破碎成各种粒度或磨粉使用。

（4）石墨化冶金焦

石墨化冶金焦是石墨化炉内的电阻料，一般为粒状冶金焦，经高温石墨化后所得。由于灰分较高，它主要用于多灰产品的配方中，可以有效地提高产品的导电与导热性能。石墨化冶金焦一般磨成粉使用。

## 7.2 粒度组成确定

为了使产品具有较高的堆积密度、较小的气孔率和较大的机械强度，配料除选择原料配比外，还要确定粒度组成，即把不同级别的、不同尺寸的大颗粒、中间颗粒和小颗粒(细粉)配合起来使用。通常大颗粒和细粉占较大的比例，而中间颗粒占较少比例。

### 7.2.1 配方中各种粒级的作用

(1)大颗粒

大颗粒在坯体结构中起骨架作用。适当增加大颗粒的尺寸和提高大颗粒的使用比例，可以提高产品的抗氧化性能和抗热震性能，减少压型和焙烧工序的裂纹废品；但另一方面会提高产品的气孔率，降低制品密度和机械强度，加工后产品表面粗糙。

(2)中间颗粒

中间颗粒可填充颗粒间的空隙。在一定范围内增加中间颗粒的用量，可以提高产品的密度和机械强度，减少气孔，产品加工后表面比较光洁。

(3)小颗粒(粉料)

小颗粒(粉料)一般在配料中占40%～70%。粉料用量过多，在焙烧和石墨化热处理中会产生大量裂纹废品，并且粉料增多导致黏结剂用量增大，会降低制品的机械强度和提高制品的气孔率。

### 7.2.2 最大颗粒尺寸的确定

最大颗粒尺寸指组成某一给定尺寸制品的最大粒度。选择炭素制品的最大颗粒尺寸应考虑以下几个因素：

(1)原料性质

不同原料的强度系数、膨胀系数、对黏结剂的吸附性和石墨化特性等都有差异。采用不同原料生产同一产品，各粒度的比例需适当调整，大颗粒使用颗粒强度大的原料，颗粒强度低的原料磨粉使用。石油焦和沥青焦气孔多而且大；最大气孔直径可达5～6 mm，最大颗粒尺寸应控制在4 mm以下；无烟煤结构比较致密，气孔少而且较小，则可使用6～12 mm的颗粒。

（2）产品的直径或截面积大小

大颗粒在制品中起骨架作用，所以大颗粒的尺寸应随产品直径或截面积增加而相应增大，以提高产品的抗热震性，减少产品的热膨胀系数。最大颗粒尺寸可按下面的经验公式计算：

$$D = 7.5 \times 10^{-3} \alpha \tag{7.1}$$

式中，$D$——颗粒最大直径，mm；

$\alpha$——制品的直径。

（3）产品用途

当产品要求有较高的机械强度并具有一定的电阻时，大颗粒尺寸要比经验公式计算值相应小一些，并且细颗粒料相对增多。

### 7.2.3 原料的最紧密堆积

为了使炭素产品达到最大的密度，获得良好的综合性能，要求通过各种组分颗粒粒度的配合达到最大的堆积密度。

最紧密堆积理论认为，用等大的球采取理想的堆积，其最小气孔率只能为25.95%，即单一直径的球体不可能得到致密的堆积体，在直径较大的球体堆积后的孔隙中加入一定数量的直径较小的球，则堆积体的孔隙就会大大下降。不同直径圆球堆积示意图如图 7.1 所示。但当堆积用球体超过四组时，孔隙变化就不显著了。

粉碎后的炭素原料颗粒呈不规则形状，不同粒度级的原料是不能达到理想的堆积状态的，因此实际生产中多采用容重试验获得各种颗粒的合适比例。

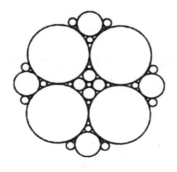

图 7.1　不同直径圆球堆积示意图

## 7.3　粒级比例确定

配方中各种颗粒粒级比例的确定依据如下。

(1)产品截面大小

产品截面大，应采用较大的粒度和较少的细粉；反之，则选用较小的粒度和较多的细粉。例如，大直径石墨电极球磨粉的使用比例为 30% ~40%，中直径石墨电极用 40% ~50%，小直径石墨电极球磨粉用量达 50% ~70%。

(2)产品使用要求

对那些要求密度大、强度高、气孔率小和加工后表面较细密光洁的产品，应采用较细的粒度组成；对那些要求抗热震性、抗腐蚀性好，对机械强度和气孔率要求不高的产品，则采用较粗的粒度组成。

(3)原料性质

采用不同原料生产同类制品时，基于不同原料颗粒的强度系数、膨胀系数以及对黏结剂的吸附性能等都存在差异，各种粒度的比例也需作适当的调整。大颗粒用颗粒强度系数较高的原料，而把颗粒强度系数较低的原料磨粉使用。原料颗粒对黏结剂的吸附性能不同，其粒度选择也不一样，如无烟煤对黏结剂的吸附能力差，因此无烟煤适合于作大颗粒使用。

(4)工艺条件和成品率

每种产品根据工艺条件和实际生产流程选用几种颗粒粒度，在符合技术要求的条件下，要尽可能在配方中减少粒度级。每种规格产品的配方中，至少要有一种粒度级的用量可以自由调节，即在配方中对这种粒度级不作要求。对于大中型规格的产品，过多使用粉状小颗粒，会使压型成品率降低，焙烧和石墨化裂纹废品率增多，因此在保证最终产品质量的前提下，应尽可能减少细粉用量，对于小颗粒用量，应作适当的控制。

## 7.4　黏结剂种类及用量的确定

炭素生产中都需要在骨料中加入一定量的黏结剂。混捏时，黏结剂能浸润和渗透到骨料颗粒孔隙中并把骨料颗粒黏结在一起，形成质量均匀且有良好可塑性的糊料，以便在成型时压制成具有一定形状的生制品。焙烧时，黏结剂自身焦化生成黏结焦把骨料颗粒结合成一个坚固的整体。

### 7.4.1　黏结剂种类的确定

目前国内外炭素制品生产常用的黏结剂为煤沥青，我国采用中温煤沥青和改制沥青。黏结剂的性能应具备以下几点要求：

① 具有良好的浸润性和黏结力，能保证糊料具有良好的可塑性；

② 具有较高的含碳量和析焦率；

③ 为热塑性物质，常温下为固体，稍加热熔化成液体，冷却后立即硬化；

④ 来源广，价格便宜。

### 7.4.2　黏结剂用量的确定

黏结剂用量的确定应综合考虑以下几点因素：

（1）配方的粒度组成

当配方的粒度组成较粗，即大颗粒用量较多且尺寸较大、粉料用量较少时，黏结剂用量相对减少。反之，若粒度组成较细，黏结剂用量必须适当增加。所以，小规格制品要比大规格制品的黏结剂用量多一些。

（2）骨料颗粒的性质

黏结剂用量与原料的颗粒表面性质有关。骨料颗粒愈小，比表面积愈大，因此对黏结剂的吸附性也愈大，因此需要更多的黏结剂。石油焦、沥青焦呈峰窝状，气孔率大，一般情况下黏结剂用量要相对多些。无烟煤表面光滑、气孔较少，对黏结剂吸附性较差，所以，采用无烟煤为主要原料的制品的黏结剂用量要少一些。

（3）成型方法

成型方法对黏结剂用量也有直接影响。挤压成型要求糊料塑性好，所以黏结剂用量应多一些，成型的成品率也会高一些，否则挤压成型需提高成型压力，这会使产生裂纹废品的可能性增加，但过多的黏结剂会使生制品挤出或脱模后容易变形。而振动成型或模压成型时，糊料塑性可以差一些，因此黏结剂用量可以相对少一些。

每一种使用不同原料、颗粒组成配方的炭素制品均有一个最佳的黏结剂比例。黏结剂用量过多或过少都会影响产品的物理化学性能。在黏结剂含量百分比的某一点或某一区间，都具有某一项物理化学性能的极大值或极小值。如生坯的最大体积密度出现在黏结剂含量为 27% 时，焙烧品的最大体积密度出现在黏结剂含量为 22% 时，石墨化试样的最大抗压强度、最大抗弯强度或弹性模量都出现在黏结剂含量在 20% ~25% 的范围内。因此，从得到最佳的成品物理化学性能综合考虑，各项理化指标最佳时的黏结剂用量在 20%~30%。

## 7.5　工作配方计算

在实际生产中，由于设备、流程及操作等问题，会造成各种配料仓中粒度不纯，往往一种粒级料仓中实际包含几种粒级的料。因此，在确定配方时，除了要了解技术要求的原料组成及粒度组成的配方外，还必须对各料仓的料进行粒度筛分分析。根据技术要求和料仓的筛分结果，综合分析、计算、调整、求出在生产中执行的配方，这种配方在实际生产中称为配料单。

所谓工作配方，就是当规定了每一锅糊料的总重后，根据指定的配方以及各种炭素原料在粉碎筛分后的实际粒度分布状况，进一步计算从每一种贮料斗中应取数量。

### 7.5.1　工作配方计算步骤

工作配方的计算步骤如下：

① 从给定的原料比计算干料的百分组成。

② 从给定的对原料颗粒级的技术要求，计算各种原料颗粒级在干料中的百分组成。

根据技术要求，确定使用哪几种粒度级别，把决定使用的各粒度级别颗粒进行筛分，求出各粒级的纯度。根据技术要求和筛分纯度计算出各粒级的颗粒用量，对技术要求一般取其中限，计算结果取整数，并且要考虑各粒度间的影响。在计算有技术要求的干料颗粒用量之和不足 100% 时，可用没有技术要求的中间粒度级的颗粒来补足。

③ 确定了各干料颗粒的百分组成后，取样进行筛分分析或验算，检查结果是否符合技术要求，若不符合，则要进行适当调整。

④ 根据每锅糊料的总重量，计算配料单中干料和沥青的用量。

⑤ 若糊料总重中要求配本身生碎，则应先从总量中扣除生碎量，再计算各料斗应称数量；若要求配入非本身生碎，应相应扣除粒度影响和沥青差值。

### 7.5.2　工作配方计算实例

某厂生产 $\Phi$350 mm 石墨电极，每锅料总重为 1700 kg，加入 20% 的 $\Phi$200 mm 电极生料，试计算其工作配方。

工艺要求的技术配方如下。

（1）原料组成

混合焦 0～4 mm，67±5%；

石墨碎 0～4 mm，10±5%；

沥青 23±2%。

（2）干料粒度组成

>4 mm，<2.0%；

4～2 mm，11±3%；

2～1 mm，14±3%；

<0.15 mm，58±3%，其中小于 0.075mm 占 43%～45%。

（3）各种干料粒度的筛分结果列于表 7.1。

表 7.1　　　　　　　　　　各种干料粒度的纯度

| 原料名称 | 粒级/mm | 纯度/% | | | | | | |
|---|---|---|---|---|---|---|---|---|
| | | +4 | 4～2 | 2～1 | 1～0.5 | 0.5～0.15 | 0.15～0.075 | <0.075 |
| 混合焦 | 4～2 | 5 | 65 | 25 | 5 | — | — | — |
| | 2～1 | — | 4 | 80 | 10 | 5 | 1 | |
| | 1～0.5 | — | — | —2 | 90 | 5 | 2 | 1 |
| | 0.5～0 | — | — | — | 5 | 65 | 20 | 10 |
| | 粉料 | — | — | — | — | 5 | 20 | 75 |
| 石墨碎 | 4～2 | 5 | 60 | 20 | 10 | 5 | — | — |
| | 2～0 | — | 5 | 20 | 35 | 10 | 15 | 15 |

（4）$\Phi$200 mm 电极的配方

混合焦：2～1 mm，13%；1～0.5 mm，10%；0.5～0 mm，21%；粉料 <0.075 mm，56%；煤沥青：25%。

解析：

对于加入非本身生碎时的配方计算，顺序为先计算大配方（新配料），然后计算小配方（生碎料），以大配方中的各项质量减去小配方中各相应质量所得之差,即为实际生产中各粒级和沥青的质量。具体计算如下：

① 将原料比换算为固体原料的比例。

混合焦 $\dfrac{67}{67+10} \times 100\% = 87\%$

石墨碎 $\dfrac{10}{67+10} \times 100\% = 13\%$

② 确定各颗粒级别的百分组成。

• 确定石墨碎的用量为：4~2 mm 料 5%；2~0 mm 料 8%。

计算混合焦各粒级百分组成：

4~2 mm $\dfrac{11 - (5 \times 60\% + 8 \times 5\%)}{65\%} \times 100\% = 12\%$

2~1 mm $\dfrac{14 - (5 \times 20\% + 8 \times 20\% + 12 \times 25\%)}{80\%} \times 100\% = 11\%$

粉料 $\dfrac{43 - (8 \times 15\%)}{75\%} \times 100\% = 56\%$

• 有技术要求的各项固体原料总用量为：5% +8% +12% +11% +56% = 92%,余下 8% 可在没有技术要求的粒级中选取：1~0.5 mm 料,3%；0.5~0 mm 料,5%。

• 进行调整,考虑所有粒度间的相互影响。

4~2 mm $\dfrac{11 - (5 \times 60\% + 8 \times 5\% + 11 \times 4\%)}{65\%} \times 100\% = 11\%$

2~1 mm $\dfrac{14 - (5 \times 20\% + 8 \times 20\% + 12 \times 25\% + 3 \times 2\%)}{80\%} \times 100\%$

$\qquad = 10\%$

粉料 $\dfrac{43 - (8 \times 15\% + 5 \times 10\% + 3 \times 1\%)}{75\%} \times 100\% = 55\%$

总用量为 11% +10% +55% +8% +5% =89%,余下 11% 选用 1~0.5 mm 料 5%,0.5~0 mm 料 5%。

• 验算。

+4 mm 料,要求 <2%　　11% ×5% +5% ×5% =0.8% <2%

-0.15 mm 料,要求 58% ±3%　　55% ×95% +8% ×(15% +15%) +6% × (20% +10%) +5% ×(2% +1%) +10% ×1% =56.7% <58%

经验算,符合技术配方要求,工作配方为:

混合焦:4~2 mm,11%;2~1 mm,10%;1~0.5 mm,5%;0.5~0 mm,6%;1~0.5 mm,5%;0.5~0 mm,6%;1~0.5 mm 和 0.5~0 mm 的料可互为调节。

粉料:55%。

石墨碎:4~2 mm,5%;2~0 mm,8%。

煤沥青:23%。

③工作配方中固体原料各组分各粒级的质量取用量(按每锅料总重为1700 kg计)。

• 不加生碎时的计算(大配方计算)。

沥青量为:1700×23% =391(kg)

固体原料量为:1700×77% =1309(kg)

固体原料各粒级取用量列于表7.2。

表7.2　　　　　　　　　大配方中固体原料各粒级用量(1)

| 用量 | 混合焦 | | | | | 石墨碎 | |
|---|---|---|---|---|---|---|---|
| | 4~>2 mm | 2~>1 mm | 1~>0.5 mm | 0.5~0 mm | 粉料 | 4~>2 mm | 2~0 mm |
| 百分比/% | 11 | 10 | 5 | 6 | 55 | 5 | 8 |
| 质量/kg | 144 | 131 | 65 | 79 | 720 | 65 | 105 |

• 加入生碎时,若加入20%的本身生碎,计算结果如下:

由于本身生碎在原料配方与粒度组成上均与新配方料一致,因此应先计算出加入的生碎量,再求得新配的糊料量。

生碎总量:1700×20% =340(kg)

新配的糊料量:1700 –1700×20% =1360(kg)

以1360 kg糊料为基数,按上面的工作配方百分数进行计算。固体原料各粒级取用量列于表7.3。

表7.3　　　　　　　　　大配方中固体原料各粒级用量(2)

| 用量 | 混合焦 | | | | | 石墨碎 | |
|---|---|---|---|---|---|---|---|
| | 4~>2 mm | 2~>1 mm | 1~>0.5 mm | 0.5~0 mm | 粉料 | 4~>2 mm | 2~0 mm |
| 百分比/% | 11 | 10 | 5 | 6 | 55 | 5 | 8 |
| 质量/kg | 115 | 105 | 52 | 63 | 576 | 52 | 84 |

• 加入生碎时,若加入20%的直径200 mm电极生料,先计算直径200 mm

电极生碎中各粒度和煤沥青的质量，即小配方计算。

已知生碎料的配比为混合焦：2～1 mm料13%；1～0.5 mm料10%；0.5～0 mm料21%；<0.075 mm料56%，煤沥青25%。

生碎总量　1700×20%＝340(kg)

煤沥青量　340×25%＝85(kg)

混合焦量　340－85＝255(kg)

其中：2～1 mm　255×13%＝33(kg)

　　　　1～0.5 mm　255×10%＝26(kg)

　　　　0.5～0 mm　255×21%＝54(kg)

　　　　<0.075 mm　255×56%＝143(kg)

则得出340 kg的$\Phi$200 mm电极配料单位：

2～1 mm，13%　33 kg

1～0.5 mm，10%　26 kg

0.5～0 mm，21%　54 kg

<0.075 mm，56%　143 kg

煤沥青，25%　85 kg

④$\Phi$350 mm石墨电极总配料单。

将大配方中各粒级质量减去小配方中相应粒级质量，就可得到总配料单如下：

混合焦：

4～2 mm，144 kg

2～1 mm，131－33＝98(kg)

1～0.5 mm，65－26＝39(kg)

0.5－0 mm，79－54＝25(kg)

<0.075 mm，720－143＝577(kg)

沥青，391－85＝306(kg)

因此生产中实际质量写出的配料单列于表7.4。

**表 7.4** 实际生产固体原料各粒级用量

| 用量 | 混合焦 | | | | | 石墨碎 | | 生碎 | 沥青 |
|---|---|---|---|---|---|---|---|---|---|
| | 4 ~ >2 mm | 2 ~ >1 mm | 1 ~ >0.5 mm | 0.5 ~ 0 mm | 粉料 | 4 ~ >2 mm | 2 ~ 0 mm | — | — |
| 百分比/% | 11 | 10 | 5 | 6 | 55 | 5 | 8 | 20 | 23 |
| 质量/kg | 144 | 98 | 39 | 25 | 577 | 65 | 105 | 340 | 306 |

## 7.6 配料设备及操作

按照计算好的配料单,分别从各贮料斗准确称取各组分、各粒级和生碎等所规定的质量数,由输送设备放在一起,即为配料操作。在配料过程中,工作配方一般不要变动,为保证配料粒度组成的正确和稳定性,一方面要不定期地从各贮料斗取样,对某粒度的料进行筛分分析,检查其纯度是否波动,发现波动过大要及时采取措施;另一方面要定期从各贮料斗取各种粒度,按配方的百分组成进行筛分分析,检查是否符合技术要求。

配料操作需用到台秤、称量车、皮带秤、电子秤等称量设备。理想的配料操作是自动计量及程序控制,电子秤配料的自动计量系统如图 7.2 所示。配料生产操作中也要对配料设备进行定期检查,保证其准确性,以免出现配料误差。

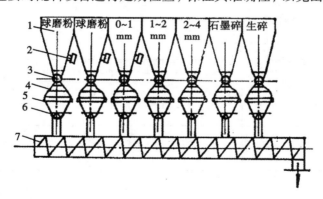

**图 7.2 电子秤配料的自动计量系统示意图**

1—贮料斗;2—仓壁振动器;3—格式给料器;4—称料斗;

5—电子秤传感器;6—液压扇形阀;7—螺旋输送器

## 思考题与习题

7-1 简述配料的含义及内容。

7-2 确定炭素配料中粒度组成的原则有哪几项？

7-3 配料中大颗粒和小颗粒的作用是什么？

7-4 什么是球体最紧密堆积原理？对炭素的颗粒配方有何指导意义？

7-5 如何确定粒度组成？

7-6 黏结剂的作用是什么？应具备什么条件？如何确定其用量？

7-7 炭素生产配料中最大颗粒的尺寸是什么？

7-8 如何确定配料中黏结剂的用量？

7-9 工作配方的计算程序是怎样的？

7-10 某厂生产预焙阳极，其技术配方为干料84%，沥青16%，干料中煅后焦占75%，残极占25%。每锅料的总质量为1500 kg。对粒度要求为：

煅后焦：

12~6 mm　17±3%；6~3 mm　10±3%

3~0 mm　43±3%；粉料(-0.075 mm)　30±3%

残极：

12~3 mm　37.5±2%；3~0 mm　62.5±2%

各粒度料仓取样筛分结果如下(%)：

(1)煅后焦

| 粒级 | >12 mm | 12~>6 mm | 6~>3 mm | 3~0 mm | -0.075 mm |
|------|--------|----------|---------|--------|-----------|
| 12~>6 mm | 2 | 75 | 20 | 3 | — |
| 6~>3 mm | — | 5 | 85 | 10 | — |
| 3~0 mm | — | — | 5 | 90 | 5 |
| 粉料 | — | — | — | 30 | 70 |

(2)残极

| 粒级 | >12 mm | 12~>3 mm | 3~0 mm |
|------|--------|----------|--------|
| 12~>3 mm | 2 | 90 | 8 |
| 3~0 mm | — | 5 | 95 |

试计算其实用配方。

# 第8章 混 捏

将配料所得的各种不同组分、不同粒度级的骨料颗粒与黏结剂在一定温度下搅拌、混合、捏合,取得混合均匀的塑性糊料的工艺过程称为混捏。混捏愈完善,制品的结构愈均匀,性能愈稳定。

## 8.1 混捏基础知识

### 8.1.1 混捏目的

① 使各种原料均匀混合,同时使各种不同大小的颗粒均匀地混合和填充,形成密实程度较高的混合料。

② 使干料和黏结剂混合均匀,液体黏结剂均匀分布在干料颗粒表面,靠黏结剂的黏合力把所有颗粒互相黏结起来,赋予物料以塑性,以利于成型。

③ 使黏结剂部分渗透到干料颗粒的孔隙中,进一步提高黏结剂和糊料的密实程度。

### 8.1.2 混捏方法分类

根据被混物料的品种不同,将混捏方法分为两类。

① 冷混捏。不加沥青黏结剂,或沥青黏结剂以固体粉末状加入。物料装到容器,利用容器翻滚和物料本身的自重进行物料混合。该工艺适合模压制品,或两种密度不同的物料如石墨 – 金属材料的混合。

② 热混捏。在加热情况下混捏,使固态沥青转变为液态,然后与骨料混合,在骨料表面浸润。该工艺用于沥青或树脂作为黏结剂的配料,或是物料密度相差不大的物料进行混捏时。

根据混捏时沥青的状态又可分为干混和湿混。

① 干混。干混是将固体沥青破碎成粒状与固体炭素原料同时加入混捏锅。

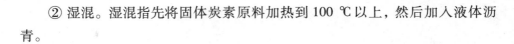

② 湿混。湿混指先将固体炭素原料加热到 100 ℃以上,然后加入液体沥青。

### 8.1.3 混捏原理

混捏分为两个阶段:在第一阶段,各种粒级的原料进行机械混合;在第二阶段,固体颗粒与黏结剂发生复杂的物理化学反应。

固体颗粒与黏结剂的相互作用主要包括吸附、润湿和渗透作用。

(1)吸附

炭是一种亲油憎水物质。根据朗缪尔吸附理论,炭和非极性有机液体的黏合是焦炭表面上未饱和化学键力(又称化学吸附力)作用的结果,被吸附物分子在固体表面形成一层单分子时,吸附就达到饱和。根据这一理论,焦炭表面只能吸附厚度为一个分子层的黏结剂。

根据化学相似原理,相互接触的物质在化学性质上越相似,相互间的作用就越强。这是范德华力在起作用的缘故,范德华力不同于化学吸附力,它没有一定的方向,可吸附多层分子。焦炭和煤沥青的化学性质相似,彼此间作用强,更加容易吸附,而且彼此之间能牢固地结合。

(2)润湿

混捏质量很大程度上由沥青与原料颗粒的润湿效果来决定。当固体颗粒与液态黏结剂接触时,由于固液间的分子引力,液相的黏结剂分子吸附在固体表面,并趋于有规律的排列。沥青首先浸润颗粒的表面,在颗粒表面形成"弹性层",而且当温度足够高时,黏结剂分子会从颗粒表面迁移到微孔中去,从而把固体颗粒润湿。

黏结剂对固体颗粒的润湿性可以用润湿角 $\theta$ 衡量,通常 $\theta < 90°$,润湿作用较好。$\theta$ 愈小,则沥青与固体颗粒表面接触越好,沥青对颗粒的黏结作用越强。

$\theta$ 受温度的影响较大,沥青软化点不同和加热温度不同时,$\theta$ 在很大范围内变动。提高加热温度会使 $\theta$ 角减小,但不同软化点的沥青变化不同,如图 8.1 所示。

煤沥青属于弱极性物质,在一定温度下对原料颗粒有较好的润湿效果。当固体炭素颗粒表面吸附一定数量的水分时,将会产生强极性吸附层,从而显著降低沥青对固体炭素颗粒的润湿作用。

(3)渗透

原料颗粒与沥青接触除了有表面吸附和润湿作用外,浸入表面微孔时还存

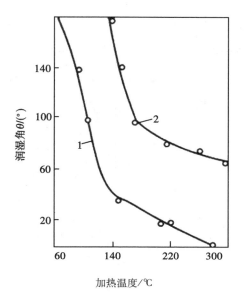

**图 8.1　润湿接触角 (θ) 与加热温度的关系**

1—软化点为 76 ℃；2—软化点为 136 ℃

在毛细管渗透现象。当沥青润湿颗粒表面后，沥青中的轻质组分会很快渗透到颗粒表面的孔隙中去，并在颗粒的孔隙内产生正的毛细管压力，毛细管压力越大，渗透能力越强。同样，沥青的加热温度越高，其黏度越低，对颗粒的润湿性越大，产生的毛细管压力越大，沥青越容易渗透到颗粒的孔隙中去。软化点为 118 ℃的沥青的渗透能力随加热温度的变化关系如图 8.2 所示。当沥青加热温度低于 148 ℃时，毛细管压力为负值，表现为推出力；只有当温度上升到 148 ℃以上时，毛细管压力才为正值，并随着温度上升而增大。温度升到 170 ℃时出现一转折点，此点温度相当于润湿接触角明显减小的起始点，继续提高温度促使毛细管压力增加，加剧了沥青对炭素原料颗粒的渗透。

## 8.2　沥青熔化

将沥青放入熔化器或熔化槽中，在加热介质的作用下进行熔化的过程称为沥青熔化。沥青熔化主要目的有三个：

① 排出沥青中的杂质，降低灰分含量；

② 排出水分；

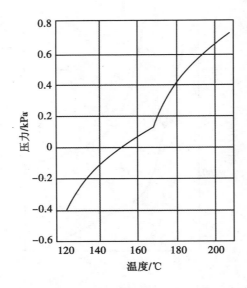

**图 8.2　高软化点沥青与焙烧炭素材料间毛细管压力随温度的变化**

（毛细管平均半径为 0.01 cm）

③ 降低沥青粒度，增加沥青的流动性及对干料的浸润性。

由于炭素制品的种类不同，所用沥青的种类也不尽相同。对于预焙阳极生产用改质沥青，软化点在 100 ~ 115 ℃，加热沥青为导热油；对于中温沥青（软化点 75 ~ 90 ℃），加热介质一般为蒸汽。沥青黏度（流动性）受温度的影响较大，随着温度的升高，沥青黏度呈下降趋势。

### 8.2.1　载热体的加热

炭素厂的载热体一般指矿物油和某些有机溶液。载热体具有 300 ℃ 以上的高沸点，蒸汽压低，凝固点低（ - 35 ℃ 以下），热稳定性好，黏度低，分解率小。与蒸汽加热相比，载热体加热具有温度高、给热强度大、热效率高等优点。

### 8.2.2　沥青的快速熔化

按照熔化速度不同，沥青熔化分为慢速熔化和快速熔化。前者是传统的方法，具有工艺设备简单、操作方便等优点，但只能熔化中温沥青，熔化周期长，能耗高。近年来，人们发展了沥青快速熔化工艺，其特点是：

① 以芳烃基油类为热载体；

② 熔化槽、加热保温槽中均设有搅拌器，并让熔化沥青部分循环回流，使

沥青的加热由单一的热传导变为热对流与热传导联合传热；

③ 各槽均采用锥形底，并与集渣罐相连，定期排渣时不需停止熔化作业，克服了传统方法需多台熔化槽间歇轮换排渣的缺点。

快速熔化装置具有热效率高、熔化时间短、可连续运行的优点。热媒温度约为 290 ℃。熔化器由钢板焊接而成，形状为圆筒形，分内外两层，并且在底部相通。破碎后的沥青加入内层，熔化好后流向外层夹套，经溢流管流出。为提高熔化速度，内层中装有搅拌装置，以便固体沥青和液体沥青充分混合，增加传热过程，缩短熔化时间，达到快速熔化的目的。

快速熔化器熔化好的沥青由沥青泵输送到沥青贮槽贮存静置，贮槽中配有导热油加热管束，通过加热导热油可保持沥青温度在 170～190 ℃。慢速熔化器的贮存是在熔化器内静置。

沥青的输送一般分为压缩空气输送和沥青泵输送两种方式。压缩空气的输送是将沥青先放入压力罐中，然后将压力罐上的沥青进口阀门关闭，从压力罐顶部通入压缩空气(压力一般为 0.59 MPa)，在压力的作用下，沥青从压力罐底部流出，输送到沥青高位贮槽自流进入混捏前段。

## 8.3　混捏工艺

将配好的原料颗粒投入混捏机内，按照规定的混捏制度加热搅拌。当原料达到规定温度时，加入熔化的沥青，如果选用的是改质或高温沥青，则可将固体沥青与骨料同时加入混捏机内加热混捏，当糊料达到出锅温度时排料进入下一工序。

### 8.3.1　混捏工艺技术条件

混捏工艺的技术条件主要是温度和时间。混捏工艺的制定均以混捏均匀、制品性能稳定为前提。

（1）混捏温度

混捏温度制定的依据是沥青对固体原料颗粒的润湿角，混捏的最佳温度视黏结剂的软化点而定。通常比黏结剂的软化点高出 50～80 ℃，在此温度下，沥青具有较好的浸润作用。因为混捏温度高，沥青黏度小，流动性好，浸润效果好，同时渗透到颗粒空隙中去；如果混捏温度达不到要求，沥青的黏度较大，流动性变差,对干料的浸润性不好,会造成混捏不均匀,甚至出现夹干料现象,导致糊料塑性变差,这样的糊料不利于成型,容易造成生块结构不均匀、疏松。但混捏温度也不能过高,因为在高温下沥青发生氧化反应,轻馏分分解挥发,糊料老化变硬,塑性变差,俗称发渣,影响成型的成品率。

（2）混捏时间

混捏时间的长短主要取决于混捏机的结构性能、混合料中各组分的比例、各组分间密度的比值、混合物的密度、装料量、粒度组成等因素。

糊料混捏时间过长,糊料粒度组成遭到破坏,塑性将会降低,成型困难,主要由于混捏中,黏结剂的轻质馏分挥发,部分有机物受到氧化,黏结剂的软化点逐步提高,糊料变硬,并且糊料在混捏机内停留时间愈长,温度愈高,黏结剂的氧化程度就愈深。混捏时间过短,则糊料混捏不均,沥青对干料浸润渗透不够,甚至会出现夹干现象,搅刀负荷较大,且不均匀,可从搅刀电流表上看到指针摆动振幅较大。搅刀负荷降低,且电流表指针摆动振幅变小时,糊料的塑性趋于稳定,也趋于最佳。可采用间断混捏方式,物料在混捏机中停留 50 ~ 70 min,其中干料混合 15 ~ 20 min,干料与沥青混合 40 ~ 50 min。

温度和时间是混捏工艺的两个主要参数,两者相互制约,在实际操作中混捏时间在基本满足混捏工艺的前提下视混捏温度做适当调整:

① 混捏温度较低时,可适当延长混捏时间;混捏温度较高时,可适当缩短混捏时间。

② 沥青软化点变化时,糊料的混捏温度随之相应变化,因此应适当改变混捏时间。

③ 由于加热条件变差,造成混捏温度上不去时,应适当延长混捏时间。

④ 加入生碎时,应根据加入生碎量适当延长混捏时间。

⑤ 原料水分含量偏高时,应在 100 ~ 110 ℃ 保温一段时间,让原料中水分流动挥发,因此混捏时间也相应延长。

⑥ 配方中使用小颗粒多时,要适当延长混捏时间。因为小颗粒比表面大,要较长时间才能被沥青润湿。

### 8.3.2　凉料

经过混捏的糊料,一般温度比较高,如预备阳极糊料在 170 ~ 180 ℃ ,并含有一定数量的烟气。凉料的目的就是使糊料均匀地冷却到一定的温度,并充分排出夹在糊料中的烟气,否则生坯中就会夹入烟气而产生废品。另外,凉料也使糊料块度均匀,利于成型。

### 8.3.2.1　凉料的方式

凉料过程就是冷却降温过程,以热量交换为基本形式,达到降温的目的。

目前,炭素生产中最常用的是机械翻动或转动与空气强制对流相结合的冷却方式。如圆盘凉料和圆筒凉料。随着新设备、新工艺的运用,国外先进的凉料设备在国内得到应用,如水冷式凉料方法就是其中之一。

### 8.3.2.2　凉料操作

将混捏合格的糊料倒在圆盘或圆筒等凉料机上,开动设备降温,在降温过程中,控制好温度并保证均匀。

糊料在降到合适的温度后开始下料,每锅糊料分 2～3 次下到压机料室内,根据糊料温度情况决定每次下料量。

### 8.3.2.3　凉料温度控制

为了使凉料温度控制更加均匀,操作更加合理,在凉料机出料口安装了红外线测温装置,以此控制凉料温度,使凉料温度控制更合理,每循环的凉料温度更科学,同时也减少了每循环之间的温度差异,提高了压型成品率。

当糊料的黏结剂用量较大时,凉料时间应该长一些,糊料应在较低的温度下加入压机料室;而当糊料的黏结剂用量较小时,则凉料时间可短一些,糊料应在较高的温度下加入压机料室。凉料温度的高低和凉料的均匀与否对压型成品率有很大的影响。

### 8.3.2.4　凉料设备

圆盘凉料机的圆盘面积大,散热空间大,盘面料层薄,降温速度快,不会产生糊料团,而且大料块也会被切碎,这样糊料温度相应均匀一些,黏结剂用量偏大时也能均匀凉料。同时设备故障少,检修方便,一旦出现故障,盘面上的糊料易处理。夏季生产时,由于降温速度快,能保证生产连续均衡生产。

圆筒凉料机凉料时,糊料总体温度均匀,但夏季降温速度慢,适合冬季生产。没有漏料和剩料现象,但凉料易产生球状,特别是黏结剂用量偏大时,糊料团比较大,糊料团内外温度差别较大。

## 8.3.3　影响混捏质量的因素

影响混捏质量的主要因素有混捏温度、混捏时间、黏结剂用量及性质、干料粒度及性质、混捏机型及结构、混捏机装料量。

### 8.3.3.1 混捏温度的影响

加热温度对糊料的混捏质量影响很大，煤沥青的黏度随着温度的升高而急剧降低，见表8.1。

**表8.1    中温沥青的黏度与温度的关系**

| 温度/℃ | 80 | 100 | 120 | 140 |
|---|---|---|---|---|
| 黏度/mPa·s | 1718.0 | 89.13 | 11.35 | 2.327 |

随着温度的升高，沥青和干料之间的润湿接触角减小，毛细渗透性增加，沥青对干料的润湿效果好，糊料塑性变好，便于产品成型与结构致密均匀。反之，温度降低，沥青对于干料的湿润性变差，造成混捏不均，易产生夹干料现象，且导致糊料塑性不好，使糊料不易压形及压形产品疏松与结构不均。

此外，煤沥青的黏度也随软化点的升高而升高，糊料温度比黏结剂软化点高一倍左右时，黏结剂对炭素粉末具有良好的浸润性。炭素糊料的可塑性随温度的变化如图8.3所示。

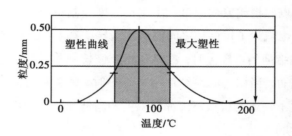

**图8.3    炭素糊料的可塑性随温度的变化**

根据经验，使用中温沥青为黏结剂，糊温要控制在140～180 ℃，以150～160 ℃为宜；采用硬沥青时，糊温要提高到180～240 ℃。此外，混捏温度与气候有关，冬天气温低、散热快，冬天的混捏温度应比夏天稍微高一些。

### 8.3.3.2 混捏时间的影响

当达到适当的混捏时间就可使糊料混捏均匀，并在颗粒外面均匀地涂上一层沥青膜，制成具有良好塑性的糊料。

混捏时间与润湿接触角的关系如图8.4所示。随着混捏时间的延长，沥青对干料的润湿角 $\theta$ 变小，其湿润性能变好。但延长时间过长，$\theta$ 角变化就不增大了，而混合均匀度反而随时间延长而变差。

对于粗结构石墨材料的糊料，在一定温度下，混捏时间在40～60 min，湿

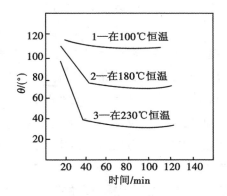

**图 8.4 混捏时间与润湿接触角的关系**

1—软化点为 73 ℃；2—软化点为 105 ℃；3—软化点为 133 ℃

润角 $\theta$ 达到最小。时间延长，角 $\theta$ 变化不大，所以混捏时间一般先干混 10 ~ 15 min，然后加入黏结剂再搅拌 40 ~ 60 min 即可。对于细结构石墨材料的糊料，混捏时间一般约为 2 ~ 4 h，随粒度的变小而时间增长。糊料在混捏机中多停留 1 h，沥青量就因挥发物排出而相对减少 0.6%。

### 8.3.3.3 干料粒度组成及性质的影响

干料粒度组成相差越大，糊料的均匀性和密实性越高。

（1）各组分比例的影响

在双组分体系中，混合物的性能指标随 $\Delta d / d_m$ 比值而变，其中 $\Delta d$ 为两组分平均粒径的差数，$d_m$ 为两组分平均粒径的算术平均值。随着 $\Delta d / d_m$ 比值的增大，两组分平均粒径的差数越大，则混合的均匀性越高。这是由于细粉的流动性提高，从而提高了流过粗颗粒间隙的能力。所以为了保证混合的均一性，选取粒度组成时应多选几种，并使各种粒度之间比例不要相等。

（2）原料颗粒大小的影响

混合时各组分颗粒的分布是无规则的，随着颗粒的变小，粉料的流动性提高，则使混合物在较短时间内趋于均匀。因此，在称料和加料时，应先加入粗粒料，再加中粒料，最后加细粉。这样因颗粒小，流动性好，易进入大颗粒的间隙，从而容易混匀。

（3）粉料颗粒密度的影响

粉料的密度在不加黏结剂的混合条件下，对混合的均匀性有很大的影响。当密度不同的粉料互相混合时，将出现轻的上浮、重的下沉的现象，甚至已经混合均匀的混合物，在受到振动时，还会发生离析现象。

（4）干料的表面性质

若干料颗粒表面粗糙，气孔多，则黏结剂能很好地黏附在颗粒表面，糊料塑性相对愈好。相反，若干料颗粒表面光滑、气孔少，则与黏结剂不能很好黏结（如无烟煤），所得糊料塑性较差。根据化学相似原理，相互接触的物质在化学性质上越相近，则它们间化学键也越牢固。与石墨相比，煤沥青的结构和性质与焦炭更相似，则它们之间的结合力更强。因此，原料中若使用10%的石墨碎，黏结剂用量增加2%左右。

**8.3.3.4　黏结剂的用量及黏度对混捏质量的影响**

随着黏结剂用量增大，糊料的流动性变好，均匀性提高，糊料塑性变好。但黏结剂用量过多，则生块容易弯曲变形，焙烧品废品率提高，同时制品的体积密度减少，气孔率增大。

黏度越高，黏结剂对干料的浸润能力越低，在相同的混捏温度下，混捏效果越差，且越不易混匀，塑性也差。

**8.3.3.5　表面活性剂的影响**

加入表面活性物质，可以降低润湿角，改善混捏质量，提高塑性。常用的表面活性物质有肥皂类（有机酸类、人造洗涤剂）、碳氢化合物水溶液或非介质溶液油酸等。用表面活性物质处理的散颗粒，将使颗粒具有憎水的表面，从而加强黏结剂对粉末颗粒的湿润能力和它们间的定向的化学吸附作用，将糊料黏度降低，可减少黏结剂用量，缩短混捏时间，改善糊料塑性，提高混捏质量，进而提高制品的体积密度。

**8.3.3.6　混合介质的影响**

为避免原料颗粒混合时因静电作用而发生的集结现象，常常在混合物中加入某种电介质，以减少颗粒间的静电引力，有利于物料的混合均匀性。

电介质有气体和液体两种，一般应用液体，如水、苯、酒精、煤油、汽油等。

水的介电常数 $\varepsilon = 81$，且取之不尽，价格便宜，所以在生产炭黑基石墨材料时，常常先加水进行混合。在其他炭素材料混合时可适当加入适量煤油、汽油等。使用这些介质混合还能够使粉末润湿，增加黏结剂对粉末的吸附作用，并能稀释黏结剂，有利于黏结剂的分散性及混合的均匀性。

## 8.4 混捏设备

混捏机的结构决定了原料颗粒群和单个颗粒在其内的运动方式和速度。目前使用的混捏机(锅)具有以下几个特点:

① 对不同粒度的颗粒料进行混合搅拌,并且搅拌越均匀越好;

② 既能干搅又能湿混(湿混又称热混);

③ 生产能力能满足工序需要。

### 8.4.1 混捏机分类

混捏机按照其运行方式的不同大致分为以下三类:

(1)接力式混捏机

干混和湿混在不同设备内进行。用于干混的设备有圆筒混合机、鼓形混合机、辊辗式混合机和滚筒式混合机等,主要用于电炭生产的冷混合。

(2)间歇式混捏机

干混和湿混在同一台设备内进行,即先干混,然后加入黏结剂进行湿混。混好后将糊料排出,然后重新加入干料开始下一个混捏周期。如单轴搅拌混捏机、卧式双轴混捏机和逆流高速混捏机等,它们广泛应用于带黏结剂糊料的热混合。

(3)连续式混捏机

有双轴连续混捏机和单轴连续混捏机,主要用于阳极糊和电极糊等糊类产品的混捏。

### 8.4.2 卧式双轴搅拌混捏机

(1)结构

卧式双轴搅拌混捏机又称双轴搅拌混捏锅,它主要由锅体、搅刀和减速传动装置组成,如图 8.5 所示。锅体上部是立方体,下部有两个半圆形长槽。锅体内镶锰钢衬板,锅体周围是加热夹套。锅体顶部为锅盖,锅盖上有干料和黏结剂加入口以及烟气排出口。锅体内有两根平行的 Z 形搅刀,分别在锅底的两个半圆形槽内,彼此相对转动,而且转速不一。搅刀通过减速箱与电动机相连。根据排料方式的不同卧式双轴搅拌混捏机又可分为翻转式和底开式两种混捏机。翻转式混捏机设有锅体翻转机构，排料时，侧翻到一定角度，打开锅盖，倒出糊料。底开式混捏机底部开有长方形的卸料口，从底部卸料，并设有料口开启和关闭装置。

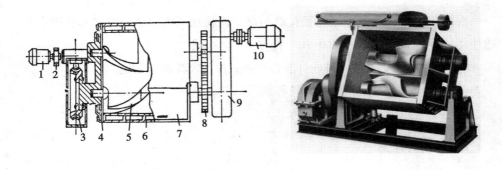

**图 8.5　卧式双轴混捏机结构示意图**

1—电动机；2—对轮及抱闸；3—蜗轮翻锅减速机；4—衬板；5—搅拌轴；6—加热套；

7—锅体；8—齿轮；9—减速机；10—电动机

（2）工作原理

卧式双轴搅拌混捏机是间歇式生产设备，其工作流程按照加料、混捏、卸料周期性循环操作。

混捏机同时起着挤压和分离两种混捏作用。糊料在混捏机内，由于两根搅刀相向以不同转速转动，不断受到搅刀反复翻动和压搓作用，进行挤压混捏。当糊料被翻动到锅底的脊背上时，即被劈分成两部分，当一部分糊料被脊背劈下而脱离原搅刀的作用后，则被另一根搅刀带走，这时所进行的是分离混捏。两搅刀不断地转动，这样使糊料受到搅拌、挤压、劈分和捏合，从而达到均匀混捏的目的。

双轴搅拌混捏机为间歇式生产，生产效率较低，劳动强度大，生长环境差，且不便于自动化生产，故近年来趋向于采用连续混捏机。

### 8.4.3　连续生产混捏机

连续混捏机有双轴连续混捏机和单轴连续混捏机两类。

（1）结构

双轴连续生产混捏机是由 U 形或圆形壳体、搅拌轴、搅刀、传动系统和加热系统组成，结构如图 8.6 所示。壳体是一个带夹层的结构，在夹套内通入热媒油对壳体和糊料进行加热，保证物料在一定的温度下进行加热。为避免热媒油的散热损失，夹层外面还填有绝热材料和保温层。混捏腔是由碳钢制造，内部分段安装耐磨衬板，磨损后可更换。搅拌轴上安装有若干片正向和反向搅刀。

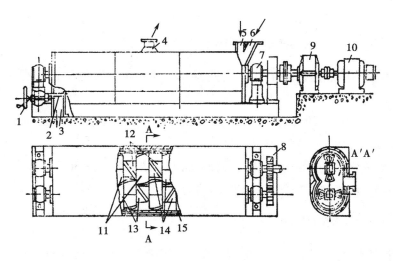

**图 8.6　连续混捏机示意图**

1—出料口转轮；2—出料口活门；3—出料口；4—排烟口；
5—沥青下料口；6—干料下料口；7—轴承；8—齿轮；9—减速机；
10—电动机；11，13—反向搅刀；12，14—正向搅刀；15—加热装置

（2）工作原理

连续生产混捏机壳体内装两根搅拌轴，搅拌轴上安装有若干片正向搅刀和反向搅刀。物料加入锅内，搅拌轴由电动机经减速机带动。正向搅刀的作用是一边起搅拌作用，一边迫使糊料向出料口方向移动；反向搅刀的作用是增加被混捏糊料内部的挤压力。正向搅刀数量比反向搅刀多。

目前，炭素工业使用的连续生产混捏机壳体内径 $D = 400$，$500$，$600$ mm。混捏机工作长度 $L$ 与糊料混捏质量有关，长度越长，混捏时间越长，混捏得越均匀。当用干沥青配料，采用两段混捏时，$L = 7D$；当用液体沥青配料，采用一段混捏时，$L = 9.5D$ 以上。连续混捏机需要和连续配套设备配套使用，特别是沥青的准确计量及均匀加入是保证糊料质量的关键。

双轴搅拌连续混捏机的优点是机械化程度高，而且可以实现自动化和遥控操作，生产能力大，劳动条件好，但是只适用于大批量单一品种产品的生产，而不适用于经常要变动配方、多品种产品的生产。

## 8.5 混捏操作

### 8.5.1 间歇性生产混捏机的混捏操作

间歇性生产混捏机一个混捏周期需 80~90 min，混捏工艺过程可分为四步：

① 加入称量好的骨料和粉料组成干混合料，加入干料时间为 3~5 min；

② 骨料和粉料干混，干混时间为 30~45 min；

③ 加入定量的黏结剂后进行混捏，加入黏结剂后混捏 30~45 min；

④ 卸出混捏好的糊料，出糊时间约为 3~5 min。

### 8.5.2 混合均匀度的检查

混捏质量主要用肉眼观察糊料的塑性，或者用分析方法分析混捏后各部分所达到的均匀分散程度。常见的检查项目是骨料和粉料的混合均匀度及黏结剂的分散度。

（1）骨料和粉料的混合均匀度

在骨料和粉料干混结束后，从混捏锅内取少量试样进行筛分分析，观察筛分分析的结果是否与配方中规定的粒度组成接近。

（2）黏结剂的分散度的检验

糊料中煤沥青的含量可用测定挥发分的方法间接获得。当从混捏锅内不同部位取样分析其挥发分含量时，如果几个分析数据差别不大，即可认为黏结剂的分散程度比较理想；如果混捏效果不好，则几个试样的挥发分含量的测定数据将有较大差别。

### 8.5.3 混捏废糊产生的原因和预防

混捏废糊主要有三种，分别是人为废糊、正常废糊和机械废糊。

（1）人为废糊

由于操作者责任心不强，人为造成重油、重料等废糊。可通过加强操作者责任，加强沟通，做好待下油、下料锅的信号标记来消除。

（2）正常废糊

混捏操作者工作正常，但由于称量、原料、纯度等因素波动比较大造成的废糊。常见的有油大、油小废糊。可通过对上道工序控制严格把关，尽量减少波动，或禁止废料进入下一道工序等方法来消除。

此外，杂质进入糊料内、糊温低或高也会造成正常废糊。一旦出现类似废糊，需要及时检查设备和周边环境，避免杂质从返还料系统进入糊料中。解决措施是：观察正点出锅的糊料温度，看正点出锅糊料温度是否超出或低于规程；根据糊料温度的实际情况对混捏锅加热的载热体系统进行调整，或延迟或缩短混捏时间等。

（3）机械废糊

由于机械故障或缺陷而引起的漏灰、漏油、漏气和设备不运转而造成的糊在锅内停留时间过长或出锅后在外面停放时间过久等造成的废糊。可通过做好信息传递，上下工序配合、协调好，来尽量减少废糊。

## 思考题与习题

8-1　什么叫混捏？混捏的目的是什么？

8-2　试述混捏原理。

8-3　影响混捏质量的因素有哪些？

8-4　为什么采用快速熔化装置？这种装置有什么优势？

8-5　混捏温度和混捏时间的确定依据分别是什么？

8-6　混捏工艺都包括哪些内容？

8-7　简述成型前凉料的作用。

8-8　双轴连续混捏机的机构是怎样的？

# 第9章 成 型

成型是将混捏后的糊料或粉料通过某种方法和一定压力，将其在模具内压成一定形状、尺寸、密度和机械强度的块状（棒状）的工艺操作。成型工艺要达到的目的有两个：一是使制品具有一定的形状和规格；二是密实糊料。炭素制品的成型方法有很多，常见的有模压成型、挤压成型、振动成型和等静压成型等。

## 9.1 成型基本理论及方法

### 9.1.1 压制过程中压力的传递与物料的密实

成型过程中物料的受力变形和运动（位移）是一个很复杂的物理变化过程，对成品的性能影响很大。

压粉或糊料在模内或料室与嘴型内被压制时的示意图如图9.1所示，压力经上模冲传向粉末或糊料，其表现出与液体相似的性质，向各个方向流动，并向各个方向传递压力。压块内部的压力通过颗粒间的接触面传递，并产生应力（或称剪应力）。当此应力大于颗粒物料间的结合力时，物料产生位移与变形使压粉或糊料被压实。压力传递到模壁，引起垂直于模壁的压力，称为侧压力。

但与液体不同的是，压粉或糊料在模内所受压力的分布是不均匀的。一般来说，横向压力（垂直于压模壁）小于纵向压力（垂直方向），并且物料与模壁间的摩擦力随压制力的增减而增减。模压成形中，压坯高度方向上出现显著的压力降，同时中心部位与边缘部位（横向）也存在压力差。因此，压坯各部分的致密化程度也不同。图9.2为单向压制品的体积密度分布曲线。

在压制过程中，物料由于受力而发生弹性变形和塑性变形，因而压坯存在很大的内应力。当外力停止作用后，压坯便出现膨胀现象，称为弹性后效。

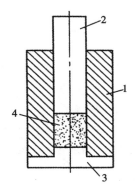

**图 9.1 压制示意图**

1—阴模；2—上模冲；3—粉末；4—下模冲

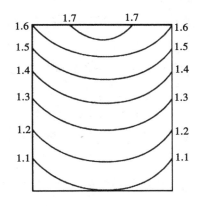

**图 9.2 压块内等密度线分布**

### 9.1.2 压制过程中物料的变化

压粉或糊料在压模内经受压力作用后成为具有一定形状和强度的压块，在大幅度减小颗粒间空隙的同时，物料颗粒发生了位移和变形。

（1）粉粒的位移

粉粒在松装堆积时，由于表面不规则，彼此间有摩擦，颗粒相互搭架而形成拱桥孔洞现象，这种现象叫作拱桥效应。当施加压力时，粉粒体内的拱桥效应遭到破坏，粉末颗粒彼此充填空隙，重新排列位置，增加接触面。粉粒的位移如图 9.3 所示。

（a）粉末颗粒　　　（b）粉末颗粒　　　（c）粉末颗粒　　　（d）粉末颗粒　　　（e）粉末颗粒因粉碎
　　的接近　　　　　　的分离　　　　　　的滑动　　　　　　的转动　　　　　　而产生的移动

**图 9.3　粉末位移的形式**

（2）粉粒的变形

压块变得较密实的原因是物料不但发生了位移，还发生了变形。物料被压制时，为使物料发生变形，必须使物料内的剪应力达到一定数值（或称为流动极限应力，用 $\sigma_s$ 表示）。$\sigma_s$ 的大小与糊料中粉末颗粒的特性、黏结剂的特性及黏结剂的用量有关。当物料在变形过程中受到各方面的力时，$\sigma_s$ 只与绝对值最大和绝对值最小的剪应力有关，$\sigma_s = \sigma_{max} \sim \sigma_{min}$。一般来说，挤压的糊料的 $\sigma_s = 1.8 \sim 2.5$ MPa，模压的压粉的 $\sigma_s = 2.0 \sim 2.9$ MPa。

粉粒变形的情况有以下三种：

① 弹性变形：外力卸除后，粉粒形状可以恢复。

② 塑性变形：压力超过粉粒的弹性极限，外力卸除后，粉粒变形后不能恢复原形。

③ 脆性断裂：压力超过粉粒的强度极限后，粉粒发生粉碎性破坏，脆性断裂。

粉粒变形如图 9.4 所示，压力增大时，颗粒发生变形，由初期的点接触变成面接触，因此接触面积增大。随着压力的增大，颗粒的形状由球形颗粒变成扁平形，直至粉碎。

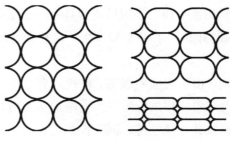

**图 9.4　压制粉末时的变形**

### 9.1.3 压粉及糊料的塑性与流动性

压粉或糊料的塑性对成型的影响很大，塑性越好，成型时所需压力越小，压坯密度越大，机械强度越高。但塑性太高，压坯容易产生变形，成品机械强度反而降低。物料的塑性大小可以用公式量度：

$$\beta = \frac{\rho_2 \sigma_{压}}{\rho_1 P} \tag{9.1}$$

式中，$\beta$——塑性指标；

$\rho_1$——压形后生坯的密度，$g/cm^3$；

$\rho_2$——物料的松装密度，$g/cm^3$；

$P$——制品成型时的单位压力，MPa；

$\sigma_{压}$——生坯的抗压强度，MPa。

糊料的塑性与物料的塑性、黏结剂的软化点高低、加入量、成型温度等有关。

### 9.1.4 成型过程中的"择优取向"与压坯的组织结构

对于非球形不等轴颗粒的固体物料，在压力的作用下，颗粒的自由移动具有取向性。在静压力作用下，粒子截面较大的面将处于垂直于作用力的方向；移动时，粒子截面较大的面又将与移动方向一致（图9.5）。因此，在压制过程中，非球形不等轴颗粒便先沿着粒子的长轴方向运动如图9.6中a所示，最终发生偏转，使长轴方向与压制力垂直，自然地处于力矩最小的位置如图9.6中b所示。这种不等轴颗粒受到压力作用时产生的自然排列现象称为"择优取向"，因此制品具有各向异性。颗粒的"择优取向"取决于两个因素：

① 不等轴程度（程度越大取向越明显）；

② 颗粒移动的行程（行程越长取向越充分）。

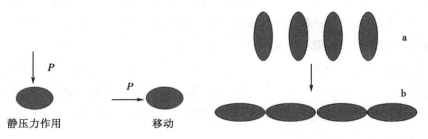

图9.5 颗粒的受力方向　　　　图9.6 层面方向与成形压力方向垂直

### 9.1.5 压坯的强度

压坯的质量可以用强度、密度、孔隙率等质量指标进行评价，其中压坯的强度直接影响了最终制品的好坏。比如预焙阳极的强度不高，会造成在铝电解生产中的阳极掉渣事故，带来较大的经济损失。

压坯的密度随着成型压力的增加、孔隙减小而逐渐增大。同时，由于粉末颗粒联结力作用的结果，压坯的强度也逐渐增大。压坯的强度体现在下面三方面：

① 由于粉末呈现不规则形状，颗粒在位移和变形的同时相互作用（包括楔住和钩链），从而形成粉末颗粒之间的机械啮合。粉末颗粒形状越复杂，表面越粗糙，则粉末颗粒之间彼此啮合得越紧密，因而压坯的强度越高。

② 粉末颗粒表面原子之间的吸引力。当粉末颗粒受到强大外力作用时，颗粒紧密接触，当表面原子进入引力范围之内时，粉末颗粒便由引力作用而联结起来。

③ 对于表面带黏结剂的颗粒，黏结剂的黏结作用使颗粒之间联结起来，黏结剂的黏度越高，其对于压坯的强度贡献越大。例如炭质骨料和煤沥青黏结剂的作用使材料形成一个整体。

## 9.2 模压成型

### 9.2.1 模压成型基本概念

将一定量的糊料或压粉装入具有所要求的形状及尺寸的模具内，然后从上部或下部单向加压，也可以从上下两个方向同时加压的方法，称为模压成型法。在压力作用下，糊料颗粒发生位移和变形，颗粒间接触表面因塑性变形而发生机械咬合和交织，将糊料压实成压块（图9.7）。

模压法适用于压制长、宽、高三个方向尺寸相差不大，要求密度均匀、结构致密的制品，如电机用电刷，电真空器用石墨零件、密封材料等。按照制品的配方和工艺要求不同，模压分为冷压和热压两种；按照压制方向不同，又可分为单面压制和双面压制两类。

模压成型时，糊料颗粒间、糊料与模壁间会发生摩擦，导致压块内压力分布不均匀,这是造成压块密度分布不均匀的因素。压块愈厚,这种不均匀现象愈严重。采用双面压制或压制时附加振动,可以减小这种不均匀性。

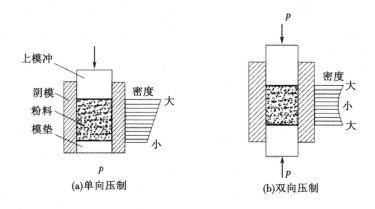

(a)单向压制　　　　　　(b)双向压制

**图 9.7　模压成型示意图**

## 9.2.2　模压成型设备

　　模压成型主要采用立式油压机或水压机(图 9.8)。其工作原理是利用液体的压力能来传递能量。当高压液体进入工作缸后,对主柱塞(上活塞)产生很大的压力,推动主柱塞、活动横梁和上冲头运动,使上冲头对模内物料进行压制。保压后,高压液体回流,同时主柱塞退回至原位。

　　小型的立式模压机的总压力有 1,2,4 MN 等,大型的立式模压机的总压力有 2000 万 N 或更大。一台立式模压机的主要部件包括上机座、下机座、立柱、加压柱塞和柱塞液压缸。加压柱塞和柱塞液压缸可以装在上部或下部,分别从上部或下部加压。还有上下都有加压柱塞和柱塞液压缸的双向压机,以便实施双向模压。为了提高大型立式模压机的生产效率,可以在压机上安装回转工作台。回转工作台上有若干个同样尺寸的成型模,分别处于加压成

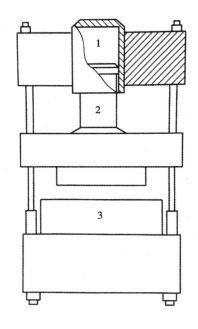

**图 9.8　立式模压机示意图**

1—柱塞液压缸;2—加压柱塞;3—工作台面

型、装料、脱模及移位等工序，使生产连续进行。

压型常用的立式液压机分为四柱式万能液压机(图9.9)和框架式液压机(图9.10)。四柱式万能液压机工作空间宽敞，便于四面观察和接近模具，且工艺简单，但其承受载荷能力较差；而框架式分液压机的框架可以是整体焊接或整体铸钢，抗弯性能较好。

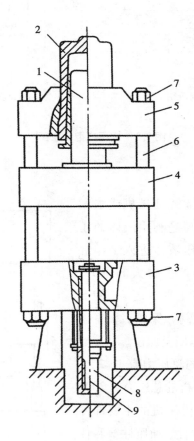

图9.9  2.0MN 液压机构造

1—工作柱塞；2—工作缸；3—工作台；4—活动横梁；

5—上横梁；6—立柱；7—螺母；8—顶出缸；9—顶出柱塞

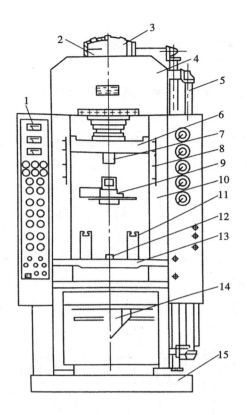

**图9.10　1.25MN粉末制品液压机**

1—操纵控制箱；2—主柱塞；3—主缸；4—上横梁；5—油管；

6—活动横梁；7—上冲头；8—导轨；9—加料装置；10—机身支架；

11—模具支架；12—下冲头；13—下工作台；14—下游缸；15—机座

### 9.2.3　模压成型工艺

#### 9.2.3.1　模压成型力学原理

（1）压块密度与压力的关系

在压力作用下，随着颗粒的位移和变形，压块的相对密度随压力增加而提高（图9.11），呈现规律性变化。通常把这个过程共分为三个阶段。

第1阶段为 $AB$ 段，在起点 $A$ 处，糊料尚未受到压力（$P=0$），颗粒处于松散的堆积状态。各个颗粒的排列是不规则的，互相堆叠，颗粒间呈"架桥"现象，而形成较大空隙。此时只要施加轻微振动，就能使颗粒密实一些。当柱塞开始加压后，颗粒发生位移，较小颗粒填充较大颗粒间的空隙，空隙减少，颗粒间的接触很快就趋于紧密，架桥现象消失。在这一阶段，压力稍有增加，压块的密度就增加很快。

第2阶段为 BC 段，若柱塞继续加压，颗粒继续发生位移，由于压块进一步紧密，糊料内呈现一定的阻力。在这一阶段中，压块密度与所施压力成比例地增大。但由于颗粒间的摩擦阻力也随压力和接触表面的增大而上升，当密度达到一定值时，虽然压力继续增加，密度的增加却逐渐变慢。

第3阶段为 C 点以后，压力进一步增加，压块密度不再增加，此时颗粒发生较大的变形，在这一阶段压块各部分的密度渐趋均匀。

虽然在压制过程中，这三个阶段不可缺少，在实际模压过程中，它们并不是截然分开的。由于压块受力不均匀，存在应力集中点，糊料内各颗粒大小、形状以及所处位置不相同，有的颗粒可能在较低压力下就开始变形，还有些颗粒在高压下才开始变形，当大部分颗粒已发生塑性变形时，还在继续滑动。

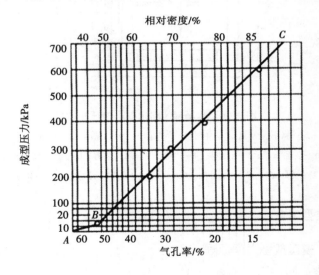

**图 9.11　压块的相对密度与压制压力的关系**

在不考虑摩擦力损失的条件下，模压成型过程可用它的第二阶段来代表，即压块的气孔率（或密度）随压力的变化情况。压块气孔率的降低与所受压力成正比，可用式（9.2）来表达：

$$\frac{-\mathrm{d}r}{\mathrm{d}P} = Kr \tag{9.2}$$

式中，$r$——压块的气孔率，%；

　　$P$——成型压力，MPa；

　　$K$——糊料压型常数。

将式(9.2)积分，则得到：

$$\ln r = -KP + A \tag{9.3}$$

式中，$A$——积分常数。

设成型开始时($P=0$)，压块的气孔率为$r_0$；压力为$P$时，压块的气孔率为$r_p$，则得到：

$$\ln r_p = -KP + \ln r_0 \tag{9.4}$$

或

$$P = \frac{1}{K}\ln\frac{r_0}{r_p} \tag{9.5}$$

压制性常数$K$一般由试验来确定。用式(9.5)可以确定压制一定密度制品时所需的单位压力。

(2)模压制品的密度分布规律

压坯的密度分布，在高度方向和横断面上都是不均匀的。压制品在压制时，由于内、外摩擦力的影响，存在着压力损失，因此，生制品的各部位密度分布不均匀且具有如下规律：

① 受外摩擦力的影响，生制品的体积密度随着离开柱塞的距离增加而下降，呈现上密下疏的现象。

② 受内摩擦力的影响，生制品的体积密度随着离模具中心距离增加而降低，呈现内密外疏的现象。

③ 由于加料不均匀，糊料流动性不好，会出现在加料多的地方体积密度增大的现象。

图9.12为单向压制条件下所得生制品的体积密度分布曲线。在与上冲头相接触的压坯上层，密度和硬度都是以中心向边缘逐步增大的，顶部的边缘部分密度和硬度最大。在压坯的纵向层中，密度和硬度沿着压坯高度从上而下降低。但是，在靠近模壁处，由于外摩擦的作用，轴向压力的降低比压坯中心快得多，以致压坯底部的边缘密度比中心的密度低。由于模壁对粉末的摩擦阻滞，中间的密度层面均呈弯曲，且弯曲层面随压坯厚度和压紧程度的增大而增大。为减少密度分布的不均匀，可以采取以下措施：① 在糊料中加入润滑剂，

如石墨粉、蒽油等，采用粗糙度高的模具，以减小摩擦系数；② 改进糊料内颗粒的粒度组成及颗粒形状；③ 模具的高度与直径之比($h/D$)尽量采用小的，一般情况下，圆柱形 $h/D$ 小于1，管状 $H/(D-d)<3$，并采用双向压制的方法（如图9.13）。

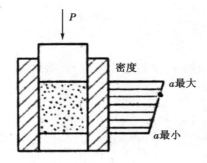

图9.12　单向压制模压成型的产品密度沿高度方向的分布

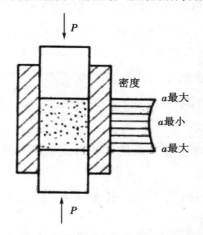

图9.13　双向压制成型产品密度沿高度方向的分布

（3）侧压力

压粉在压模内受到上冲头（阳模）的压力后，向模内各个方向流动并传递压力，压力作用于模壁时，模壁就会给压坯（粉）一个大小相等方向相反的作用力。我们把压制过程中由垂直压力所引起模壁施加于压坯的侧面压力，称为侧压力。

如图9.14所示，从处于垂直压力（$P_T$）作用下的压块中取出一个正立方体来加以分析，在压力下糊料颗粒的位移，使它向水平方向（$x$ 轴和 $y$ 轴方向）胀大，但是立方体四周被柱塞和模壁包围，使它不能胀大，这就是与水平胀力相等而方向相反的侧压力($P_R$)。

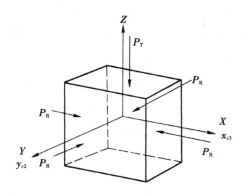

**图 9.14　侧压力示意图**

以小立方体在 $y$ 轴方向的情况为例。小立方体在 $y$ 轴方向受到垂直压力的作用而产生膨胀，其值与它的泊松比($\nu$)和垂直压力($P_T$)或侧压力($P_R$)成正比，与它的弹性模量($E$)成反比，即得到：

$$\Delta l_{y1} = \nu P_T / E \qquad (9.6)$$

同时，$x$ 轴方向的侧压力也使压坯在 $y$ 轴方向膨胀，其膨胀值为：

$$\Delta l_{y2} = \nu P_R / E \qquad (9.7)$$

另外，$y$ 轴方向的侧压力($P_R$)会引起小立方体沿 $y$ 轴方向收缩，其值为：

$$\Delta l_{y3} = P_R / E \qquad (9.8)$$

实际上，小立方体受到周围糊料和模壁限制，在 $y$ 轴方向并未膨胀或收缩，即 $\Delta l_{y1} + \Delta l_{y2} = \Delta l_{y3}$，所以沿 $y$ 轴方向的膨胀与压缩相抵消，因此得到：

$$\frac{\nu P_T}{E} + \frac{\nu P_R}{E} = \frac{P_R}{E} \qquad (9.9)$$

整理后得到：

$$\frac{P_R}{P_T} = \frac{\nu}{1 - \nu} = \xi \qquad (9.10)$$

式中，$\nu$——压坯材料的泊松比；

　　$\xi$——侧压力 $P_R$ 与压制压力 $P_T$ 之比，称为侧压力系数。

$\xi$ 的值取决于压制条件、压块大小和所用糊料的压制性能，当这些条件固定时，$\xi$ 为常数。设计压模与计算糊料和模壁间摩擦力时，都要用到侧压力系数。含黏结剂的炭素压粉的侧压力系数在 0.4 ~ 0.85 内。

（4）糊料与模壁间的压力损失

在模压成型时，糊料在压力作用下运动，这时，糊料与模壁间产生摩擦。摩擦力愈大，则消耗压力愈多，也使糊料内各部分受力不均匀。摩擦损失与压制压力、侧压力系数 ξ 及糊料与模壁间的摩擦系数成正比，而且随着压块高度增加而增大。也就是说，当侧压力沿着压坯高度逐渐减小时，侧压系数也随之减小，距离柱塞愈远处的摩擦损失愈大，所受压力愈小。

### 9.2.3.2　模压成型压坯的组织结构

炭素粉料的形状不是球形，而是立方体、多角形和长条形，即不等轴粒子，都具有长轴和短轴。成型时粒子的择优取向造成制品的层状分布结构，但成型方法不同，制品的层面排列的方向也不同。

压粉在模内受到压力作用产生移动、变形而逐渐密实，粒子移动时，长轴方向与移动方向一致，此时阻力最小。当达到一定的密度时，粒子的位移量减小，粒子在压力方向的作用下产生转动，使长轴方向垂直于压力方向，表现出层状结构，如图 9.15 所示。

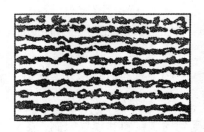

**图 9.15　模压成型制品层状结构示意图**

此外，距离上冲头端面距离相等的面上压力是近似相等的，因此在此层面上粒子的分布基本相同。随着距上冲头端面距离的增加，层面间距也增加，其密度下降。

### 9.2.3.3　弹性后效及其减轻方法

在压制过程中，当除去压制压力并把压坯推出压模之后，由于内应力的作用，压坯发生弹性膨胀，这种现象称为弹性后效。弹性后效的大小用压块体积膨胀的百分数来表示：

$$\delta = \frac{\Delta l}{l_0} \times 100\%\qquad(9.11)$$

式中，$\delta$——压块膨胀率，%；

$\Delta l$——压块高度或直径的线膨胀值，cm；

$l_0$——压块原来的高度或直径，cm。

导致弹性后效的原因是压制中颗粒的弹塑性变形产生的弹性内应力。而弹性后效的结果是，压制力消除后弹性内应力的松弛释放导致颗粒间结合的断裂，形成较大裂纹，造成裂纹废品的产生。这种现象有时在脱模时立即产生，有时在放置一段时间后才产生，因此，为了防止生制品在焙烧前开裂，应尽快将其装炉焙烧。实验证明，模压制品在高度方向上的弹性膨胀大于它在直径方向上的膨胀，这是因为模压制品在高度方向所受压力大于它在直径方向所受的侧压力，使在高度方向上所表现的应力更为集中。

针对弹性后效产生的原因，可以采取以下方法减轻弹性后效：

① 提高糊料的可塑性，应使混捏温度不宜过高，混捏时间不宜太长，掌握好黏结剂的加入量。

② 在最高压力下保压 2～3 min，或使压力从低到高分成 2～3 段加压，可使颗粒充分移动，结合比较紧密，压块的密度与强度增大，从而减小弹性后效。

③ 减慢加压速度也可以起到降低弹性后效的作用。

④ 压型时附加振动，可以消除颗粒间架桥现象和密度不均的现象，从而减小弹性后效。

⑤ 双向模压也有利于减小弹性后效。

### 9.2.4　模压成型操作及控制

模压成型分为冷模压和热模压，还有介于两者之间的温模压（糊料用红外线照射加热到 60～70 ℃后再模压）。生产预焙阳极主要用热模压，生产电炭产品和冷压石墨一般采用冷模压。热模压生产预焙阳极的主要工序如下：

① 适当冷却混捏后的糊料，将定量的糊料加入成型模内。

② 双向加压，压力为 14.7～29.5 MPa，达到规定压力保持 2～3 min，有助于减少脱模后的弹性后效。对于压制过程中的压力，可以采用控制表压力或限位开关控制柱塞的压制行程。表压力可以根据工艺规定的单位压力和压模尺寸按式(9.12)计算。

$$P_{\mathrm{g}} = \frac{S_{\mathrm{b}} P_{\mathrm{b}}}{S_{\mathrm{A}}} \tag{9.12}$$

式中，$P_g$——表压力，MPa；

$\qquad S_b$——压块的横截面积，$cm^2$；

$\qquad S_A$——液压机主缸截面积，$cm^2$；

$\qquad P_b$——压块单位截面积上所承受的压力。

③ 卸除压力后，用下柱塞头把压块顶出。

### 9.2.5 提高模压成型产品质量的方法

① 采用多次加压的工艺可提高冷压产品的密度，即每次加压后提起柱塞，等数秒钟后再加压（再次加压时压力比前次稍大）。

② 加压过程要缓慢进行，不能形成冲压，以利于制品内部密度的均匀化。

③ 生产预焙阳极等大规格制品时，在压力下保持 $2\sim3$ min，有助于减小脱模后的弹性后效，但延长加压时间对小规格制品作用不大。

## 9.3 挤压成型

挤压成型法是指使糊料在压力作用下通过一定形状的模嘴发生塑性变形和被压实，成为具有规定断面或一定长度的生坯。它是一种生产效率比较高的成型方法。

在炭素制品成型生产中，挤压法应用最为广泛。它具有成型生产效率高、压出制品轴向密度分布比较均匀、产品质量均匀、生产量大、用途广的特点。挤压成型法是炭素生产企业，尤其是电极生产企业首选的成型生产方法之一，适用于生产长条形的棒状或管状制品、长方形的产品，如炼钢用电极、各种炭棒、电解用炭板、化工设备用不透性石墨板。

### 9.3.1 挤压成型设备

在炭素制品生产中，挤压成型设备按原理分为油压机和水压机两种，按照结构可分为卧式和立式两种。目前，卧式电极挤压机使用较为广泛，下面简要介绍两种卧式电极挤压机。

9.3.1.1  3000 t立捣卧压成型机

（1）结构

3000 t立捣卧压成型机如图9.16所示。该成型机主要由成型机主体（包括主缸、柱塞及拉回装置、料缸压紧装置、料缸及倾翻装置、原料充填装置、预压板与升降装置、压嘴支持轧辊、前部机架、共用底座、横柱）、真空脱气装置、杂酚油喷涂装置、成型压嘴、油压装置和电气控制装置组成。

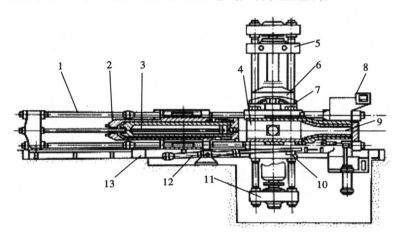

**图9.16  3000 t立捣卧压成型机**

1—回程缸部分；2—主缸部分；3—真空排气阀；4—料室；5—活动横梁；
6—压式真空罩；7—机架上部轴孔；8—前梁与挡架；9—嘴型与快速夹紧；
10—机架下部轴孔；11—托板缸；12—旋转油缸；13—机座部分

（2）主要技术参数

3000 t立捣卧压成型机的挤压能力为3000 t；主油缸行程为3980 mm；副缸回程力为90 t；料缸尺寸为直径1300 mm×3300 mm；压盘油缸压紧力为50 t；压盘油缸行程为820 mm；充填油缸充填压力为180 t；充填油缸行程为1450 mm；预压板油缸压力为11 t；预压板油缸行程为1650 mm；高压油泵压力为32 MPa；低压油泵压力为14 MPa；主油缸前进速度为5.5 mm/s；主油缸加压前进速度为2.8 mm/s；主油缸后退速度为45 mm/s；压盘油缸前进速度为100 mm/s；压盘油缸后退速度为120 mm/s；充填油缸上升速度为90 mm/s；充填油缸加压时上升速度为46 mm/s；充填油缸下降时速度为75 mm/s。

（3）使用特点

3000 t立捣卧压成型机每个动作都是由油压系统控制来实现的，具有以下

特点:

① 装糊料的料缸可通过夹紧装置与压嘴连成一体进行挤压操作,也可以通过旋转装置将料缸从水平位置变成垂直位置,进行加料机捣固。

② 料缸在直立位置多次加料(通常为三次),并有专门设计的立式压实装置进行捣固。

③ 设置的抽真空装置在预压、挤压过程中都可抽气,使包围在糊料中的烟气排出,以提高制品的性能。

④ 压制出的生制品达到规定的长度时,由剪刀装置自动剪切。

#### 9.3.1.2　卧式固定料室电极挤压机

卧式固定料室电极挤压机示意图如图 9.17 所示。它由下列部件组成:

① 主柱塞和主柱塞液压缸;

② 装糊料的料室;

③ 可以更换的挤压模嘴;

④ 位于主柱塞液压缸两侧的副柱塞和副柱塞液压缸;

⑤ 压机前部固定架、切刀装置和挡板;

⑥ 压出生制品的接收台、冷却辊道和水槽;

⑦ 冷却糊料的凉料机。

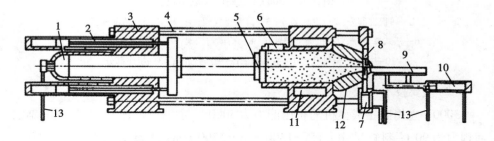

**图 9.17　卧式固定料室电极挤压机示意图**

1—主柱塞液压缸;2—副柱塞;3—后部固定架;4—横柱;5—柱塞头;6—进料口;

7—挡板液压缸;8—前部固定架;9—接收台;10—移动接收台的液压缸;

11—加热装置;12—挤压嘴;13—高压水管

### 9.3.2　挤压成型工艺

#### 9.3.2.1　挤压成型过程

图 9.18 为挤压成型示意图,挤压过程可分为三个阶段:

第1阶段是捣固预实阶段，凉好的糊料分批下入料室内，并依次在8～10 MPa压力下捣固压实，排除糊料中的大部分气体，使糊料得到初步的压实。

第2阶段是预压压实阶段，进入糊缸的糊料，在压型嘴子前面的挡板挡住的情况下受压，使糊料充分地排除气体，达到密实。同时使各部分糊料受力均匀，从而得到具有一定密度、结构均匀的制品。

第3阶段是挤压阶段，糊料经预压后将预压压力撤除，降下挡板并重新加压，糊料发生塑性变形，从圆弧变形的挤压嘴中被挤出，成为所需要的制品。

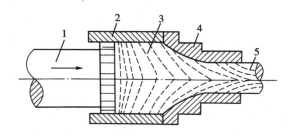

**图9.18 挤压成型示意图**

1—柱塞；2—料缸；3—糊料；4—挤压嘴；5—压出制品

挤压时糊料经嘴口挤出时，粒子的长轴方向与运动方向一致，此时运动阻力最小。另外，糊料的流动近似液体，横截面上速度分布呈抛物线分布。挤压成型的层状分布如图9.19所示。

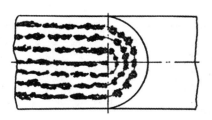

**图9.19 挤压成型制品层状结构示意图**

### 9.3.2.2 挤压成型原理

（1）摩擦力与挤压力的相互作用

糊料在挤压过程中，物料与模壁间以及物料颗粒间存在着内、外摩擦力。这种摩擦力形成了对挤压力的反作用力，正是这种反作用力的存在使糊料产生密实作用。内摩擦力的大小取决于颗粒特性、黏结剂的性质和配入量以及成型时的温度等因素。不同压力下的糊料内摩擦系数见表9.1。

**表 9. 1** 不同压力下的糊料内摩擦系数

| 挤压时压力/MPa | 糊料温度/℃ | 内摩擦系数($\mu$)/($\times 10^{-5}$) | | |
| --- | --- | --- | --- | --- |
| | | 黏结剂为硬沥青 | 黏结剂为中沥青 | 硬沥青加0.5%油酸 |
| 5. 7 | 120 | 16. 40 | 7. 66 | 10. 95 |
| 11. 3 | 120 | 7. 30 | 5. 50 | 7. 50 |
| 17. 0 | 120 | 6. 75 | 4. 05 | 4. 40 |
| 22. 6 | 120 | 5. 25 | 2. 38 | 4. 34 |
| 28. 3 | 120 | 4. 30 | 2. 00 | 4. 00 |
| 5. 7 | 90 | 236. 0 | 19. 10 | 41. 20 |
| 11. 3 | 90 | 116. 0 | 12. 0 | 25. 0 |
| 17. 0 | 90 | 90. 40 | 6. 80 | 15. 1 |
| 22. 6 | 90 | 74. 0 | 4. 80 | 9. 70 |
| 28. 3 | 90 | 48. 0 | 4. 50 | 9. 0 |

外摩擦力的大小既与模嘴的结构形式和结构尺寸有关，也与黏结剂的性质及摩擦面的温度有关。图 9.20 为当模嘴结构一定时，外摩擦系数与沥青黏结剂的软化温度及糊料温度之间的关系。若摩擦力太小，将使糊料在小的挤压力下成型，而不能达到理想的密实程度。若内、外摩擦力太大，将使挤压力加大，增加设备负荷，同时使生制品内产生较大的内应力，易产生内、外裂纹，以致影响产品质量。另外，还应避免内、外摩擦力之间相差太大；否则，压型时易使制品内外密度不均匀，而形成同心壳层结构的废品。

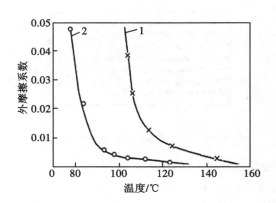

**图 9. 20 外摩擦系数与沥青黏结剂的软化温度及糊料温度之间的关系**

1—硬沥青；2—中温沥青

（2）物料在挤压过程中的转向

挤压过程中颗粒转向情况如图 9.21 所示。当糊料到达压嘴喇叭部分时，原本与挤压力 $P_1$ 垂直的扁平颗粒受到斜面方向来的压力 $P_2$ 的作用而转向，转为与 $P_2$ 垂直。当颗粒到达压嘴部分时，受到压力 $P_3$ 的作用而进一步转向，使颗粒扁平面与 $P_3$ 垂直。颗粒的两次转向，促使糊料内粒度分布及黏结剂的分配均匀，提高了糊料的塑性，增加了制品的密度，也使制品的结构成为各向异性。

由于糊料具有流动性，在一定的压力下，一切可以自由移动的粒子都有以其较宽、较平的一面垂直于作用力的方向的性能，也就是粒子能自然地处于力矩最小的位置。

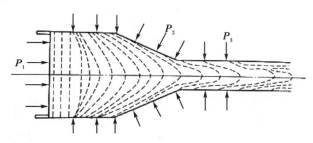

**图 9.21　挤压过程中颗粒转向情况**

（3）挤压制品的变形程度

设料缸的截面积为 $F$，压嘴出口处的截面积为 $f$，则变形程度 $\delta$ 可表示为：

$$\delta = \frac{F - f}{F} \times 100\% \tag{9.13}$$

若 $\delta = 0$，即 $F = f$，表示压嘴无喇叭部分，压块基本保持预压时形成的结构；若 $\delta$ 很小，即 $F \approx f$，表示压嘴的喇叭形部分很少，糊料变形不能深入中心，生块密实程度低，成为表面层紧密而内层疏松的壳层结构；若 $\delta$ 过大，将使生制品的内应力大，压出后易变形或开裂，而且会影响设备能力的发挥。在炭素制品生产中，一般采用 $\delta = 85\% \sim 94\%$。变形程度用压缩系数来表示比较方便，$k = f/F$，所以一般情况下，$k = 1/16.7 \sim 1/6.6$。

### 9.3.3　挤压成型操作及控制

#### 9.3.3.1　挤压成型工序

挤压成型的工艺过程可分为凉料、装料、预压、挤压和冷却五道工序。

（1）凉料

混捏好的糊料温度达到130～140℃，并含有一定数量的气体，所以混捏后的糊料要先进行凉料。凉料的温度及凉料的均匀程度对挤压成型的成品率有很大的影响。常用的凉料机有圆盘凉料机（图9.22）和圆筒形凉料机（图9.23）。凉料操作包括从混捏锅向凉料机内投糊料和凉料的过程，分自动和手动操作，通常采用自动操作。糊料凉料质量与糊料的黏结剂用量、混捏出锅温度、糊料的塑性等有关。如果糊料的黏结剂用量较大，凉料时间适当延长，温度稍低才能加入料室；而当糊料的黏结剂用量较小时，则凉料时间可缩短，较高温度下即可加入到料室。

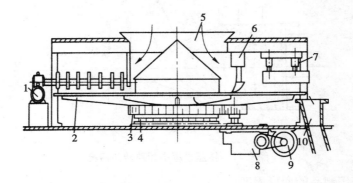

**图9.22　圆盘式凉料机示意图**

1—电动铲块装置；2—可转动的圆盘；3—大齿轮；4—大型平面滚珠；5—进料口；

6—固定翻料铲；7—气动卸料装置；8—减速机；9—电动机；10—出料口

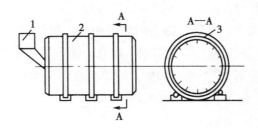

**图9.23　圆筒式凉料机示意图**

1—加料口；2—筒体；3—刮料翅板

（2）装料

先将凉料机圆盘边缘处温度较低的糊料装入压料室，后装温度较高的中间部分，以便减少前后下料的温度差。挤压成型是装一次料，压出一批产品。立捣卧式挤压成型机在装料过程中或装料完成时需进行填充压实，防止料缸放置水平时，料从料缸中倒出。

（3）预压

当一批料全部装入料缸并放置水平后，先对糊料加压，预压压力达到要求后再保持 1～3 min 完成预压。预压的目的是使糊料中的气体充分排出，并使挤压时压力均衡，以提高生坯密度。预压过程主要的工艺参数包括时间和预压力。因大规格制品生产的压缩比小，挤压压力相对较低，因此预压时间应该比小规格制品长一些；而小规格产品压缩比大，糊料压出压力高得多。预压力也不是越大越好，当预压压力太大，且超过固体原料的颗粒强度时，会引起糊料内颗粒材料的破裂，破坏原来的粒度组成并形成新的断裂面，就会使产品内部产生裂纹，反而会降低产品的强度。预压过程中可以对料缸抽真空，以充分排出糊料中的烟气，减少气孔，增大密度。

（4）挤压

预压结束后，将挡板落下，再次启动高压泵，使糊料从压嘴挤出。挤出压力的大小取决于糊料的塑性状态、压嘴的结构、压缩比，以及压嘴各部分的温度、挤压速度等因素。一般制品的压制压力在 20～22 MPa。为了保证糊料处于好的塑性状态，以利于挤压成型，料缸、压嘴必须保证适当的温度，料缸、压嘴一般采取蒸汽、导热油和电加热。但炭块达到设定的长度时，挤压停止，进行炭块剪断动作，此时真空脱气用泵停止。炭块剪断后，主柱塞启动，继续挤压。

（5）冷却

刚挤出来的生制品的温度都高出其软化温度，特别是外表高出较多，所以挤压出的生制品必须马上淋水冷却，以防止制品弯曲或变形。冷却时间应根据产品直径的大小、季节的不同而不同。大型制品须在水槽中冷却 3～5 h，小型制品冷却时间为 1～3 h。冷却水槽的水温，夏天应低于 30 ℃，冬天应高于 10 ℃。

### 9.3.3.2　挤压成型的技术条件

以预焙阳极成型为例，挤压成型过程中需控制的工艺技术条件主要有：凉料时间为 10～15 min；凉料温度为（110±5）℃；预压压力为 15 MPa；预压时间为 30 s；真空脱气负压为 -26 664.48～66 661.2 Pa；挤压压力为 65±30 MPa；挤压速度为 3～8 格；压嘴先端部温度为 140～160 ℃；压嘴中间部温度为 110～130 ℃；压嘴喇叭部温度为 85～105 ℃；预压板温度为 85～105 ℃；料缸温度为

50 ℃；炭块冷却时间（水温20 ℃），大规格制品为3~5 h，小规格制品为2~4 h。

### 9.3.3.3 挤压成型压力大小的影响因素

挤压压力的大小取决于糊料的塑性、挤压变形程度、料室的装料量、挤压速度、生制品横截面积形状和压嘴结构。

（1）糊料的塑形

糊料的塑性越好，糊料对料室壁和挤压模嘴壁的摩擦阻力越小，挤压压力也就越低。但糊料的流动性过大，会导致挤出的毛坯在自重下变形，所要求的糊料塑性应该使挤压出的毛坯不会变形，而且也不因塑性过小而使用过大的挤压压力。

（2）挤压变形程度

当挤压变形程度增加时，糊料通过模嘴所需压力要增加，相应地，挤压压力也就大了。

（3）料室中糊料数量

料室中糊料数量愈多，它与料室及挤压嘴壁的摩擦阻力愈大，所需挤压压力也愈大。随着挤压的进行，糊料逐渐减少，挤压压力也随之下降。

（4）挤压速度

由于只有作用于主柱塞上的变形力超过糊料的流动极限才能推动糊料，因此，糊料的挤压速度越快，所需变形力越大，则挤压压力也越大。

（5）生料制品横截面形状

圆形截面具有较小的边长和平滑的外形，因此具有较小的摩擦表面和阻力，所需挤压压力较小。而方形和异形界面都具有较大的摩擦面，故需要较大的挤压压力。

（6）模嘴的结构及其表面状态

压嘴圆弧部分的最佳顶角为45°，高于或低于该角度都会增大挤压压力。压嘴的直线定型部分为压嘴全长的1/3~1/2，增加定型部分长度，会显著增大挤压压力，而毛坯密度增加不显著。

挤压成型与模压成型两种压型方法对制品的影响见表9.2。

**表9.2** 压型方法对坯料特性的影响

| 特性 | 挤压成型 | 模压成型 |
|---|---|---|
| 体积密度/(g·cm⁻³) | 1.64 | 1.75 |
| 电阻率/(μΩ·cm)∥、(⊥) | 860、(1620) | 960、(1320) |
| 各向异性比(⊥/∥) | 1.88 | 1.38 |
| 线胀系数/(×10⁻⁶·℃⁻¹)∥、(⊥) | 1.1、(4.1) | 1.9、(3.2) |
| 各向异性比(⊥/∥) | 3.70 | 1.68 |
| 弹性模量/(kg·mm⁻²)∥、(⊥) | 126.2、(53.5) | 95.4、(65.9) |
| 各向异性比(⊥/∥) | 2.40 | 1.45 |
| 抗弯强度/(kg·cm⁻²)∥、(⊥) | 35.3、(2067.8) | 3214.4、(2704.8) |
| 各向异性比(⊥/∥) | 1.45 | 1.25 |

#### 9.3.3.4 挤压制品质量的影响因素及改进方法

（1）糊料塑性

若糊料塑性好，则易于成型，可用较小的挤压压力，弹性后效小，产品不易开裂；若塑性不好，则散渣，糊料间黏结性差，必须加大挤压压力，生制品弹性后效大，易出现裂纹。

改善糊料的塑性方法首先是保证适量的黏结剂，控制适宜的混捏温度和足够的混捏时间，以使骨料与黏结剂均匀混合；其次加入适量的石墨碎，降低糊料间的摩擦力。

（2）温度制度

① 下料温度。若下料温度太低，糊料发硬，挤压力增大；若下料温度太高，糊料间黏结力减弱，易产生裂纹。一般多灰制品的下料温度为115～125 ℃，少灰糊料的下料温度为110～120 ℃。大规格制品下料温度略低，小规格制品下料温度偏高。

② 料室温度。料室温度过高，糊料表层温度升高，会降低表层糊料的黏结力，使裂纹废品率增多；若料室温度过低，糊料温度下降，可塑性变差。

③ 模嘴温度。合适的模嘴温度可使生制品表面光滑，减少裂纹废品。模嘴温度过高，会使糊料表面变软，降低糊料间的黏结力，容易产生横裂纹和生制品接头断裂；模嘴温度太低，会增大摩擦力，糊料内外层压制速度相差太大，产生分层。

（3）糊料状况与预压

糊料内各部分的温差不应超4 ℃，糊料内的干料、油块、硬块等都应除去。

这样才能使糊料在压型时正常流动，保证生制品顺利挤出。预压能使糊料紧密，提高制品质量。预压压力对不同产品理化性能的影响见表9.3。

表9.3　　　　　　　　预压压力对不同产品理化性能的影响

| 预压压力/MPa(预压 1.5 min) | | 14.7 | 24.5 |
|---|---|---|---|
| 体积密度/(g·cm⁻³) | 生制品 | 1.62 | 1.68 |
| | 焙烧品 | 1.55 | 1.58 |
| 焙烧品气孔率/% | | 21.5 | 19.2 |
| 抗压强度/MPa | | 28.6 | 29.0 |

适当提高糊料的预压压力，可以增加体积密度，降低气孔率及提高抗压强度。但预压压力也不是愈高愈好。若预压压力过大，超过了原料颗粒的强度，会引起原料颗粒的破裂，打乱原来配料时的粒度组成，并产生未能为沥青润温的颗粒断面，反而降低了机械强度，严重时会使生制品内部产生裂纹。

（4）模嘴

模嘴出口端内壁尺寸要比成品所要求的尺寸略大。为了保证制品质量均匀和弹性后效较低，挤压直径或截面大的制品时，模嘴应当长一些。模嘴变形部分的圆弧半径愈小，糊料通过挤压模嘴的阻力愈大，但若圆弧半径过大，将会失去挤压作用而影响制品的质量。此外，模嘴内壁表面光滑，模嘴结构对称性好，过渡部位圆滑、平整。

9.3.3.5　挤压生坯产生的废品

挤压成型工艺受诸多因素影响，在生产过程中若控制不当，很容易产生废品。废品的种类包括：裂纹、麻面、弯曲变形、表面粘料、长度不合格、结合界面废品和碰损等。废品产生的原因可能是多方面的，一般可根据生产经验判断。

# 9.4　振动成型

振动成型是利用振动机组使模具内的糊料在强烈振动过程中致密及成型。振动成型可以生产出大尺寸的长方形产品，以及长、宽、厚三个方向尺寸相差不大的粗短制品，还有不适合挤压法生产的异型制品，如铝电解槽用大规格阳极、高炉用炭块等。振动成型设备结构简单，投资少，已经成为生产铝用炭素制品及炭质电极、石墨电极的主要成型设备之一。但此法生产效率较低，噪声较大。

### 9.4.1 振动成型设备

振动成型设备按照工位的数量,可分为多工位振动成型机和单工位振动成型机;按照振动台位的不同,可分为转台式、滑台式和固定台式;按照振动台激振旋转轴的数量,可分为单轴和双轴振动成型机。

国内常用的有固定台式单轴和双轴振动成型机及三工位回转台振动成型机。振动成型机主要结构包括振动台、加压装置、成型模具、脱模装置、加料和称量装置。现代化的振动成型机组还增加了定量装料机构和真空吸气装置。

典型的双轴振动台振动成型机结构如图9.24所示,它有一对方向相反、同步旋转的振动器,每个振动器由两段相同尺寸的旋转轴并通过万向联轴器传动。每一根轴支持在一对装有单列向心球面轴承座上,每一根轴上装有一组振动子。振动子由两片相同尺寸的扇形钢板组成,每片扇形钢板上按照给定位置钻若干个孔,只要调整重合孔的位置,即可调节振动台台面的振幅及激动力的大小。双轴振动台振动成型机各部分结构的功能如下。

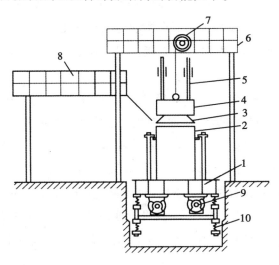

**图9.24 双轴振动台振动成型机示意图**

1—双轴振动台;2—成型模;3—上压盖;4—重锤;5—重锤导向杆;
6—卷扬机平台;7—升降重锤用卷扬机;8—凉料平台;9—振动器;10—减振弹簧

（1）振动台

振动台主要由台、振动器、减振器、万向联轴器和驱动电机等组成。振动台依靠偏心振动子回转时，由于不平衡质量产生的离心惯性力为振动系统提供振动源，从而产生周期性激振力。振动台有单轴振动台和双轴振动台。单轴振动台具有单个偏心振动子，振动器由偏心轴及轴两端的附加配重盘组成，其偏心力矩大小可用配重盘内的扇形铁调整。减振器一般采用压缩弹簧进行减振。由于振动台的强烈振动对机体和建筑物都有危害，因此减振装置必须要有一定的刚度。现已将减振器设计成气囊轮胎式（又称气动弹簧），减振效果好，安装维修方便，噪声小。单轴振动台具有结构简单、负荷较小、稳定性差等特点，因此使用不多。双轴振动台结构合理，稳定性能好，在预备阳极生产中被广泛采用。大吨位双轴振动台每根轴由一台电动机驱动，安全可靠且激振力大，能够做到零振幅启动和停机，避免振动台启动和停机时出现共振现象。在振动过程中通过调节激振力，可控制振实时间和制品的体积密度。向模具内装糊料时，振动台采用较小的激振力，装糊结束时，上部加上压力后再增大激振力。为了提高制品的体积密度和生坯内部结构的均匀性，该振动成型系统的模具和底模采用插入式结构，模具不需要在振动台的台面上固定，而底模板插入模具下部 30 cm 处，因此振实时激振力直接作用于被振实的糊料上。

（2）成型模具

成型模具是生产各种不同规格产品的必要工具。成型模具都是用 8～20 mm 厚的普通钢板切割后焊接而成的。为了便于脱模和保持生坯表面的光洁，成型模四周焊上加热夹套（内通蒸汽或导热油加热）。成型后生坯的脱模有两种方式，对规格不大的圆形立振产品，可从上部将成型模具提起，生坯留在振动台上，此时模具设计成略带斜度（即上部直径略小于下部）；另一种是非圆形产品（如方形或长方形产品），模具设计成对角线能打开的活模（装糊料前用活动螺杆把紧）。成型模的内部尺寸应考虑产品在焙烧和石墨化过程中的体积收缩，比成品的额定尺寸稍有放大。

（3）重锤

振动成型时，在糊料表面放置重锤对糊料表面施加一定的压力，以提高产品密度及缩短振动时间。重锤的大小应根据产品截面尺寸及产品高度来选择，实际生产直径 200～350 mm、长度为 1500 mm 的制品，重锤质量可为 2～4 t；而大规格产品，如截面直径 600～1000 m、高度在 1 m 以内的制品，重锤应达到

6～7 t。

### 9.4.2　振动成型工艺

#### 9.4.2.1　振动成型原理

振动成型时,成型模具固定在振动台上,将糊料加入模具,料面用重锤加上少许压力。利用高速振动(频率 2000～3000 次/分钟,振幅 1～3 min)的振动机组,使糊料处于强烈的振动状态,糊料颗粒在振动下产生惯性力,惯性力由于颗粒质量不同而不同,因而使颗粒界面上产生应力。当这种应力超过糊料的内聚力时,引起糊料颗粒的相对位移。糊料内部空隙不断减小,并在重锤的压力作用下,密度提高,形成外表规整、具有一定密度的生制品。

目前振动台的振动方式有机械振动、电磁振动和超声振动等方式,其中机械振动是主要的方式。机械振动的激振力来源是惯性力,在不平衡质量回转时引起的离心惯性力,其垂直分力和水平分力都在不断变化,因而使物体产生振动。

#### 9.4.2.2　三工位成型机的工作过程及特点

多工位振动成型机多用三工位振动成型机。三工位振动成型机由转动装置带动模具转动,模具与振动台是安装在一起的,但也可以分离。加料、振实和脱模分别在 3 个工位上进行,这 3 个工位处于同一水平面上,3 个工位之间的夹角为 120°,每一个工位只承担一项功能。生产时,每个工位上都有一个成型模具,当一个工位加料时,另一个工位进行振动成型,还有一个工位进行模具加热、制品的脱模。各个工位在完成一个工作任务后转到下一个工位工作,3 个工位周期性、连续操作,全过程可实施自动化控制。1 台这样的三工位振动成型机组年产预焙阳极生坯约 4～6 万吨。三工位振动成型机的工作特点如下:

① 三工位振动成型机属间歇式成型,但其加料、振动成型、脱模推出等工序可同时完成,可提高产能。

② 工位回转机构及振动器既有驱动装置,又有模具夹紧装置、重锤提升装置等,结构相对复杂。

③ 模具与振动台是联体,但模具又可与振动台分离,便于脱模。

④ 要求控制系统要精确,定位要准确。

⑤ 振动成型的重锤比压即每单位面积受压面的压力数。重锤的比压分三种规格,小规格为 0.1 MPa,中等为 0.15～0.25 MPa,大规格为 0.1～0.15 MPa。对于截面大而不高的产品,重锤的比压可选小一些;对于细长的产

品，重锤的比压应选大一些。

### 9.4.2.3　振动成型工艺特点

（1）黏结剂用量比

在振动成型中，需要克服的糊料内摩擦力及糊料对成型模具的外摩擦力的力要比挤压成型小得多，对糊料塑性要求低，所以生产同一规格产品时，黏结剂的用量比挤压成型减少 3% ~6% 。

（2）激振力与振幅

激振力激发振动，克服被振动物体的全部质量。当振动频率一定时，被振动物体的惯性力随振幅大小而变化，振幅越大，所需的激振力越大。当选用较高的频率时，振幅可以适当降低。

（3）振动时间

振动成型是间歇式生产，振动时间根据制品规格来确定。比较适合的振动时间是：

① 小规格制品：其细长比不太大，重锤比压又较大，振动时间为 3 ~4 min；

② 中等规格制品：振动 5 ~6 min；

③ 大规格制品：如果制品比较高，应振动 8 ~10 min；如不太高可振动 6 ~8 min。

（4）表面比压

立振时，对于截面大而又不太高的生坯，上部表面比压可小一些。对细长生坯，上部表面比压可大一些。

（5）模具的加热

成型模具是成型机制造时按照制品的大小进行设计。在生产过程中，为生产稳定和保证制品质量，在糊料进入模具生产前要对模具进行加热。一般模具的加热有两种方式：

① 在制造模具时将模具制造成夹套形式，将热媒油或蒸汽通入夹套对模具进行加热。

② 用电加热方式对模具进行加热。用电加热的方式可以采用电加热管安装在模具四周进行加热；也可以生产前用电加热器自模具内部加热，主要用于产能高，模具能保持住温度，使成型能保持一定温度的前提下使用。

（6）振动频率及振幅

振动频率与驱动电机转速有关。一般振动台频率为 2000 ~3000 次/分钟。

改进型振动成型机频率一般为 1200～1700 次/分钟,正常使用频率为 1300 次/分钟。电机的转速一般用 1500 r/min,通过变频调速实现频率调节和控制。

### 9.4.3　振动成型操作及控制

#### 9.4.3.1　振动成型操作

① 在加料前,把模具固定好并加热到 130～140 ℃,抬起重锤,使之与模具相距 300～400 mm,在模具内壁涂上一层润滑油(机油与石墨粉的混合物)。

② 开动电机使振动台振动,振动频率为 2000～3000 次/分钟,振幅为 0.5～1.5 mm,待振动台运转正常,往模具内加入糊料(温度在 130 ℃左右),边加边振动。

③ 模具内加满糊料后,放下压盖,落下重锤,当重锤不再下沉时,停止振动。

④ 将模具就地倒下,或吊到近处脱模,且迅速用水冷却,检查。

阴极炭块的振动成型工艺采用阴极振动成型机,阴极振动成型机采用振动加压的方法,应用调幅振动台,避免了振动过程中发生共振的现象,实现了二次振动,即小振动力预振、排气,大振动力振动成型,从而得到较高体积密度且密度均匀一致的炭块。振动成型设备运转平稳,成型炭块质量稳定、可靠。成型机带驱动振动台和可调节模具,模具更换方便,更换不同模具可生产不同规格的阴极炭块,最大块尺寸为 900 mm×600 mm×3600 mm。

#### 9.4.3.2　振动台的安装注意要点

① 振动器前后旋转轴的不同心度和相邻轴的不平行度均不得大于 1.5 mm。

② 万向连轴器的端部与振动器旋转轴的齿式连轴器间应留有足够的空载间隙(一般 20～30 mm),否则满载可能会"挤死"。

③ 振动器轴承座的紧固螺钉必须锁紧,以免发生事故。

④ 安装轴承时最好涂上黄油,并保持在有效容积的三分之二以内,以防止轴承运转发热。

⑤ 滚珠轴承外径与轴承座内径配合不宜过紧,一般按滑动配合,滚珠轴承两端与压盖接触处应有 0.5～1.0 mm 间隙。

⑥ 同步齿轮箱的水平中心线在空载时,应比振动器的水平中心线略低,其数值为减振弹簧总变形量的一半。

#### 9.4.3.3　振动台的使用要点

① 在振动台开车前,应仔细检查各部润滑是否良好,紧固件是否松动,转动系统是否灵活;

② 振动台在运转中必须平稳,各传动部分温升不得超过允许值,振动器轴承座和齿轮温度分别以 80 ℃和 85 ℃为限;

③ 非工作期间,不得任意空台运转,以免破坏设备;

④ 齿轮箱、振动器轴承必须定期拆洗换油,万向连轴器的十字头、滚珠轴承必须每半年加一次油,齿轮连轴器每日工作前均应加润滑油;

⑤ 台面框架的型钢节点处如有裂纹,应及时补焊,以防止裂纹扩展。

#### 9.4.3.4 影响振动成型产品质量的因素

振动成型产品的质量受振动的频率和振幅、振动时间及上部表面比压等几方面因素的影响,也与糊料的黏结剂用量及温度有关。

(1)干料粒度组成

采用较细颗粒配方较采用粗粒配方振动成型得到的产品的体积密度较大,孔度较小,抗压强度稍高。虽然这种产品结构比较致密,但颗粒组成较细的配方生产的产品在焙烧及石墨化过程中产品出现裂纹的机会多,成品率低一些。

(2)黏结剂用量

糊料中黏结剂量偏少时,糊料发干,塑性差,不易成型。糊料中沥青用量合理时,大多数颗粒呈散粒状,并有少量的团块,加入模具后,糊料的流动性较好,成型后产品密实程度较高。但如果糊料中的黏结剂量过多,糊料中会形成较多的大团块,此时糊料的流动性较差,不利于振动成型,且成型后的产品密实度也较差。一般情况下,振动成型生产预焙阳极的沥青配比为 14% ~ 16.5%。

(3)模具的温度

模具温度影响振动成型产品的表面粗糙度,模具温度高,产品表面比较光洁。如下料时糊块温度不均,可通过模具的热量将糊料全部加热到软化状态,使糊料温度和模具温度相匹配。如下料温度为 130 ℃左右,模具温度也应达到此温度,如能再高出 5 ~ 10 ℃则更好,这有利于减少糊料对成型模壁的摩擦力。当成型上部形状比较复杂的产品时(如顶面带导电杆塞孔的大型预焙阳极),直接压在料面上的压帽也应当设法加热。

(4)振动时间

振动成型属周期性生产,每一个生产周期包括加料、振动、脱模等操作过程。振动占生产周期的一半或一半以上时间,每种规格的产品都应选择一个合适的振动时间,以保证产品质量,并使设备的生产效率比较高。振动成型经常采用的操作方法是一边振动一边加料,待加料到成型模上口齐平(或测量到指定高度）时即下降重锤，重锤压在料面上继续振动。振动开始时间从重锤下降到接触料面时算起。为了研究产品密实过程（由重锤不断下沉程度间接观察）与振动时间的关系，测定了双轴振动台的不同产品振动时间与重锤下沉程度的关系，如图9.25所示。

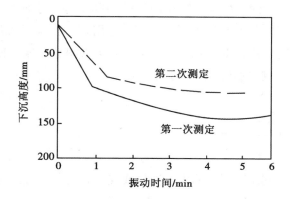

（a）以无烟煤为主体生产炭块的糊料

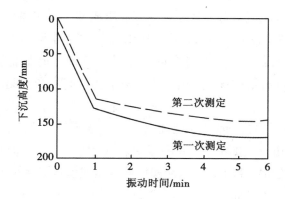

（b）以石油焦为主体生产石墨电极的糊料

**图9.25　振动时间与重锤下沉高度的关系曲线**

（5）重锤比压

重锤比压对提高产品密度及缩短振动时间有明显的影响。形状细长的产品所用的重锤比压应该比"矮胖"的产品大一些，这是因为炭糊料对压力的传递能力较差，特别对形状细长的产品，如重锤比压较小，重锤压力自上而下衰减，中下部的产品密实度就会受到影响。

（6）激振力与振幅

不同物料、不同规格的产品振动成型应选用不同的激振力和振幅。激振力的大小由克服被振动物体(包括振动台、成型模和糊料的全部重量,反共振弹簧的预紧力等)重量的惯性力决定。被振动物体重量越大,惯性力也越大,因此生产小规格产品的小型振动台所需的激动力比较小,而生产大规格及特大规格产品的大型振动台所需的激动力较大。

在振动频率一定时,被振动物体的惯性力随振幅大小而变化,振幅越大,激振力越大。从振幅和频率的关系可知,当选用较小振幅时可用较高的频率,而选用较大振幅时可用较低的频率。对于一般炭素制品的振动成型,振幅通常在 1 mm 左右,大一些的产品可提高到 1.5 mm。

# 9.5 等静压成型

等静压成型是利用高压容器内的液体或气体介质对装有糊粉的弹性模具从各个方向均匀加压,使糊料受压成型。

等静压成型分两种类型,即以液体为传递压力介质的液等静压成型和以气体为传递压力介质的气等静压成型。气等静压成型一般在加热状态下进行,又称为热等静压(主要在粉末冶金行业中使用)。生产炭素制品主要用液等静压成型(又称为冷等静压),如生产各向同性制品和各种异形制品,生产细颗粒结构、均质的高密度石墨或各向同性石墨,该工艺具有生产的制品结构均匀、密度高等特点。

20 世纪 80 年代初,等静压成型技术被引入炭素制品生产,先后研制、生产出细颗粒结构的电火花加工用高密石墨块、连续铸钢用结晶器石墨块及更多的高密度特种石墨制品。目前,中国炭素厂等静压成型设备主要是以液体为压力介质的冷等静压成型设备。

## 9.5.1 等静压成型设备

液等静压成型设备主要由弹性模具、高压容器、框架和液压系统组成。弹性模具一般用橡胶或树脂合成材料制作,物料颗粒大小和形状对弹性模具的寿命有较大影响,模具设计是等静压成型的关键技术问题,弹性模具与制品的尺寸和均质有密切关系。高压容器多数是用高强度合金钢直接铸造后经机床加工而成的厚壁金属筒体,足以抵抗强大的液体压力。筒体结构也有多数形式,如双层组合筒体、预应力钢丝缠绕加固筒体等。液压系统由低压泵、高压泵和增压器及各种阀门组成,开始由流量较大的低压泵供油,达到一定压力后由高压泵供油，并由增压器进一步增加高压容器内的液体压力。

液等静压成型设备又分两种类型，即湿袋法冷等静压机和干袋法冷等静压机，图9.26和图9.27为两种冷等静压机的构造原理图及其设备示意图。

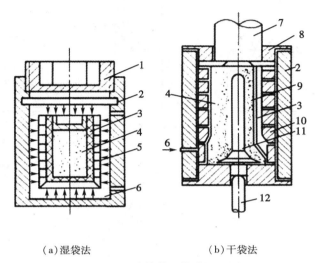

（a）湿袋法　　　　　　　　（b）干袋法

**图9.26　液等静压构造原理图**

1—顶盖；2—高压容器；3—弹性模具；4—粉料；5—框架；6—油液；7—压力冲头；
8—螺母；9—已成型生坯；10—限位器；11—芯棒；12—顶砖器

### 9.5.1.1　湿袋法冷等静压机

湿袋法冷等静压法将模具悬挂在高压容器内，高压容器根据产品尺寸大小可装入若干个模具，适用于生产批量小、尺寸不大、外形较复杂的产品。生产炭素制品主要用湿袋法冷等静压机。图9.27为用于生产特种炭素制品的液等静压机设备系统示意图。

### 9.5.1.2　干袋法冷等静压机

干袋法冷等静压法适用于生产尺寸较大且生产量大的制品。干袋法冷等静压机设备与湿袋法冷等静压机有所区别，它增加了压力冲头、限位器和顶料器，并将弹性模具固定在高压容器内，用限位器定位，因此又称为固定模法。生产时用压力冲头将料粉装入模具内并封闭上口。加压时，液体介质注入容器内和弹性模具的外表面，对模具加压。脱模时不必取出模具，用顶料机构顶出成型后的生坯。批量生产特种耐火材料多用这种等静压设备。

模具应选择耐油耐热的材料，如用天然橡胶制成的模具浸在变压器油内只能使用1~2次，因此以变压器油为压力介质时一般选用耐油性较好的氯丁橡

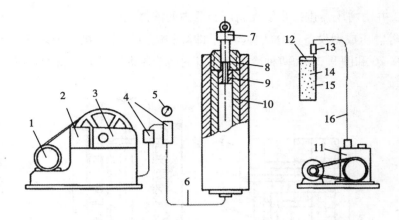

（a）高压泵　　　　（b）高压容器　　　（c）真空泵和弹性模具

**图 9.27　冷等静压成型设备示意图**

1—电动机；2—油箱；3—泵体；4—单向阀；5—压力表；6—高压管路；

7—放压阀；8—螺栓；9—塞头；10—容器本体；11—泵体；

12—橡胶塞；13—注射针头；14—原料；15—橡胶袋；16—真空管路

胶，也可以选用聚氯乙烯塑料薄膜制成模具。

装入模具的原料有多种，如未煅烧过的生石油焦粉末（可不用黏结剂），煅烧过的石油焦粉与沥青混捏成的糊料磨粉后使用，煅烧过的石油焦等磨成粉再与粉状沥青混合后使用。不同的原料及配比可以获得不同的成型效果及不同的物理机械性能。压制圆柱形制品时的模具结构如图 9.28 所示。

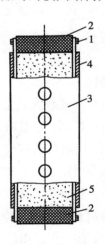

**图 9.28　压制圆柱形制品的模具结构示意图**

1—铁箍；2—橡胶塞；3—带孔的金属套筒；4—塑料（橡胶）模具；5—物料

### 9.5.2　等静压成型工艺

#### 9.5.2.1　等静压成型的工作原理

液等静压成型的基本原理是流体力学中的帕斯卡定律，即在充满液体的封闭容器中，施加于流体中任一点的压力，必以相同的数值传递到容器中的任一部位。

等静压成型工艺是将所需压制的粉状材料装入有弹性的模具中，并将模具口扎紧，带料的模具置于高压容器中，再将高压容器入口封严。加压介质一般为变压器油，用超高压泵向高压容器注入变压器油对模具均匀加压，容器内压力可升至 100~600 MPa，保持一定时间后，逐渐降低压力，排出介质，打开容器入口，卸出模具，从模具中取得所成型的生坯，再进一步热处理(焙烧、石墨化)及机械加工得到所需的成品。

等静压成型过程中物料从周围向中心密实，颗粒运动主要为平动。因各个方向上的力相等，粒子不转动，因此物料在装料时处于杂乱无序的状态，密实后出料仍处于杂乱无序状态，表现为各向同性。等静压成型制品结构示意图如图 9.29 所示。

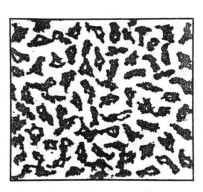

**图 9.29　等静压成型制品结构示意图**

综上所述，成型时形成的结构通过焙烧与石墨化后仍然保留下来，因此，挤压成型、模压成型与振动成型的制品在结构和性能上都是各向异性，等静压成型的制品在结构和性能上都是各向同性。

#### 9.5.2.2　等静压成型的工艺特点

① 压出的生坯密度分布比较均匀，内部结构缺陷较少，这是其他成型工艺无法比拟的。

② 可以生产体积密度受控制的生坯，只要调节液等静压高压容器内的压力，液等静压的压力和生坯的密度成正比。

③ 由于高压容器内的压力比一般挤压成型或模压成型高得多，因此可以进行石油焦粉末的无黏结剂成型。

④ 可以生产形状比较复杂的产品，如可直接压制球状或管状的生坯，压制具有凹形、空心等复杂形状的生制品。

⑤ 能够压制各向同性结构的制品。

但同时等静压成型操作比较费事，生产效率较低，因而生产成本高。另外，等静压成型得到的生坯外形多少有些不规则，必须在焙烧或石墨化后进行机械加工，因此成型时设计的模具尺寸要留出生坯热处理时的收缩余量和加工余量。

### 9.5.3　液等静压成型操作及控制

#### 9.5.3.1　液等静压成型操作

① 装料。将需压制的材料装入成型模具内，装料时应同时振动，使物料在模具内初步密实。

② 模具整形、密封模具口。先用手工对模具适当整形，然后将模具另一端按上橡胶塞，并用铁丝扎紧，防止液体介质侵入。为了使被压物料中的气体能在受压时充分排出，还应在物料中插入排气管，并接真空泵抽气。生产某些球形产品时，应先将粉料用模压法预压成球体，再置入相应尺寸的等静压成型的模具内。

③ 密封容器口。最后把装好粉料的模具置于高压容器中，密封高压容器入口后进行加压。

④ 启动高压泵，将液体介质注入压力容器，并密切注意升压及排气情况。加压应分阶段进行。例如，先将压力升至 5 MPa，保持一段时间，使模具内气体部分排出。此时，因粉料受压而体积收缩，因此高压容器内压力略有下降。以后再次升压至 20 MPa 左右，排出部分气体后粉料体积再次收缩，然后再一次升高压力到所需的工作压力，并在选定的高压下保持 20 ~ 60 min 后再降压。待压力降至常压时，打开高压容器入口后取出模具。还可以采用对高压容器加热的办法升压。因液体受热体积膨胀，加热后压力自动升高，但这种压力自动升高有一定限度。

### 9.5.3.2 等静压成型操作的工艺规律

① 其他条件相同时，等静压成型的加压压力与得到的生坯体积密度成正比关系，压力越大，生坯体积密度越高（当然也有一定限度）。其实验数据见表9.4所示。

表9.4 　　　　　　　　　　　　压力与生坯体积密度的关系

| 配方 | | | 加压压力/MPa | 生坯体积密度/$(g \cdot cm^{-3})$ |
|---|---|---|---|---|
| 焦粉/% | 石墨粉/% | 沥青/% | | |
| 90 | — | 10 | 300 | 1.17 |
| 90 | — | 10 | 150 | 1.14 |
| 90 | — | 10 | 100 | 1.12 |
| 55 | 20 | 25 | 300 | 1.53 |
| 55 | 20 | 25 | 150 | 1.47 |
| 55 | 20 | 25 | 100 | 1.39 |

② 液等静压成型升压过程中，模具内气体排出的多少对生坯体积密度影响很大。如果排气不良，不仅体积密度无法提高，而且在放压及取出生坯后常常发生制品开裂。这是因为保留在制品微孔中的气体具有很高的压力，会使产品胀裂。为了帮助排气而使用真空泵，真空泵的真空度一般应达到96 kPa。

③ 为了获得结构致密的生坯，可以在等静压成型的同时进行加热，使粉料在塑性软化状态下受压。如将粉料先在低压下预压成型，再置于烘箱内加热到一定温度（如70~80 ℃），然后迅速将盛有毛坯的模具放入高压容器内进行加压。

④ 在高压下保持时间的长短对提高生制品的体积密度也有一定的关系。保持高压的时间适当放长一些，有利于提高体积密度。

## 思考题与习题

9-1　炭素制品成型方法有哪些？它们各适用哪些制品的成型？

9-2　模压成型工艺操作是如何进行的？

9-3　模压成型压块密度与压力之间的关系是怎样的？

9-4　卧式挤压机由哪几部分组成？

9-5　挤压成型的工艺流程是怎样的？

9-6　什么是弹性后效？产生的原因和对制品的影响是什么？

9-7　振动成型机有哪些类型？其主要生产哪些生坯？

9-8　生产预焙阳极的三工位转台式振动成型机组是如何运转的？

9-9　模压成型和振动成型工艺的异同点是什么？

9-10　等静压成型的特点和规律有哪些？

# 第 10 章　焙　烧

成型后的生制品在隔绝空气或介质保护条件下，按一定的升温速度进行加热的热处理过程，称为焙烧。焙烧是生坯中的黏结剂煤沥青炭化成沥青焦，将不同粒度的骨料牢固地结合在一起，使炭素制品具有一定的强度和理化性能的工艺过程。通过焙烧，炭素制品具有较高的机械强度、较低的电阻率、较好的热稳定性和化学稳定性，且结构均匀。

## 10.1　焙烧目的

（1）排出挥发分和水分

焙烧时首先排出骨料中的水分，煤沥青黏结剂含有的 13%～14% 挥发分也会随着黏结剂的成焦逐渐排出，然后焙烧后制品的理化指标将显著改善。

（2）黏结剂焦化

焙烧使黏结剂焦化，在骨料颗粒间形成焦炭网格，把所有不同粒度的骨料牢固地连接在一起。相同条件下，焦化率越高，其质量越好。中温沥青的结焦残炭率为 50% 左右，高温（改质）沥青的结焦值在 55%～60%。

（3）固定几何形状

由于黏结剂没有焦化，受热后生制品发生软化，黏结剂出现迁移现象。随着焙烧温度的升高，黏结剂形成焦化网后，制品硬化，即使温度再升高，其形状也不改变。

（4）电阻率降低

在焙烧过程中，随着挥发分的排出，黏结剂发生缩聚反应，生成大的六角碳环平面网，电阻率大幅度下降。生制品电阻率约为 10 000 $\mu\Omega \cdot m$，经过焙烧后降至 40～50 $\mu\Omega \cdot m$，成为良导体。

（5）体积进一步收缩

焙烧后的制品直径收缩 1% 左右，长度收缩 2% 左右，体积收缩为 2%～

3%。

焙烧过程中制品理化指标的变化见表10.1。

表10.1　　　　　　焙烧过程中生制品物理化学性能的变化

| 加热温度/℃ | 挥发分/% | 真密度/(g·cm$^{-3}$) | 体积密度/(g·cm$^{-3}$) | 电阻率/(μΩ·m) | 气孔率/% | 抗压强度/MPa | 重量损失/% |
|---|---|---|---|---|---|---|---|
| 15 | 13.70 | 1.76 | 1.68 | — | 3.06 | 59.9 | — |
| 100 | 13.49 | 1.76 | 1.66 | 16 661 | 5.78 | 47.3 | 0.17 |
| 200 | 13.16 | 1.78 | 1.60 | 14 187 | 11.09 | 31.5 | 2.05 |
| 300 | 11.20 | 1.78 | 1.58 | 9 974 | 13.19 | 28.2 | 3.43 |
| 400 | 6.06 | 1.81 | 1.49 | 5 682 | 17.82 | 15.1 | 7.73 |
| 500 | 1.26 | 1.84 | 1.47 | 2 708 | 20.29 | 21.3 | 9.59 |
| 600 | 0.96 | 1.87 | 1.46 | 1 385 | 21.99 | 34.1 | 9.77 |
| 700 | 0.79 | 1.89 | 1.48 | 177 | 22.08 | 41.2 | 9.89 |
| 800 | 0.60 | 1.92 | 1.49 | 92 | 23.14 | 43.5 | 9.89 |
| 900 | 0.32 | 1.95 | 1.49 | 82 | 23.63 | 42.5 | 10.06 |
| 1000 | 0.28 | 1.96 | 1.50 | 65 | 23.67 | 41.5 | 10.32 |
| 1100 | 微量 | 1.99 | 1.50 | 60 | 23.76 | 41.0 | 10.71 |

# 10.2　焙烧原理

炭素生产用黏结剂一般为煤沥青，组成生制品的骨料已经过1300℃左右的高温煅烧，所以焙烧过程主要是黏结剂煤沥青焦化形成沥青焦的过程。

## 10.2.1　黏结焦的生成

由稠环芳烃分子混合物构成的煤沥青在焙烧时会发生分解、环化、芳构化、缩聚直至成焦等一系列反应。煤沥青的热解缩聚从300℃开始，前期以热分解反应为主，后期以热缩聚反应为主。随着缩合环数增多，稠环芳烃的热稳定性增大，400℃进行中间相炭化阶段，450~500℃半焦形成，此时炭素材料的基本结构雏形已形成，700~750℃形成黏结焦，750℃以后就是结构重排和深度焦化过程。由于煤沥青组成结构的复杂性，其炭化过程也相当复杂。

煤沥青在生坯中的焙烧炭化与煤沥青单独炭化有所差异，主要在于焙烧时煤沥青的热解缩聚是在固体炭质物料颗粒表面进行的，实质上是固体炭质物料与煤沥青的共炭化过程，并且由于焙烧时生坯埋在填充料中，煤沥青的炭化环境也发生了变化，这两方面都有利于促进煤沥青的缩聚反应和提高煤沥青的结焦值。

### 10.2.2　焙烧过程的四个阶段

（1）低温预热阶段

这个阶段明火温度在 350 ℃，制品温度在 200 ℃左右，此时黏结剂软化，制品呈塑性状态，制品未发生明显的物理和化学变化，挥发分的排出量不大，主要是排出吸附水，对制品起预热作用。这一阶段的升温速度要快一些，防止黏结剂迁移造成体积变形。

（2）挥发分大量排出，黏结剂焦化阶段

这个阶段明火温度在 350～800 ℃，制品本身温度在 200～700 ℃。当温度升到 400 ℃以上时，黏结剂开始分解，挥发分大量排出，与此同时，分解产物进行缩聚，形成中间相。当制品温度达到 450～500 ℃时，制品开始硬化，同时体积收缩，形成半焦，导电性与机械强度增加。再进一步加热，半焦转变为黏结焦。如果此阶段升温过快，挥发分急剧排出，热应力会导致制品裂纹的生成，因此，此阶段必须均匀缓慢地升温。

（3）高温烧结阶段

这个阶段明火温度达到 800～1100 ℃，制品本身温度达到 700 ℃以上，黏结焦化过程基本结束，炭素制品的理化性能进一步提高，内外收缩逐渐减弱，真密度、强度、导电性能都增强。在高温烧结阶段，升温速度可以适当加快一些，当达到最高温度后保温 15～20 h，这是为了缩小焙烧炉内水平和垂直方向的温差。

（4）冷却阶段

冷却时，降温速度可以比升温速度稍快一些，但冷却过程温度下降太快，会引起产品内外收缩不均产生裂纹废品，也会对焙烧炉炉体带来不利影响。因此，冷却降温速度控制在 50 ℃/h 为宜，到 800 ℃以下可使其自然冷却，一般到 400 ℃以下方可出炉。

## 10.3　焙烧工艺制度

焙烧温度曲线的合理性和焙烧温度的精确控制对提高生制品质量有着重要的作用,在节能降耗和延长焙烧炉寿命方面也有着较好的效果。

焙烧过程是通过一个从升温到降温的温度制度的实行来完成的,焙烧工序开始前必须制定一个合理的焙烧曲线,使反应进程按一定的速率来进行。

### 10.3.1　升温曲线

生制品的加热温度制度用温度和时间的关系曲线(即升温曲线)来表示,也可以用表格来表示。制定焙烧升温曲线需要考虑以下几点因素:

(1)根据制品在焙烧过程中的物理化学变化制定焙烧曲线,遵循"两头快,中间慢"的原则

焙烧曲线应该与煤沥青挥发分的排出速率和煤沥青焦化的物理化学变化相适应,这是制定焙烧曲线的理论根据。一般来说,低温软化阶段升温速率要快,中温挥发分大量排出阶段升温速率要慢,高温阶段可加快升温速率,这样有利于提高焙烧品的质量和成品率。

(2)根据制品的种类和规格制定焙烧曲线

对于不需要石墨化的炭制品(如预焙阳极和炭块等),焙烧温度应高一些(1300 ℃左右);对于需要石墨化的制品,焙烧温度可稍低一些(1200 ℃左右);而对于炭电阻棒等电阻率要求大的制品,则焙烧温度为1000 ℃即可。

大规格制品截面大,焙烧时内外温差大,易产生裂纹废品,升温速率应放慢,因此焙烧曲线要长一些;小规格制品焙烧曲线则相反。

(3)根据炉型结构和尺寸制定焙烧曲线

为了使炉室内各部位温差尽可能缩小,制定焙烧曲线时必须考虑炉型结构和尺寸。例如,对于大尺寸炉箱的环式焙烧炉,为减少各部位的温差,升温速率应适当放慢,焙烧最终温度适当提高或保温时间适当延长;对于安装高温搅拌风机的隧道窑或车底式炉,由于各部位温差较小,因此可采用更为经济的焙烧曲线。

同一炉室炭坯合理搭配时(如下层装大规格生坯,上层装小规格炭坯),焙烧曲线可适当短一些;反之,同一炉室上下均为大规格生坯,焙烧曲线应长一

些。

（4）根据生坯的压型方式和生坯性能制定焙烧曲线

对于模压成型、振动成型和等静压成型制备的生坯，由于其体积密度相对挤压成型生坯要高一些，因此焙烧曲线应适当缩短。

对于同规格制品，生坯体积密度大的升温速率应慢些，体积密度小的升温速率可快些。

黏结剂用量大的制品升温速率可快些，以防止生坯的软化变形；黏结剂用量小的制品升温速率可慢些，以减少裂纹废品的产生。

生坯中骨料的锻烧程度不好，焙烧曲线要相对长一些。

骨料粒度大，升温速度可慢些，曲线长一些；骨料粒度小，升温速度可快些，曲线短一些。

（5）根据填充料的种类制定焙烧曲线

用烘干后的冶金焦和河沙分别做填充料焙烧炭坯，由于河沙堆积密度大且热导率高，因此要采用升温较慢的焙烧曲线，否则会影响焙烧成品率。

### 10.3.2 焙烧最终温度的确定

生制品黏结剂煤沥青的焦化在 650～700 ℃已基本完成，但加热到 700 ℃以上，焙烧品的真密度进一步提高，焙烧品的体积收缩仍在进行，同时机械强度、导电性和导热性继续有所提高，800 ℃后体积收缩基本稳定下来。因此，为了保证后序工序的成品率，焙烧最终温度定为不低于 800 ℃（制品实际受热温度），这样焙烧品在石墨化炉内就能顺利地进行高温热处理。但由于焙烧炉温度场的不均匀，炉内各部位温差较大，因此，目前工业生产中最终焙烧温度一般控制在 900～1000 ℃（此时火道温度达到 1100～1300 ℃）。

在大型焙烧炉中，不可能直接测定制品周围的温度，而只能测定炉盖下的燃气温度。但是炉盖下和焙烧箱上下各点之间存在着较大的温度差，在炉盖下温度达到最高温度后，延长保温时间，有利于焙烧箱内温度的均衡。大型焙烧炉需保温 20 h 以上，小型焙烧炉需保温 8～12 h。

### 10.3.3 焙烧出炉温度

焙烧后出炉温度应该低一些为好。直径 300 mm 的焙烧品出炉温度不应高于 200 ℃。目前，环式焙烧炉的出炉温度在 400 ℃以下。

### 10.3.4　常用的焙烧曲线

① 带盖环式焙烧炉常用的焙烧曲线一般为 280，300，320，360 h，最常见的 320 h 和 360 h 焙烧曲线见表 10.2 和表 10.3。

表 10.2　　　　　　　带盖环式焙烧炉 320 h 9 室运行焙烧曲线

| 温升阶段 | 温度范围/℃ | 温升速度/(℃·h⁻¹) | 持续时间/h |
|---|---|---|---|
| 1 | 130~350 | 4.4 | 50 |
| 2 | 350~400 | 1.7 | 30 |
| 3 | 400~500 | 1.4 | 70 |
| 4 | 500~600 | 2.0 | 50 |
| 5 | 600~700 | 4.0 | 25 |
| 6 | 700~800 | 5.0 | 20 |
| 7 | 800~1000 | 6.7 | 30 |
| 8 | 1000~1250 | 10 | 25 |
| 9 | 1250±25 | — | 20 |
| 合计 | — | — | 320 |

表 10.3　　　　　　　带盖环式焙烧炉 360 h 9 室运行焙烧曲线

| 温升阶段 | 温度范围/℃ | 温升速度/(℃·h⁻¹) | 持续时间/h |
|---|---|---|---|
| 1 | 130~350 | 4.4 | 50 |
| 2 | 350~400 | 1.7 | 30 |
| 3 | 400~500 | 1.1 | 90 |
| 4 | 500~600 | 1.7 | 60 |
| 5 | 600~700 | 3.3 | 30 |
| 6 | 700~800 | 5.0 | 20 |
| 7 | 800~1000 | 6.7 | 30 |
| 8 | 1000~1250 | 8.3 | 30 |
| 9 | 1250±25 | — | 20 |
| 合计 | — | — | 360 |

② 车底式炉焙烧曲线见表 10.4、表 10.5。

表 10.4 车底式炉一次焙烧曲线

| 温升阶段 | 温度范围/℃ | 温升速度/(℃·h⁻¹) | 累计持续时间/h |
|---|---|---|---|
| 1 | 室温 ~ 325 | 25 | 12 |
| 2 | 325 ~ 600 | 8 | 46 |
| 3 | 600 ~ 800 | 13 | 61 |
| 4 | 800 保温 11 h | — | 72 |
| 5 | 800 冷却至 250 | 14.5 | 110 |

表 10.5 车底式炉二次焙烧曲线

| 温升阶段 | 温度范围/℃ | 温升速度/(℃·h⁻¹) | 累计持续时间/h |
|---|---|---|---|
| 1 | 室温 ~ 170 | 5 | 24 |
| 2 | 170 ~ 240 | 1 | 116 |
| 3 | 240 ~ 430 | 1.4 | 240 |
| 4 | 430 ~ 520 | 2.6 | 275 |
| 5 | 520 ~ 850 | 3.0 | 384 |
| 6 | 850 保温 24 h | — | 408 |
| 7 | 850 冷却至 250 | 12.5 | 456 |

# 10.4 焙烧炉

焙烧炉是对炭素制品进行焙烧热处理的热工设备。目前,我国广泛用于焙烧工序的炉窑有倒焰窑、隧道窑、车底式焙烧炉、电气焙烧炉和环式焙烧炉等,其中最常用的是环式焙烧炉。几种主要焙烧炉的优缺点比较见表 10.6。

表 10.6 几种常用焙烧炉的优缺点比较

| 优缺点 | 隧道窑 | 环式炉 | 倒焰窑 |
|---|---|---|---|
| 优点 | (1)炉体结构比较简单,基建投资少;<br>(2)连续生产,生产效率较高;<br>(3)焙烧温度较均匀,产品质量稳定;<br>(4)易于实现机械化、自动化;<br>(5)热效率较高;<br>(6)容易操作,劳动强度小;<br>(7)操作环境好 | (1)连续生产,生产效率较高;<br>(2)产品质量稳定;<br>(3)热效率比倒焰窑高;<br>(4)装出炉易于机械化;<br>(5)焙烧升温控制调节方便 | (1)炉体结构简单,辅助设施少,投资省;<br>(2)在工艺操作方面灵活性大 |
| 缺点 | (1)技术要求高;<br>(2)用钢材量大 | (1)炉体结构复杂,辅助设施多;<br>(2)基建投资大;<br>(3)厂房结构要求高;<br>(4)炉室内垂直、水平温度差较大,影响产品质量;<br>(5)炉室隔墙易变形,空心砖眼易堵塞 | (1)间歇生产,生产效率低;<br>(2)热效率低;<br>(3)劳动条件差;<br>(4)一般只适用于中小规格制品生产 |

## 10.4.1 焙烧炉的共同特点

在焙烧过程中都有大量的挥发分排出,其中一部分在炉内燃烧,为炉子提供大量的热量,而另一部分则进入烟道和净化系统。

炭素制品在高温下因黏结剂软化而变形,接触空气还会氧化。因此,生制品无论装入何种焙烧炉内,都要在制品周围填塞填充料(冶金焦或砂),用以保持制品的外形,并隔绝空气防止制品氧化。而制品焙烧所需的热量主要通过先行加热的填充料传递给制品,其加热方式采用间接加热。

## 10.4.2 环式焙烧炉

### 10.4.2.1 环式焙烧炉的类型及特点

环式焙烧炉分为带盖式和敞开式,两种炉型比较见表10.7。前者在加热期间和冷却初期要用炉盖把炉室盖严,使炉室密封,炉盖和炉室之间的空间是走烟气的通道,有时燃料也在此处燃烧,故不盖上炉盖,炉子就无法运行。带盖环式炉还可分为有火井和无火井两种结构,火井是燃料的燃烧室和烟气通道。

无火井带盖环式焙烧炉没有火井，燃料在炉盖下面的空间燃烧，而以中间隔墙内的上升火道来替代火井的通道作用。

敞开式环式炉没有炉盖，炉室在运行期间都是不加盖敞开的，燃料燃烧和烟气流动都在密闭的火道内进行。敞开式环式炉主要用于预焙阳极的生产，生产石墨电极和阴极炭块则多采用带盖环式焙烧炉。

环式焙烧炉是由若干个结构相同的炉室首尾串联组合呈双排布置的环形炉，其共同特点是装生制品的炉室是固定的，而对炉子供热的火焰系统则是周期性移动的。其还有以下特点：

① 多个炉室串联连续性生产，低温炉室用高温炉室的废烟气加热，热利用率高；

② 不受产品规格、种类的限制，适用于各种炭素制品的焙烧；

③ 产量大，制品生产质量好；

④ 炉体结构复杂，辅助设施多，维修量大，生产周期长。

表 10.7　　　　　　　　带盖和敞开环式焙烧炉比较

| 序号 | 项目 | 敞开式 | 带盖式 | 备注 |
|---|---|---|---|---|
| 1 | 上下温差/℃ | 250 | 50 | |
| 2 | 焙烧品合格率/ % | 94 | 99 | 阴极 |
| 3 | 吨产品能耗 | 160 | 80 | 每立方天然气 |
| 4 | 填充料消耗 | 少 | 多 | 主要氧化损失 |
| 5 | 行车 | 5 | 20 | 吨 |
| 6 | 投资 | 低 | 高 | |
| 7 | 操作 | 便利 | 麻烦 | |
| 8 | 维修 | 少 | 频繁 | |
| 9 | 产品适应性 | 好 | 不好 | |
| 10 | 砖的品种系数 | 低 | 高 | |

#### 10.4.2.2　带盖环式焙烧炉

（1）带盖环式焙烧炉的结构

带盖环式焙烧炉的结构由焙烧室、废气烟道、炉盖、燃气管道和燃烧装置等组成。有火井式带盖环式焙烧炉的结构如图 10.1 所示。

炉盖一般为耐热铸铁框架、金属骨架，采用轻质耐火砖砌筑，表面涂耐火保温涂料。每个炉盖上有多个孔，分别为燃烧观察孔或喷火孔以及热电偶孔。

燃烧装置采用砌筑喷火嘴或使用燃烧架。燃烧架是用来给炉室加热的可移

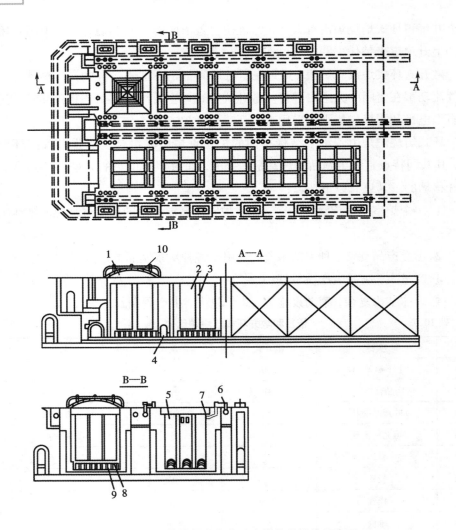

**图 10.1　带炉盖有火井环式焙烧炉结构示意图**

1—焙烧室；2—装料箱；3—装料箱加热墙；4—废气烟道；5—上升火井；

6—煤气管道；7—煤气燃烧口；8—炉底坑面；9—砖墩；10—炉盖

动装置，目前新建焙烧炉加热大多采用燃烧架。燃烧架主要由手动球阀、压力表、压力开关、电动调节阀、电动安全阀、手动调节阀、喷火嘴、架头控制箱、热电偶构成，具体结构如图 10.2 所示。

使用燃烧架的燃烧方式叫顶喷式燃烧，其特点是燃料从喷火嘴射出后与火井底部上冲的烟气相撞，得到均匀混合，燃烧空间扩大，燃烧充分，产生的热量在炉室内得到均匀扩散，既可减轻对火井热冲击造成的损坏，又缩小了炉室

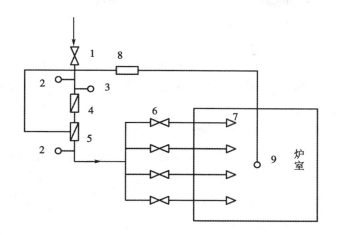

**图 10.2 燃烧架结构**

1—手动球阀；2—压力表；3—压力开关；4—电动调节阀；5—电动安全阀；

6—手动调节阀；7—喷火嘴；8—架头控制箱；9—热点偶

的水平温差。燃烧架向焙烧炉提供燃料示意图如图 10.3 所示。

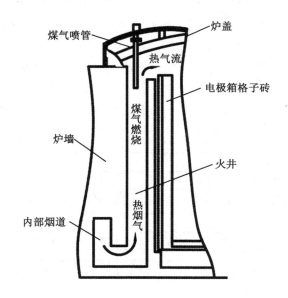

**图 10.3 燃烧架向焙烧炉提供燃料示意图**

　　环式焙烧炉的焙烧室为偶数，分成两排配置，为了减少炉体热损失和便于操纵，一般都砌筑在地平面下。每个焙烧室分成 3 个或 6 个相同尺寸的装料箱。装料箱的四壁由异形空芯耐火砖砌成。装料箱墙与底砌在转墩上。砖墩之间的炉底空间作为焙烧室底部的烟气通道。有火井环式炉在焙烧室一端砌有火井，作为上一个焙烧室的烟气或一次空气流进的上升通道。在焙烧室火井内砌有若干个燃烧喷口。煤气管道分布在每排焙烧室的两侧。使用重油作燃料时，可在炉一侧设炉灶，把重油在灶内燃烧后引进炉内，也可使重油通过空气雾化喷嘴直接喷进炉内燃烧。

（2）带盖环式焙烧炉的运行原理

加热时，燃烧产生的热烟气在负压吸引下，通过垂直火道向下运动，经过焙烧室底部火道流向下一个串联生产的焙烧室，在下一焙烧室的垂直火井内上升到下一个焙烧室炉盖下，依次到最后一个串联焙烧室，并经斜坡废气烟道和废气连通器导入两侧烟道，再经汇总烟道、电除尘、排烟机及烟囱排入大气中。

（3）带盖环式焙烧炉的运行和生产操作

① 装炉。环式焙烧炉装料箱高度在 3.7 m 左右，一般可装 2～3 层制品。为了便于出炉和减少废品，直径 200 mm 以下的生制品应装在上层。装炉温度不高于 60 ℃。炉低铺 10～20 mm 厚的木屑和 50 mm 厚的填充料。生制品应与装料箱壁保持 40～60 mm 距离，产品间保持 10～15 mm 距离。上下层制品间填充料的厚度为 30 mm 左右，在上层产品上面覆盖的填充料厚度应不少于 200 mm，最好能达到 400 mm。

② 炉室运转。以 30 炉室两系统运转焙烧炉为例（图 10.4），带盖式焙烧炉分成两个系统加热，每个系统中包括正在维修或处于准备状态的炉室，以及装炉、加热、带盖冷却、出炉的炉室，有加热炉室 7～9 个，带盖冷却炉室 1.5～2

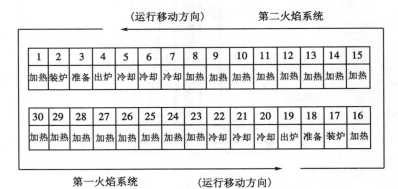

（数字为炉号，炉号对应下表示炉室运行的状态）

**图 10.4　环式焙烧炉运行示意图（30 炉室两个系统）**

个，敞盖冷却炉室不少于 1 个。按照规定的运行时间表，每隔一定时间，有一个装好生制品的炉室进入加热系统，同时有一个已经完成加热过程的炉室离开系统。加热系统就是这样不断向前移动循环生产。

高温焙烧室的废气通过空芯砖砌成的通道，炉底及上升火道（或火井）依次流入正在加热的各焙烧室。根据升温曲线，当热量不够时，可点燃部分燃烧器以补充热量。废气在进入最后两个加热焙烧室（即刚进行加热系统的焙烧室）30 号和 1 号后，经废气联通器进入废气烟道。前后两个炉子进入加热系统的间隔时间，由所采用的升温曲线规定时间及每一个火焰系统中加热炉室的数量来决定。

③炉室冷却之后出炉。出炉温度一般应低于 200 ℃ 或 300 ℃，一般吸一层填充料，取一层块，以免出现倒块现象。用抓斗或风动输送装置，除去覆盖的填充料。然后，当制品露头后，从炉室中取出。再除填充料，露出第二层装炉制品，以此类推。被取出的填充料送到填充料加工处，再加工成合格的产品，重复使用。

出炉的制品清除掉黏附其上的填充料，并用抛光机将制品表面清理干净。然后做定性试验。包括测定灰分、真比重、机械强度、电阻率等。

（4）热工制度

环式炉的热工制度包括温度制度和压力制度。

温度制度应符合两头快、中间慢的原则。环式炉的升温曲线应视产品规格而定，大规格产品应选 400～500 h 的升温曲线，中小规格产品可选 300～400 h 的升温曲线。

环式炉的压力制度主要是控制煤气管的压力和加热焙烧室的吸力。我国带盖环式焙烧炉的压力制度一般规定：煤气支管压力不得低于 49.0 Pa，最高温度焙烧室的负压约 4.9 Pa。

炉温通过调节燃烧供应量、空气量及系统负压来加以控制。助燃空气由冷却炉室进入，当热空气量不足时，可打开炉室两侧的二次空气口，吸入冷空气来补充。负压来源于烟囱和排烟机的吸力。负压通过调节排烟机的挡板和废气连通罩来控制。

（5）环式焙烧炉的焙烧品质量不均匀性

在环式焙烧炉内，由于装料箱较深，同一焙烧室上下温差较大，可达 150～300 ℃，而且上下部位的升温速度也不一样，从而使焙烧室内上层制品由于升温速度快而质量差,即使同一根制品上下两端也会出现焙烧质量不均匀的现象。

为了克服焙烧炉上下温差较大,减少上层制品上端部位升温速度过快的影响,可以采用加厚顶部覆盖填充料厚度的方法。

(6)环式焙烧炉生产能力的计算

环式焙烧炉生产能力与每个焙烧室的装炉量、升温曲线及一个火焰系统包括的加热焙烧室数有关。其月产量可按式(10.1)计算:

$$Q = \frac{TMBn\eta}{t} \tag{10.1}$$

式中:$Q$——月产量,t/月;

$\quad T$——该月的日历小时数,h;

$\quad M$——每个火焰系统中包括的加热焙烧室数,个;

$\quad B$——每个炉室均匀装炉量,t;

$\quad n$——每台炉的火焰系统,个;

$\quad \eta$——焙烧成品率,%;

$\quad t$——所采用升温曲线规定的焙烧时间,h。

### 10.4.2.3 敞开式环式焙烧炉

(1)敞开环式焙烧炉结构

敞开环式焙烧炉结构示意图如图10.5所示,一般有36炉室、54炉室等规格,炉室用横墙隔开,横墙之间是炉室,几条平行的纵向道把炉室分为多个大小相同的料箱。每个炉室一般有7~9条火道,6~8个料箱,每个料箱内立装3层炭块,每层7块。

火道内设有折流墙,使烟气在火道内按照V形或W形做上下曲折的流动。这种流动方式有利于火道内的温度均匀(图10.6)。火道壁的部分砖缝砌筑时应做到能够透气,以使料箱内的制品逸出的挥发分能够透过这些砖缝进入火道内燃烧。火道顶部开有2~4个孔,便于供入燃料、测温测压及观察等操作。

(2)敞开环式焙烧炉的运行原理

敞开环式焙烧炉的一个火焰系统一般由18个炉室组成,其中有3个工作炉室(用于装出炉作业),2个密封炉室,6个加热炉室,7个冷却炉室。火焰系统间应保持相同的炉室间距,火焰系统间距可以通过临时延长或缩短火焰移动周期进行调整。

一个火焰系统配置有1个排风架(ER)、1个温度压力架(TPR)、3个燃烧

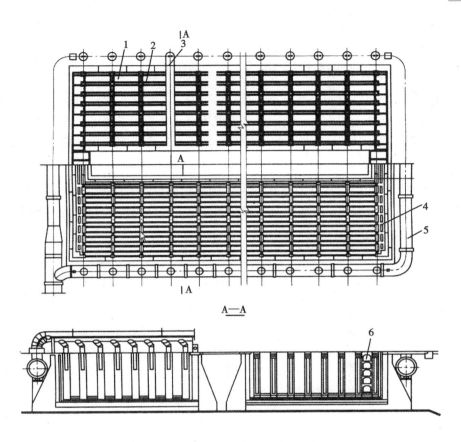

图 10.5 敞开环式焙烧炉结构示意图

1—料箱；2—火道；3—燃烧架；4—连通火道；5—烟道；6—炭块

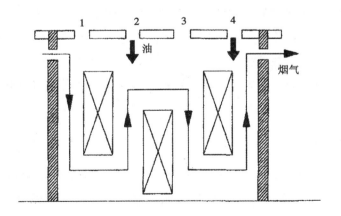

图 10.6 敞开环式焙烧炉火道结构及逆流火焰

架(HR)、1个零点压力架(ZPR)、1个鼓风机架(BR)、1个冷却架(CR)，在排气架(ER)放置炉室沿火焰方向下游的连续两个炉室的火道内放有2排火道挡板，用于阻断气流，使烟气从排气架进入环形烟道内。

生产按照规定的时间作业表来完成，每经过一个燃烧周期炉面上的所有设备都顺次向前移动一个炉室，相应一个装炉炉室进入密封炉室，一个密封炉室进入加热阶段，而一个加热炉室进入冷却阶段，冷却阶段有一个炉室进入出炉作业炉室(图10.7)。

在6个加热炉室中只有4P、5P、6P使用燃料加热，1P、2P、3P利用高温炉室产生的烟气进行预热，冷却炉室采用强制冷却，冷却风经换热作为助燃空气实现热能回收。

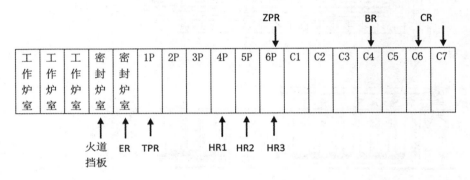

图10.7　敞开环式焙烧炉火焰系统配置图

从以上操作可以看出，在环式焙烧炉的生产操作中既利用了燃烧气体的热量，也利用了正在冷却的炉室散发的余热，故热量的利用率比较合理。在生产循环过程中，制品始终处于静止状态，只是带燃烧系统的火焰架及烟囱抽气装置按生产进程移动，故这种炉又称为移动火焰带的燃烧炉。环式焙烧炉分为三个带：预热带、焙烧带和冷却带，每个炉室都要依次经过烟气预热、焙烧和最后用助燃空气慢慢冷却阶段。

### 10.4.3　倒焰窑

倒焰窑的外形有长方形和圆形两种。炭素厂使用的倒焰窑以长方形窑为多，其特点是：炉体结构简单，辅助设施少，投资成本低，建设快。倒焰窑生产是间歇式的，工艺操作灵活性大，适用于中小型炭素厂进行焙烧热处理，但是其产量低，排出的废烟气一般不再利用，热利用效率低，人工操作，劳动条件差，劳动强度大，一般只适用于中小规格炭坯的焙烧。目前仍被中小炭素厂广泛应用于焙烧炭素制品。

### 10.4.3.1 倒焰窑的结构

倒焰窑由窑膛和窑墙上均匀分布的燃烧室构成（图 10.8）。窑膛由窑底、窑墙及窑顶组成。因采用的燃料（烟煤、煤气、天然气或重油等）不同，燃烧室的结构有所差异。方形窑结构示意图如图 10.9 所示，一座长方形倒焰窑内部可分隔为3~4个装料室，窑体的两侧各有 2~3 个燃烧室。燃烧室由炉膛、炉栅、挡火墙、喷火口等组成。

挡火墙的作用是使火焰具有一定的方向和流速合理地送入窑内，且能防止一部分燃料灰进入窑内污染制品。喷火口的作用是使火焰喷入窑顶和窑中心。一般用煤作燃料，也可以用重油或煤气作加热燃料。高温燃烧气体沿挡风墙自下而上流动，经喷火口进入窑顶空间。在烟囱吸力引导下，热气流自窑顶向下，经过装料室之间的火墙，把热量传给装料室中的制品与填充料。气体先经通道集中到支烟道，再通过主烟道而进入烟囱。

所谓倒焰窑，其名称是由火焰流动情况而获得的。燃烧所产生的火焰从燃烧室的喷火口上行至窑顶，由于窑顶是密封的，火焰不能继续上行，在此情况下，就被烟囱的抽力拉向下行，经过装料室之间的火墙，把热量传给装料室中的制品和填充料。自窑底吸火孔进支烟道、主烟道，由烟囱排出。因为热气体重度轻，总是浮在上面，所以人们习惯把火焰从下到上称为"顺"，而把由上向下流动的火焰称为"倒"，这就是"倒焰窑"称呼的由来。

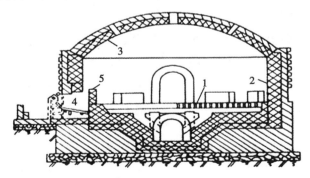

**图 10.8 倒焰窑结构示意图**

1—窑底；2—窑墙；3—窑顶；4—燃烧室；5—挡火墙

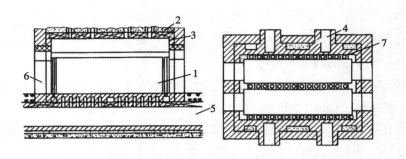

**图 10.9　方形窑结构示意图**

1—窑室；2—窑顶；3—窑墙；4—烧火口；5—烟道；6—窑门；7—上升火道

### 10.4.3.2　倒焰窑的操作

装窑前对窑体进行检查和修补，生制品装入之前先在窑底铺一层约 20 mm 厚的木屑（避免制品与窑底砖粘连），然后铺一层 50mm 厚的填充料（一般为 0~6 mm 的冶金焦，其中小于 0.5 mm 的粉焦不大于 15%）。装进的生制品应垂直于窑底，制品间应保持 60~100 mm 以上的间隔，制品与窑门的间隔应在 100 mm 左右。装料的同时加进填充料，在制品顶部铺填充料，厚度不应小于 200 mm。装进制品时，窑温不应高于 60 ℃，以防产品变形。装窑后砌上窑门。倒焰窑必须按照升温曲线逐步提高窑温。

倒焰窑停火之后，为了减少制品在装运阶段的内外温差，不能立即打开炉门，应让其自然冷却。电极在冷却 80 h（10 个班）左右才出炉。空窑还要冷却 16~24 h，降温至 60 ℃ 以下，才能进行下一个操作循环。

### 10.4.3.3　倒焰窑的选型

目前设计的倒焰窑有 30 t、40 t、50 t 级几个型号，可根据产量进行选型，决定所需台数。倒焰窑的台数可根据公式（10.2）计算：

$$N = \frac{G}{nV\gamma\eta} \qquad (10.2)$$

式中，$N$——所需倒焰台数；

$\quad G$——每年所需焙烧成品的数目，t；

$\quad n$——每台倒焰窑运转次数，次/年；

$\quad V$——倒焰窑的有效容积，$m^3$；

$\quad \gamma$——装炉密度，$t/m^3$；

$\quad \eta$——年平均成品率，%。

倒焰窑的年运转次数 $n$ 取决于运转周期，装炉密度取决于制品规格和装炉方式，成品率则与影响焙烧质量的多种因素有关。

### 10.4.4　隧道窑

隧道窑是现代化的连续式烧成的热工设备(图 10.10)。隧道窑在我国的炭素行业应用首先是从电炭工业中开始的，然后才在小规格的炭素制品中应用，而在生产大规格制品如石墨电极的工厂只作二次焙烧用。由于隧道窑有其独特的优点，所以在新型炭素工业中正日益得到重视并被采用。隧道窑的加热方式是被加热的制品在位置固定的温度带中移动，所以它有以下优点：

① 隧道窑利用逆流原理工作，任何一个截面的温度恒定，故其热损失少。高温气体可以到预热带加热制品，在冷却段制品放出的热也可以利用，热量得到充分利用，有利于节省燃料；较倒焰窑可以节省燃料 50%~60%。

② 制品放在匣钵内，均匀分布在窑车上，可以从各个方向接触热气流，使制品受热均匀，温差较小，焙烧制品的质量稳定。

③ 生产连续化，周期短，产量大，质量高。

④ 节省劳动力。不但烧火时操作简便，而且装窑和出窑的操作都在窑外进行，也很便利，改善了操作人员的劳动条件，减轻了劳动强度。

隧道窑的缺点是建造所需材料和设备较多，因此一次投资较大。对于不同制品必须全面改变焙烧工艺制度；生产技术要求严格；窑车易损坏，维修工作量大等。

**图 10.10　隧道窑热工设备**

#### 10.4.4.1　隧道窑的结构

隧道窑是一条用耐火材料和隔热材料沿纵向砌筑的窑道，由四个部分组成，分别是窑体、窑内输送设备、燃烧设备和通风设备(图 10.11)。窑体包括窑墙、窑顶、窑车衬砖；窑内输送设备包括窑车、推车机；燃烧设备包括燃烧室、烧嘴、管道(油、气)；通风设备由排烟系统、气幕及循环装置、冷却系统(烟道及管道、排烟机、烟囱、鼓风机)组成。

隧道窑内有可移动窑车的行车轨道，在窑的上方及两侧有燃料管道及排出废气通道。还配备有向冷却带鼓进冷风的鼓风机及排走废气的排烟机。窑的两侧有一侧有顶堆机，另一侧有窑车牵引设备。还配备一定数目的窑车，在窑车上砌有装料箱，制品装进箱内，并用填充料保护。

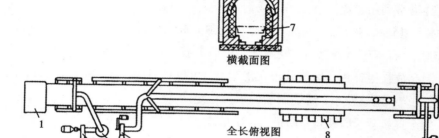

横截面图

全长俯视图

**图 10.11　隧道窑示意图**

1—进料室；2—1 号排风机；3—焦油分离器；4—2 号排风机；

5—3 号排风机；6—出料室；7—窑车衬砖；8—燃烧室

### 10.4.4.2　隧道窑的操作原理

隧道窑内按温度分布可分为三个带，即预热带、焙烧带(或称烧成带)、冷却带。

隧道窑内所需高温是由喷进焙烧带的燃料与由于燃料高压喷进时产生的负压而吸进一次空气混合后燃烧提供的。燃烧产生的高温烟气在隧道窑前端烟囱或引风机的作用下，沿着隧道向窑头方向流动，同时逐步地对进入窑内的制品进行预热，这一段构成了隧道窑的预热带。隧道窑的中间为烧成带，在隧道窑的窑尾鼓入冷风，冷却隧道窑内后一段制品，鼓入的冷风经制品而被加热后，再抽出送入干燥窑作为干燥生坯的热源，这一段便构成了隧道窑的冷却带。

(1)隧道窑内气体流动

窑室由于有一定高度，存在位压头。位压头使窑内热气流产生浮力，由下往上活动。焙烧带温度高，热气流自焙烧带上部流向预热带和冷却带，而较低温度气体则自预热带及冷却带下部回流到焙烧带形成两个循环。

隧道窑内气流方向由于排烟机和烟囱的作用由冷却带到焙烧带,再到预热带。主气流和循环气流方向在预热带上部一致,在下部方向相反,这样就造成预热带垂直断面上总的流速是上部大、下部小。相反,在冷却带总的流速则是上部小、下部大。冷却带应从上部鼓进冷空气,迫使冷空气多向上活动。预热带热气流应从下部抽出,迫使烟气往下流。这样就可使隧道窑内上下气流均匀,温差减小。

(2)隧道窑内传热

隧道窑内,在预热带和冷却带靠近窑头和窑尾部位,气体或填充料表面温度均低于 800 ℃,传热方式以对流为主。在焙烧带及邻近焙烧带的预热带和冷却带的温度均在 800 ℃以上,传热方式以辐射为主。但因隧道窑内气体处于湍流状态,对流传热随流速增加而增加。如窑内采用高速调温烧嘴时,提高了气流速度,增加了对流传热的成分,所以即使在高温部位,对流传热也起重要作用。冷却带的传热包括辐射和对流两种,制品一方面以辐射方式把热传给窑炉的壁和拱顶,另一方面靠空气对流从制品表面带走热量。

(3)各带温度控制

根据升温曲线调整隧道窑内的温度分布,并规定窑车在窑内的运行速度。为了使生制品在 200~700 ℃的加热速度减慢,隧道窑应具有较长的预热带,约占全长的 40%~50% 。

隧道窑内气流呈水平方向分层活动,造成上下存在温度差,通常上部高、下部低。通过调节隧道窑内压力制度来减少气流分层现象。在冷却带强制通进空气,加大流速,又分段设有气幕,可以减少气流分层。也可以在预热带上装设高速调温烧嘴,以调节二次空气量,使燃烧产物达到适合温度并高速喷进窑内,引起窑内气体激烈扰动,使窑内上下左右温度均匀。

(4)各带压力控制

冷却带因鼓进大量冷空气,焙烧带因燃烧生成大量热气,所以均形成正压。预热带由于烟囱吸力形成负压。压力制度主要确定正压和负压间的零静压位置(零压车位)及最大正压和最大负压的绝对值。一般情况下,零压车位在预热带与焙烧带分界处或其四周。其目的是保证焙烧带微正压,使冷空气不会漏进,也没有较多的热气流漏出。最大正压和最大负压的绝对值与窑长和气流通道截面有关。在实际生产中,希望这些绝对值比较小,即低压(差)操作,以减少窑内外窜气。

### 10.4.4.3 隧道窑的生产能力计算

根据公式(10.3)可计算隧道窑焙烧制品的能力 $G(t/h)$：

$$G = V\gamma\eta/\tau \qquad (10.3)$$

式中，$V$——隧道窑有效容积，$m^3$；

  $\gamma$——装料密度，$t/m^3$；

  $\eta$——焙烧成品率，%；

  $\tau$——制品在窑内停留时间，h。

## 10.4.5 车式焙烧炉

车式焙烧炉是一种新型的生产炭素制品的焙烧设备，由美国首先开发，近年来，相继引进日本和欧洲。该炉是一个长方形炉体，炉底是一台活动车，装电极的匣钵放在车上进行焙烧，炉的顶部设有轴流风机，炉的前端有可开闭的密闭炉门。

### 10.4.5.1 车式焙烧炉的结构

车式焙烧炉主要由炉膛、炉车、高温风机、废气通道、焚烧炉等组成。根据产量需要若干台结构相同的炉子组成一个炉组，外设一套运输设备和装卸产品的装卸站。示意图如图 10.12 所示。

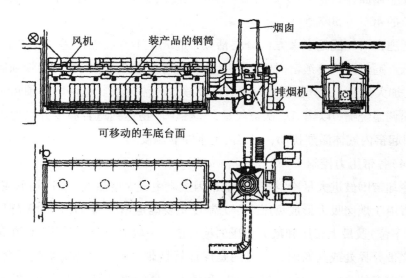

**图 10.12 车式焙烧炉示意图**

### 10.4.5.2　车式焙烧炉的运行原理

产品在装卸站装入相应规格的钢筒中，四周加入填充料，钢筒垂直放置在炉车上，送入车底式焙烧炉中，关闭炉门，通入燃料进行加热。车底式焙烧炉的升温曲线可在生产前输入控制系统，整个升温过程完全由系统自动控制，炉顶部的数台高温风机使高温烟气不断循环对流，以减少炉内各部温差，焙烧结束并在炉内冷却至一定温度后，出炉送至装卸站将产品卸出。

### 10.4.5.3　车式焙烧炉操作工艺

生制品先预热至 200 ℃，再送至焙烧炉室中焙烧。每一炉室中由沥青焙烧时放出的挥发分，被燃烧气体稀释后，先用引风机抽出至炉外燃烧室内，再加上燃料后燃烧。燃烧气体与冷空气热交换，热空气送到预热炉预热制品，一部分作助燃用。底式炉由 1 台箱式炉及可移动的"车底"组成，生坯先运到装卸站装入相应规格的钢筒中，生坯四周放入填充料，钢筒垂直放置在"车底"上，由拖板运输机送入箱式炉中，关闭炉门，通入燃料加热，炉顶部安装有数台高温风机，使高温焰气不断对流，以减少炉内各处温差，按指定升温曲线控制焙烧温度，如为生坯的一次焙烧，最高温度达到 850 ~ 900 ℃，焙烧周期 288 ~ 336 h。用于二次焙烧，最高温度达到 750 ~ 800 ℃，焙烧周期只有 72 ~ 96 h。

### 10.4.5.4　车式焙烧炉的特点

① 在焙烧过程中炉膛内烟气依靠炉顶的高温风机带动一直处于循环对流状态，所以炉内各部温度分布始终保持比较均匀；同时生坯装入钢筒内间接受热，因此焙烧成品率高，制品质量均匀。

② 采用先进的燃烧和自动温控措施，保证按照温度曲线的规定升温和降温，降温时采用喷水方法强制降温，既缩短焙烧周期，也有利于缓解焙烧品的内部应力，减少由于冷却不当而增加的废品数量。

③ 根据装入制品的不同要求，每台车底式焙烧炉使用不同的焙烧曲线，生产灵活性大。二次焙烧可用同一炉体，二次焙烧时制品装入钢筒内无需填充料的保护，且焙烧所需时间也可大大缩短。

④ 装卸制品在专设的装卸站进行，提高了装卸制品的机械化程度，装卸工人较少，劳动条件也比较好。

⑤ 由于炉体密封性好及自动调节燃烧所需空气量，炉内气氛含氧量不大于 1.5%，因而在焙烧过程中生坯排出的挥发分不会产生不正常燃烧，大部分挥发分引出到焚烧炉中焚烧，焚烧产生的热量可设置废热锅炉加以利用，炉外生产

环境比较干净。

⑥ 建设投资较高，温度控制技术也比较复杂；同时，由于生坯排出的挥发分不能直接用作燃料，因此单位能耗较高，特别是二次焙烧的能耗要比隧道窑高。

## 10.5　影响焙烧质量的因素

焙烧制品的质量不仅与配料、混捏、压型等工序有关，而且受到焙烧工序的炉内气氛、压力、升温速度、最终温度、填充料性质及装炉方法等多种工艺因素的影响。

### 10.5.1　焙烧体系中气氛的影响

焙烧时，由于生制品黏结剂的热分解和热缩聚反应，在生制品内部及周围形成一定的焙烧气氛。假设焙烧体系是一个封闭体系，则黏结剂热分解产生的气体从生制品中逸出，扩散到整个炉室，使分压逐渐增大到一个极限，即黏结剂的饱和蒸汽压。此时生制品表面逸出的分子数与凝结的分子数达到平衡。但实际焙烧过程并不在封闭体系中进行，黏结剂分解生成的气体不断地通过制品内部和填充剂间隙，随热气流进入烟道而排出，致使制品内外层和填充料内外层之间都存在着分解气体的浓度梯度，使气体不断向外扩散。若填充料和炉室上部空间的分解气体浓度低，则分解气体从制品中向外扩散的速度快，促进了黏结剂热分解反应的进行，使黏结剂的析焦量相应减少；反之，若分解气体排出速度慢，则析焦量就增加。

此外，在焙烧体系中存在着氧，氧除了来源于混捏前干骨料和填充料吸附的氧以外，主要是从燃料气中来。一般热气流中氧含量占 10% ~ 16%，此外，还有从炉墙泄漏处侵入的空气。黏结剂焦化具有氧化脱氢缩聚反应，黏结剂氧化，有利于析焦量的增加，但受氧侵入的生制品表层收缩率降低，造成内外收缩不一致，就会产生硬壳型废品，这种制品的表层和内层之间出现裂纹。这种废品往往在靠近炉室壁和砖槽壁一侧出现较多，这是因为靠近炉室壁处氧的浓度最高。为了减少硬壳型废品率，需要采取使制品与氧隔绝的措施，如及时修补炉墙、保证填充料的覆盖厚度等。

### 10.5.2　压力的影响

在焙烧过程中，生制品内黏结剂热分解产生的挥发气体不断地透过制品的气孔和填充料，并随着流过炉室的热气流经烟道进入大气中。起初，黏结剂产生的气体压力随着温度升高而不断增大，当压力等于或大于外界压力时，分解的挥发分气体就不断地从制品内部逸出。当这些气体受到的阻力不大时，制品外围的气体浓度就会因气体的不断流走而降低，制品内外的气体浓度差使制品中分解气体扩散出来的速度加快，这直接促进制品中分解反应的进行。由于分解产物的大量排除，能进行再聚合的炭氢化合物分子数因而减少，导致黏结剂的结焦减少。反之，如果分解气体排除速度慢，则黏结剂的结焦量增大。因此，加压焙烧有利于提高黏结剂的结焦量，从而提高制品的质量。

### 10.5.3　加热制度的影响

升温速度对黏结剂的析焦量及制品的密度有很大影响。升温速度较慢时，黏结剂有足够的时间进行分解及缩聚反应，所以析焦量增加，制品的密度增大，物理机械性能也有所提高。同时，升温速度较慢，可以形成焙烧体系内必要的均匀温度场，使制品内外温差小，防止制品裂纹的生成。反之，升温速度过快，在同一个制品中就同时进行着不同阶段的焦化反应，引起生制品的内外收缩不均匀，而产生内应力。这种内应力在 300 ℃ 以内将使制品变形，在 500 ℃ 以上，制品外层黏结剂已固化，内应力将使制品开裂。但在 400 ℃ 以前的升温速度不宜过慢，否则就延长了黏结剂氧化的时间，将使带硬壳型裂纹的废品增加。

冷却速度一般比升温速度快，但也不能太快，否则制品内外温度梯度过大，也会造成制品开裂。一般将降温速度控制在 50 ℃/h 以下。到 800 ℃ 以下则可任其自然冷却。

### 10.5.4　填充料的影响

焙烧时，在制品周围装填和覆盖填充料，填充料的作用是防止制品氧化、传热、支承制品防止变形。用料一般为石油焦、冶金焦、无烟煤、高炉渣、河沙等（表 10.8）。要求导热性好，吸附作用小，透气性较小，松装密度大，品种和粒度要保持恒定。在焙烧操作中，为了防止填充料对焙烧制品质量的不利影响，应作如下控制：

① 不使新鲜补充的填充料与生制品接触，为弥补损失而补充的填充料可作为上层覆盖的填充料。

② 填充料的材料和粒度组成应保持稳定。每隔一定时间要将填充料中小于 0.5 mm 的细粉筛去，也应避免有大于 6 mm 的颗粒。这是因为：0.5 mm 以

下细粉的存在,会使填充料表面积增大,而提高吸收能力;6 mm 以上大颗粒的热导率高,当它与生制品表面接触时,局部传热快,使该部位制品提早结焦固化,不随制品的整体收缩,从而形成凸起的气泡。

焙烧炉在运行中,有时会出现填充料焦结现象,焙烧时填充料焦结的原因可以解释为:当生制品加热时,黏结剂软化而变为流体状态,当它向外溢出时,引起填充料焦结。填充料愈细,焦结愈严重。由此可见,填充料焦结与电极配料中黏结剂含量有关。

表 10.8　　　　　不同材料(细)填充料对焙烧品性质影响对比

| 填充料 | 填充料性质 | | 黏结剂析焦率/% | 体积密度/(g·cm⁻³) | 电阻率/(μΩ·m) | 抗压强度/MPa |
|---|---|---|---|---|---|---|
| | 粒度/mm | 吸附性/(mg·g⁻¹) | | | | |
| 石英砂 | ≤1.5 | 6.0 | 63 | 1.58 | 36 | 68.7 |
| 煅烧无烟煤 | 0.5~6 | 6.9 | 61 | 1.55 | 41 | 65.7 |
| | 0.5~2 | 7.3 | 62 | 1.56 | 40 | 67.0 |
| 冶金焦 | 0.5~6 | 11.0 | 59 | 1.50 | 49 | 53.9 |
| | 0.5~2 | 11.7 | 60 | 1.53 | 42 | 60.1 |
| 石墨化冶金焦 | 0.5~6 | 14.6 | 50 | 1.46 | 48 | 49.0 |
| | 0.5~2 | 21.3 | 51 | 1.48 | 47 | 50.0 |
| 炭黑 | — | 23.0 | 46 | 1.26 | 65 | 12.4 |

# 10.6　炭素焙烧产品的缺陷

## 10.6.1　纵裂

纵裂即沿长度方向的裂纹,产生的原因如下:

① 生坯装炉时靠火道墙太近,导致局部升温过快。生坯局部表面的挥发分分解速度过快,使生坯产生不均匀膨胀和收缩。

② 升温曲线不合理。在挥发分大量排除阶段,升温过快,从而造成产品的内外温差过大,产生内应力而引发裂纹。

③ 冷却期降温过快,产品表面与内部收缩不一致,产生内应力而引发裂纹。

④ 若存在生坯黏结剂用量不准或挤压力不足，生坯内部结合有缺陷，产生裂纹的可能性也将大大增加。

## 10.6.2 横裂

横裂即宽度、高度方向裂纹，产生的原因如下：

① 挤压成型时，糊料温度较低，挤压压力不足或时间较短。

② 挤压机加压柱塞返回时将料室内糊料拉断，再次挤压时没有接合好。

③ 前后两种糊料的差别较大而且结合不好，生坯内部结构有缺陷。

④ 原料煅烧程度不足，焙烧时骨料颗粒产生二次收缩，可能在产品表层出现不规则的小裂纹(网状裂纹)。

⑤ 黏结剂用量偏少，黏结力差。

⑥ 升温过快，导致上下温差过大。

⑦ 升温中停炉，外界氧气通过填充料渗透到制品的表面，黏结剂氧化，制品体积密度变化大、分界明显而导致裂纹。

## 10.6.3 弯曲及变形

① 生坯糊料含黏结剂数量偏多，焙烧时易出现弯曲变形。

② 装炉操作不当，如料箱温度过高，装炉延续时间过长，装入生坯后未及时用填充料填塞固定生坯。

③ 填充料水分大，填充料没有填实，产品四周有局部空区。

④ 装炉时生坯不垂直或上下层产品搭配不合理，下层产品受压较大，易弯曲变形。

⑤ 炉室状况不佳，造成局部填充料漏掉或吸走，出现无料空区。

## 10.6.4 氧化

① 产品装炉时生坯周围填充料未填实或焙烧时填充料局部沉陷，致使产品局部暴露在高温中。

② 顶部填充料厚度不够。

③ 产品出炉后未及时散开，聚集在一起而导致温度升高。

④ 炉箱砌体有裂缝，高温气体进入料箱接触产品。

⑤ 重复焙烧，氧气透过填充料，使表面氧化。

### 10.6.5　炭碗塌陷或变形

①装炉时填充料未填实炭碗空间，炭碗周缘软化时因重力作用而脱开。

②产品在焙烧软化阶段因停电、停负压等而升温中断、间歇，造成炭碗温度升降突变，在低温预热阶段时间较长。

③成型糊料成分不均匀，或生块炭碗区存在应力或裂纹缺陷。

④黏结剂用量过大，在软化阶段骨料下沉。

⑤骨料粒度较大，其比表面积小，骨料与黏结剂的接触面积小，造成生坯制品焙烧时黏结剂迁移，产生变形。

## 10.7　焙烧烟气净化

焙烧烟气除一部分被烧掉外，其余部分都进入烟道。如果直接从烟囱排到大气中，会严重地污染环境。因此，在焙烧工序中净化沥青烟气显得十分重要。

### 10.7.1　焙烧烟气的成分及其产生的主要原因

焙烧烟气中含有沥青烟、焦粉、焦油、二氧化硫、氟化物、颗粒物等。

沥青烟、焦粉主要来自沥青挥发，阳极炭块中沥青挥发在 300～600 ℃ 逸出；在焙烧过程中，氟化物逸出量取决于残极配比，残极中氟的含量大致为 1.0%～1.5%，当炭块达到 600 ℃ 时，氟化氢开始逸出；颗粒物主要来自燃料燃烧的残余物及由于炉室破损烟气带走的未燃填充料和填充料燃烧的灰分；二氧化硫主要来源于燃料、沥青、填充料的硫分在燃烧过程中的产物。

### 10.7.2　焙烧烟气治理工艺

在焙烧烟气治理过程中，国内外采用的净化方法有电捕集法、氧化铝吸附净化法、焦粉吸附净化法和碱吸收湿法。

#### 10.7.2.1　电捕干法净化法

目前国际上密闭式焙烧炉烟气治理以电捕法为主（约占 85%）。我国密闭炉烟气净化也基本采用此法。

（1）净化工艺过程

电捕干法净化系统由粉尘预处理器，喷淋冷却筒、电捕集器、阻火器、阀门、管道、风机组成。焙烧高温烟气经环形烟道、地下烟道和地上烟道首先进入粉尘预处理器，通过粉尘预处理器将烟气中的大颗粒物质通过惯性沉降力除去；然后进入喷淋筒内，对烟气进行调质处理，并使烟气温度降至 80~100 ℃，以达到最佳净化工况，调质处理后的烟气经气流均布板进入电捕集器的电场，除去烟气中的沥青焦油和颗粒物，净化后烟气经烟囱排入大气，沥青烟、粉尘可稳定达标排放。

（2）电捕焦器工作原理

沥青烟气的净化常采用电捕焦油器，其工作原理为：电晕电极与高压整流器的负极相接，沉淀电极及整流器的正极均接地。当电极间输送足够的直流电压时，电极间的空间便产生强大的电场，将通过极筒的沥青烟气电离成正、负离子和自由电子。绝大部分的尘粒带负电而向正极的阳极圆筒运动，并附在其上，沉积在极筒表面，聚集呈流体并沿筒壁滴下，烟气经此捕集后则达到净化的目的。

焙烧炉烟气由烟道流向电捕焦油器的下筒体，在下筒体内沿导向极上升，经电捕焦油器中部电晕电场净化后，从上筒体顶部导出。在电极电场中捕集下的焦油，多半沉积在沉淀极板上，呈流体状，流滴到下筒体漏斗型的底盘中，汇总起来，定时排放。烟气则送烟道，经排烟机、烟囱排入大气中。经净化后烟气呈淡黄色或白色。

（3）电捕干法净化存在问题

① 系统着火频繁；

② 焦油和粉尘混合后黏结在极板、电晕丝上，不能靠重力掉到料斗中，需人工清理；

③ 捕集前需要冷却降温，使烟气中的 $SO_2$ 溶解于水，造成管道大面积腐蚀；

④ 烟气中的氟化物处理效果差。

### 10.7.2.2　碱液洗涤湿法净化法

（1）净化工艺过程

焙烧炉烟气首先经重力沉降室去除粗粒粉尘，然后进入洗涤塔，用稀 NaOH 溶液喷淋洗涤，烟气中的 HF 和 $SO_2$ 被 NaOH 溶液吸收，一部分粉尘和沥青也被洗涤，从洗涤塔出来的烟气再经湿式电除尘器净化，最后通过排烟机、烟囱排入大气中。沥青烟、氟、粉尘等污染物一般能符合排放标准的要求。

（2）碱液洗涤湿法净化存在问题

① 烟气在净化前粉尘浓度大，经常造成泵与喷嘴的堵塞；

② 涤液 pH 值不易控制，对循环泵、洗涤塔及管网系统腐蚀严重；

③ 焦油、氟化物、粉尘混于碱液后难以分离，造成二次污染。

### 10.7.2.3　氧化铝吸附干法净化法

氧化铝吸附干法净化技术是我国 20 世纪 80 年代引进美国 PEC 公司和法国 ATE 公司治理敞开式焙烧炉烟气的技术。

（1）净化工艺过程

焙烧炉正常生产时排出温度约 120～200 ℃的烟气，首先经地下烟道进入全蒸发冷却塔，在塔上部喷嘴喷入雾化的冷却水，使烟气温度降低到（88±2）℃，喷入水量由烟气温度自动控制，保证塔内水分全部蒸发。冷却后的烟气进入反应器，在反应器处加入氧化铝，氧化铝吸附烟气中的氟化氢和沥青烟后进布袋除尘器实现气固分离，烟气进入烟道，经排烟机、烟囱排入大气中。污染物排放均可满足排放标准的要求。

（2）氧化铝吸附干法净化法存在的问题

① 氧化铝吸附焦油后容易黏结到布袋上，造成焙烧炉负压不足，影响焙烧炉的操作。

② 由于烟气中含有焦油且温度高，需要使用耐高温且防油防水的滤料，运行成本高。

③ 吸附后的氧化铝含有粉尘、焦油，返回电解厂使用时会造成电解厂的二次污染，并且影响槽电阻和电流效率。为解决此问题，必须使用炭渣分离技术将碳粉尘、焦油从氧化铝中除去，这将大大增加运行费用和成本。

④ 使用氧化铝吸附法增加了氧化铝的运转量，同时增加了氧化铝运转中的损失，导致企业运输成本的增加和氧化铝单耗的增加。

### 10.7.2.4　焦粉吸附净化法

采用生产原料焦粉作为吸附剂，先吸附烟气中的沥青烟，然后经布袋除尘器实现气固分离。它吸附沥青焦油的净化效率高，用过的吸附剂可返回生产系统使用，但对铝电解厂使用残极的阳极焙烧炉产生的气态氟的吸附能力差。

## 思考题与习题

10-1  焙烧的概念。

10-2  焙烧的目的。

10-3  焙烧过程分为哪几个阶段？

10-4  制定焙烧曲线的依据是什么？

10-5  焙烧过程主要影响因素有哪些？

10-6  为什么制定焙烧曲线一定要遵循"两头快，中间慢"的原则？

10-7  焙烧过程中煤沥青的物理迁移是如何进行的？

10-8  环式焙烧炉有哪几种类型？它们具有什么共同特点？

10-9  如何进行环式焙烧炉的装炉？

10-10  什么是填充料？填充料在焙烧过程中主要起什么作用？

10-11  焙烧后产品的缺陷有哪几种？

# 第11章 浸 渍

炭素制品经焙烧后存在大量的气孔,这必然会对产品的理化性能产生一定的影响。炭素制品的孔度增加,其体积密度下降,电阻率上升,机械强度减少,在一定的温度下氧化速度加快,耐腐蚀性也变差,气体和液体更容易渗透,所以需要对炭素制品进行浸渍处理。

## 11.1 浸渍基础知识

浸渍是将被浸制品置于高压釜内,在一定的温度和压力下,使某些呈液体状态的物质(沥青、合成树脂、低熔点金属、油、石蜡或树脂)渗透到制品的气孔中去,填充焙烧件的连通开孔孔隙的方法。浸渍是一种减少产品孔度,提高密度,增加抗压强度,降低成品电阻率,改变产品的理化性能的工艺过程。生产高密度、高强度制品时,有时需要反复进行多次浸渍。一部分电炭制品需用低熔点液态金属(如铅锡合金、铝合金)浸渍,以提高其耐磨性和导电性。化工石墨设备一般将加工好的毛坯石墨用合成树脂浸渍,以达到在化工生产流程中不被反应的气体或液体所渗透的目的。小规格石墨电极一般都需要浸渍一次,所有接头坯料全部需要浸渍 1~3 次,超高功率石墨电极本体也需要经过 1~2 次浸渍以达到规定的体积密度。

用于填充气孔的物质,统称为浸渍剂。浸渍剂浸渍后不应削弱其主要功能。可作为炭素制品浸渍剂的有煤沥青、煤焦油、干性油(桐油或亚麻油)、合成树脂,以及各种低熔点金属或金属合金等。

## 11.2 炭素制品的孔径分析

### 11.2.1 炭素制品孔径来源

炭素制品的孔径来源于两个方面，首先炭素制品的主要原料为石油焦或沥青焦，其宏观结构为蜂窝状或纤维状，表面及内部存在许多大小不等而且分布不均匀的孔隙。两种石油焦的孔径分布测定数据见表11.1。同时，炭素制品生坯使用煤沥青为黏结剂，生坯在焙烧过程中，由于煤沥青的分解、缩聚和炭化，形成沥青焦的残炭率一般只有50%左右。炭素制品的总孔度一般为16% ~ 25%，炭素制品中包括两种不同的气孔。

**表 11.1**       两种石油焦的孔径分布测定数据

| 孔径区域/μm | | 孔径分布/% | | |
| --- | --- | --- | --- | --- |
| | | 煅烧后 | 石墨化后 | 原焦 |
| 石油焦 A | 大孔区域 >1 | 73.8 | 61.8 | 59.3 |
| | 中孔区域 0.1 ~ 1 | 14.5 | 13.4 | 17.2 |
| | 小孔区域 0.01 ~ 0.1 | 7.0 | 15.3 | 14.4 |
| | 毛细孔区域 <0.01 | 4.7 | 9.5 | 9.1 |
| 石油焦 B | 大孔区域 >1 | 79.8 | 56.3 | 51.7 |
| | 中孔区域 0.1 ~ 1 | 8.3 | 22.6 | 10.6 |
| | 小孔区域 0.01 ~ 0.1 | 7.6 | 11.8 | 31.9 |
| | 毛细孔区域 <0.01 | 4.3 | 9.3 | 5.8 |

其次，煤沥青炭化形成的孔隙。煤沥青形成沥青焦的体积小于生坯中煤沥青占有的体积。虽然生坯在焙烧过程中体积稍有收缩，但是仍在焙烧品内部留下许多大小不等的孔隙，焙烧品的孔隙率一般为20% ~ 32%。大量孔隙的存在必然会对焙烧品以及最终成品的物理化学性能产生影响。

### 11.2.2 炭素制品孔隙分类

孔隙可分为开口气孔(与外界相通)和封闭气孔(与外界不通)两类。

（1）开口气孔

开口气孔是和外界大气相贯通的。其大小差别很大，一般气孔的孔径在 0.01～100 μm 的范围内，其中孔径大于 1 μm 的开口气孔约在 50% 以上，0.1～1.0 μm 的孔径约为 10%～25%，孔径 0.01～0.1 μm 的约为 10%～20%，小于 0.01 μm 的气孔一般在 10% 以下。

开口气孔的测定是将定量的试样称重后，放入定量的蒸馏水中煮沸 3 h，冷却后取出试样。先测定试样在蒸馏水中所占的体积大小，再将试样表面揩干后称重，最后可根据上面测定的结果进行计算：

$$开口气孔（\%）= \frac{P_2 - P_1}{V} \times 100\% \qquad (11.1)$$

式中，$P_2$——吸水后试样重，g；

$P_1$——试样原重，g；

$V$——试样在蒸馏水中所占的体积，$cm^3$。

此外，炭素制品的孔度也可根据测得的试样的真密度和体积密度计算：

$$孔度（\%）= \frac{d_u - d_k}{d_u} \times 100\% \qquad (11.2)$$

式中，$d_u$——真密度，$g/cm^3$；

$d_k$——体积密度，$g/cm^3$。

（2）闭口气孔

闭口气孔是不和外界大气相贯通的，浸渍对闭口气孔是不起作用的。

### 11.2.3 多次浸渍对孔隙率的影响

经过浸渍及再次焙烧后，开口孔隙不断为沥青焦填充，开口孔隙率占总孔隙率的百分比逐步下降，即闭口孔隙率占总孔隙率的比例不断提高，实验数据举例见表 11.2。

表 11.2　　　　多次浸渍对孔隙率的影响

| 浸渍次数 | 总孔隙率/% | 开口孔隙率/% | 闭口孔隙率/% | 闭口孔隙率/总孔隙率 |
|---|---|---|---|---|
| 0 | 28.3 | 27 | 1.3 | 0.05 |
| 1 | 21.7 | 18 | 3.7 | 0.17 |
| 2 | 19 | 14.5 | 4.5 | 0.29 |
| 3 | 17.4 | 12.2 | 5.2 | 0.30 |

## 11.3 浸渍的产品类型

（1）小规格石墨电极及接头坯料，各种规格的石墨阳极，细结构高强高密石墨

这些产品在使用时要求具有较高的密度和强度、较低的电阻率，所以焙烧半成品先用煤沥青浸渍，然后进行石墨化。经过煤沥青浸渍一次的产品，其成品体积密度可以从 1.55 g/cm³ 提高到 1.65 g/cm³ 左右，真气孔率从 25% ~32% 降低到 22% ~25%，抗压强度可提高 9.8 MPa 左右，电阻率可下降 10% 左右。对于要求高强度、高密度的细结构石墨产品，需经过二次、三次或四次的反复浸渍（每次浸渍后进行焙烧），可使成品的体积密度提高到 1.85 g/cm³ 及以上，真气孔率降低到 16% 左右，抗压强度提高到 80 MPa 以上。表 11.3 为青岛西特炭素有限公司部分产品性能。

表 11.3　　　　　青岛西特炭素有限公司生产的部分产品性能

| 型号 | 规格/mm | 体积密度/(g·cm⁻³) | 肖氏硬度 | 电阻率/(μΩ·m) | 抗弯强度/MPa | 抗压强度/MPa | 平均气孔半径/μm | 线膨胀系数/(×10⁻⁶K⁻¹) | 灰分/% |
|---|---|---|---|---|---|---|---|---|---|
| XTG-15（二浸三焙） | $\Phi350 \times 480$ | 1.80 | 48 | 10 | 37 | 78 | 3.2 | 4.8 | 0.1 |
| | $\Phi450 \times 400$ | 1.80 | | | | | | | |
| | $670 \times 300 \times 150$ | 1.79 | | | | | | | |
| | $600 \times 400 \times 200$ | 1.78 | | | | | | | |
| | $700 \times 180 \times 180$ | 1.80 | | | | | | | |
| XTG-17（三浸四焙） | $670 \times 300 \times 150$ | 1.89 | 50 | 9.5 | 42 | 86 | 2.4 | 4.4 | 0.1 |
| | $600 \times 400 \times 200$ | 1.88 | | | | | | | |
| | $700 \times 180 \times 180$ | 1.90 | | | | | | | |

（2）石墨阳极

经过煤沥青浸渍一次的石墨阳极，一般可使用 8 ~9 个月，不浸渍的石墨阳极通常只能用 5 ~6 个月。影响石墨阳极使用寿命的主要原因是电解液向阳极的气孔中渗透，而电解液中的氢氧根离子、硫酸根离子、次氯酸根离子在阳极上放电，则产生初生态氧。此初生态氧对阳极发生氧化反应而造成化学腐蚀，

此化学腐蚀占损耗的一半左右，并且伴随化学腐蚀使焦炭颗粒间的结合减弱，从而产生颗粒剥落的掉渣现象。产品气孔率越高，化学腐蚀与掉渣现象越严重。

为了延长石墨阳极的使用寿命，可以先用若干种干性油（如桐油、亚麻仁油等）对加工好的石墨阳极进行浸油处理，油浸后再在适当温度下固化。这样可以减小电解液对阳极气孔的渗透，减轻阳极的化学腐蚀和掉渣现象，因而延长了阳极的使用寿命，一般可延长 1/3 左右。

（3）化工设备不透性石墨

由于石墨制品是多孔性材料，故液体、气体容易渗透。可用有机树脂（如酚醛树脂、糠酮树脂）浸渍（事先加工好），并在浸渍后于适当的温度下使树脂固化，就可以使液体、气体对石墨制品的渗透率降低到所需要的程度，同时机械强度也可提高，而制品的导热性并不降低。这种耐腐蚀、导热性能良好的不透性石墨化工设备应用日益广泛。

（4）耐磨炭和石墨材料与制品

当工作温度和工作介质不允许使用润滑油及其他液体润滑剂时，采用石墨和其他炭素材料制成的活塞环、密封环、轴承等，可以不使用润滑剂而能保证机器在高温下长期运转。这种石墨或炭素耐磨料材料需要有较高的密度、硬度和抗压性能，因此一般需要用合成树脂或低熔点金属（如铝合金、锡合金、铅青铜、巴氏合金）进行浸渍。

# 11.4　浸渍生产系统

浸渍生产系统的主要设备是浸渍罐（高压釜），其他附属设备有预热炉、真空排气设备、加压装置（空压机、高压氮气容器）和沥青熔化设备等。

按浸渍工艺条件可将浸渍操作分为低真空、低压浸渍和高真空、高压浸渍两种，还可分为间歇操作或半连续操作两类生产系统。

## 11.4.1　低压浸渍罐

浸渍罐为卧式或立式，一般用压缩空气加压。低真空、低压浸渍对体积密度较低的中小直径产品可以浸透，但对中等体积密度的中直径产品或大直径产品一般只能浸入半径的 30% ~70%。图 11.1 为中国炭素厂典型的老式低真空、低压卧式浸渍罐示意图。

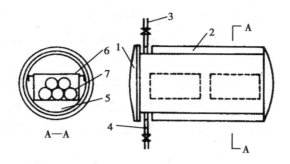

**图 11.1  低真空、低压卧式浸渍罐示意图**

1—浸渍罐罐盖；2—加热夹套；3—真空排气或压缩介质管路；4—浸渍剂管路；

5—浸渍管内轨道；6—产品框；7—待浸渍产品

这类浸渍罐是用高强度钢板制成的圆筒，一头封闭，另一头安装可开闭的罐门，浸渍罐容积可大可小，浸渍罐可以卧放，也可以立放。立式浸渍罐的容积利用率较高，但开闭罐门及装卸产品要用吊车进行，比较费事。图 11.2 为立式浸渍罐工艺流程示意图。

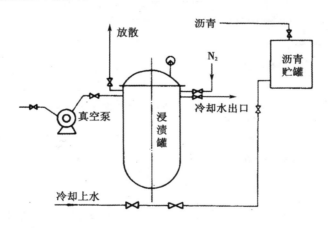

**图 11.2  立式浸渍罐工艺流程示意图**

### 11.4.2  带有副罐的高真空、高压浸渍系统

高真空、高压浸渍系统配备多种功能的副罐。因副罐可容纳一定数量的沥青，在进行浸渍作业时，可以补充沥青的消耗，保证沥青能淹没产品，即使是位于主罐顶部的产品也能浸在沥青中，从而可使主罐的容积得到充分利用，提

高了主罐的生产能力。同时由于有副罐的容积作为缓冲区，在向主罐注入液体沥青时，可不停止真空排气，一直到液体沥青充满主罐后继而上升到副罐一定位置时再停止真空排气，在主罐内真空度不降低的情况下，沥青容易渗入产品孔隙内，有利于提高浸渍质量。

副罐通过管道、阀门与主罐（浸渍罐）及沥青贮罐、真空泵、氮气加压装置、烟气净化设备等相连。根据帕斯卡定律，各处压强相等的原则，可以通过操纵副罐来控制主罐内的压力。高真空、高压浸渍工艺示意图如图 11.3 所示。

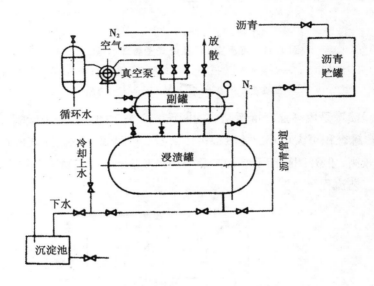

图 11.3　高真空、高压浸渍工艺示意图

# 11.5　浸渍工艺条件

先将被浸渍的产品预热到规定温度，脱除吸附在制品微孔中的气体和水分，并使之与浸渍剂的加热温度相适应。预热后立即装入浸渍罐内，在保持一定温度下，抽真空进一步除去气孔中的空气。达到一定真空度后，加入浸渍剂，然后向液面施加压力，使浸渍剂渗透到产品的气孔中去。维持一定时间后，取出被浸渍制品或立即进行固化处理，以防止浸渍剂反渗而流出。

## 11.5.1 预热

产品预热温度和预热时间是重要的浸渍工艺参数,对浸渍质量和浸渍生产成本都有一定影响。预热温度不足将影响沥青对焙烧品孔隙的渗透。预热温度和预热时间应该根据产品的直径、焙烧品的热导率、浸渍剂的软化点和黏度等各项因素综合后确定。

(1)预热目的

各种浸渍工艺是先将制品在预热炉中加热至规定温度,其目的在于:

① 驱除微孔中吸附的气体;

② 排除孔隙中吸附的水分;

③ 制品本身的温度与浸渍剂温度相匹配。

(2)预热温度和时间

预热温度应保证焙烧品在规定时间内达到温度要求(芯部温度),而又不致引起产品氧化。使用焰气预热时最佳预热温度(炉内热介质温度)为(350 ± 30)℃,产品芯部温度应该达到 220 ℃以上。预热时间按此要求来决定,各种规格焙烧品的最佳预热时间见表 11.4。

表 11.4 各种规格焙烧品的最佳预热时间[加热焰气温度为(350 ± 30)℃]

| 焙烧电极直径/mm | 预热时间/h | 焙烧电极直径/mm | 预热时间/h |
| --- | --- | --- | --- |
| 4.0 ~ 5.0 | 108 | 1.5 ~ 2.5 | 364 |
| 5.0 ~ 6.0 | 164 | 2.0 ~ 3.0 | 416 |
| 6.5 ~ 7.5 | 214 | 2.5 ~ 3.5 | 518 |
| 8.0 ~ 9.0 | 264 | 3.0 ~ 4.0 | 620 |
| 10.0 ~ 11.0 | 314 | 3.5 ~ 4.5 | 725 |

真空排气的目的是排出产品开口孔隙内的气体,以利于浸渍剂的渗透,真空度的高低及真空排气时间的长短意味着气体的排出数量,并将直接影响浸渍增重。浸渍增重随真空度的增加而增大,随真空排气时间的增加而增大。图 11.4 为浸渍增重随真空度的关系曲线。目前采用的高真空浸渍(真空度达到 1.3 ~ 4.0 kPa)与过去的低真空浸渍(真空度为 10 ~ 15 kPa)相比,在其他条件相同的情况下浸渍增重可提高 1% ~ 3%,真空排气时间一般不应少于 30 min。

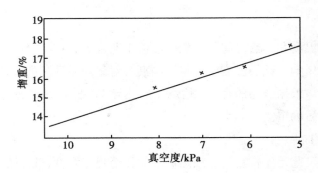

图 11.4 浸渍增重随真空度的关系曲线

### 11.5.2 浸渍剂沥青预热温度和浸渍罐的加热温度

这两种温度都与浸渍剂的黏度有关,预热温度和加热温度应当保证浸渍剂的流动性处于良好状态,黏度比较低、易于渗透进产品的孔隙中。但是温度太高也不好,因为不希望浸渍剂在浸渍时大量分解与排出挥发分。一般软化点为65~75 ℃的中温沥青当加热到180 ℃左右时,黏度变化已经很小,而轻质组分已经开始分解挥发,浸渍剂的预热温度保持160~180 ℃即可,浸渍温度也保持在同一温度范围内。

### 11.5.3 浸渍加压压力及加压时间

浸渍剂浸入产品的孔隙主要靠毛细管作用和渗透作用。毛细管作用受孔隙孔径及固体和液体界面作用力的影响;而渗透作用则受渗透系数和浸渍剂黏度的影响,并与加压压力和加压时间有关,不同规格产品的加压压力和加压时间不同。

对于体积密度不大的中小规格产品,浸渍压力保持0.8 MPa左右即可;但对于大规格产品及浸渍前密度较高的产品(如第二次或第三次浸渍),必须将加压压力提高到1.0~1.5 MPa,时间也应当稍长一些,以便达到将焙烧品浸透的效果。对体积密度较高的细颗粒结构石墨有时需要用高压浸渍工艺,压力提高到2.0~4.0 MPa。

在其他工艺条件相同的情况下,对于大规格产品,加压时间应适当长一些,如不少于3 h;对于中小规格产品,可以缩短到2 h左右。

## 11.6 浸渍效果的评价

浸渍过程受各种工艺参数的变化及焙烧制品本身物理性质不同的影响，经常出现单根产品不同部位或一批产品浸渍质量不均匀的情况。常规的浸渍效果的评价方法有如下三种。

(1)用浸渍效率即浸渍后产品的最大增重与实际增重的比率(浸渍率)来表示

浸渍效率定义为对于给定的制品所达到的实际增重率与最大增重率之比，计算式如下：

浸渍效率(%) = 实际的增重率(wt. %)/最大增重率(wt. %) × 100%

(2)测定浸渍增重率

这是最常用的方法，浸渍增重率是同一产品在浸渍后的增重(即浸入浸渍剂的数量)与浸渍前产品重量的比值(以%表示)。计算公式为：

$$G = \frac{W_2 - W_1}{W_1} \times 100\%$$

式中，$G$——浸渍增重率，%；

$W_1$——浸渍前称重，kg；

$W_2$——浸渍后称重，kg。

(3)测定浸渍后填孔率

即浸渍剂进入制品孔隙后焙烧品的开口孔隙率减少的百分数，计算公式如下：

$$K = \frac{P_1 - P_2}{P_1} \times 100\%$$

式中，$K$——浸渍填孔率，%；

$P_1$——浸渍前焙烧品开口孔隙率，%；

$P_2$——浸渍后二次焙烧后焙烧品的开口孔隙率，%。

## 11.7 浸渍操作

炭素制品浸渍介质多用煤沥青。浸渍后的沥青返回到沥青贮罐内，一般在一个月之内更换一次，原因是在浸渍过程中，沥青经过加热、压缩空气搅拌会发生氧化缩合，轻馏分跑掉，沥青分子增大，沥青软化点增高，游离碳含量增加。这样使沥青浸润能力减弱，以至影响浸渍效果。

煤沥青技术指标如下：灰分不大于 0.3%；水分不大于 0.2%；挥发分在60% ~70%；软化点在 55 ~75 ℃（水银法）；游离碳在 18% ~25%。

煤沥青软化点不符合要求时，用蒽油调节，蒽油的质量指标如下：水分不大于 0.5%；苯不溶物不大于 0.5%；相对密度 1.1 ~1.15 g/cm³。

### 11.7.1　煤沥青浸渍操作

用煤沥青浸渍细结构石墨制品、小规格石墨电极、电极接头以及石墨阳极的过程如下（图 11.5）：

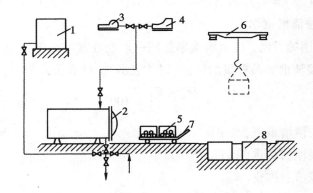

**图 11.5　煤沥青一般浸渍工艺流程图**

1—浸渍剂贮罐；2—浸渍罐；3—真空泵；4—空压机；5—制品；

6—吊车；7—装罐平车；8—预热炉

先清理焙烧后的半成品表面，再将它装入产品筐，放入温度为240 ~300 ℃的加热箱中预热4 h以上。预热后的制品连同铁筐一起迅速装入浸渍罐（浸渍罐在装入制品之前要预热到100 ℃以上），然后关闭罐盖封严，开始抽真空，罐内负压应低于 0.08 MPa，抽真空的时间为 30 ~60 min，停止抽真空后向浸渍罐放入已加热到160 ~180 ℃的煤沥青（有时在煤沥青中加入少量煤焦油或蒽油，使沥青软化点降低到 50 ~80 ℃）。

沥青液面应保证加压结束后比产品顶端高 10 ~20 mm，沥青加入后用压缩空气对沥青液面加压。加压时间视产品直径大小或厚薄而定，一般应在 0.45 ~1.8 MPa 压力下保持 1.5 ~4 h，同时浸渍罐内应保持加热到 150 ~180 ℃。加压结束后,将沥青压回贮罐。在沥青全部压回后,再往浸渍罐里放入冷却水冷却产品并吸收烟气,冷却后放走冷却水,再打开罐盖取出产品。

对浸渍产品的质量检查,首先检查增重,其次检查对产品的浸入深度是否已达到要求。如发现增重或浸渍深度没达到规定要求,应重新浸渍。煤沥青可重复使用,但是如果重复使用时间过长,煤沥青中游离碳含量及悬浮杂质不断增加,即使在同样工艺条件下其浸渍效果就会越来越差,往往只是在产品表面上沾了一层,浸入深度很浅,这样就必须换用新沥青,并应定期对沥青贮罐进行清理。

### 11.7.2　人造树脂浸渍操作

目前生产化工用不透性石墨,一般采用酚醛树脂作为浸渍剂。酚醛树脂不可久存,因它在空气中能进行聚合反应。大量生产时,一般都以甲醛和苯酚为原料,需要多少配制多少。配制的酚醛树脂应符合的技术指标见表 11.5。

表 11.5　　　　　　　　　酚醛树脂指标

| 项目 | 水分 | 黏度 | 游离酚 | 游离醛 | 聚合时间 |
|------|------|------|--------|--------|----------|
| 指标 | 不大于 20% | 20 ~ 60 s(7 mm 漏斗法) | 19% ~21% | 3% ~3.6% | 4 ~5 min |

树脂中水分过多,会影响固化物的强度和抗渗透性,增大气孔率。大量水分逸出,将造成树脂的抗渗透性变差。游离酚的含量过大,会使树脂硬化速度降低,影响制品的物理机械性能。但一定的含量能增加树脂的可溶性、流动性和弯曲性。游离醛的存在,在树脂固化时容易逸出,使制品气孔率增加,所以也要严格控制。

浸渍工序分为三个阶段。

(1)热固性酚醛树脂的制备

① 将甲醛、苯酚按照 1.2∶1(摩尔质量比)放入反应釜中,搅拌并使之均匀混合,温度保持在 35 ~ 42 ℃。

② 搅拌 15 min 后加入氨水(氨水∶苯酚 = 0.05∶1),加热搅拌从 35 ℃ 升到 85 ℃。氨水是作为催化剂而使用的。

③ 停止搅拌,自然升温至 104 ℃。

④ 到 104 ℃ 出现回流,继续搅拌,继续回流。

⑤ 出现水分、树脂分层。树脂与水大约为 5∶1。

⑥ 脱水。先抽真空脱水,当质量合格,然后按一定规范降温。

（2）浸渍操作

① 将加工好的石墨制品装入浸渍罐，关闭罐盖，升温至 120 ℃左右，烘干水分。

② 抽真空，停止加热，罐内负压为 0.086～0.096 MPa，产品冷却至 30～40 ℃。

③ 在真空状态下加入树脂，树脂液面应保证加压结束后高出产品 10～20 mm左右时停止抽真空。

④ 加压 0.5～0.6 MPa，维持 3～4 h。

⑤ 浸渍结束，将罐内树脂压回贮罐，产品继续留在罐内。接下去进入固化阶段。

（3）树脂固化操作

浸好的石墨放置 6 h 以上，一边加压 0.6 MPa（一般比浸渍的压力高 0.05 MPa），一边升温。其目的是防止在升温过程中因残存于制品空隙内的空气膨胀而使树脂反渗，并防止树脂因黏度降低而从孔内溢出。加压升温有利于聚合。

恒温结束后，自然冷至室温。生产化工设备用不透性石墨，一般需要反复浸渍和固化三四次。固化也称为"热处理"。

热处理是为了使浸入制品内部的树脂固化，以达到不透性和提高耐磨、耐腐蚀、耐温等性能。

浸渍后材料的化学稳定性根据浸渍剂性能而定。例如，用酚醛树脂浸渍的材料，在温度仅有 180 ℃的空气介质中就开始破坏，结果，浸渍石墨材料逐渐恢复基体材料的液体渗透性。因此，浸渍石墨的最高使用温度，则以浸渍剂的耐热性能而定。

### 11.7.3　浸润滑剂工艺

炭石墨材料用润滑剂浸渍是为了提高制品的抗磨性能，降低磨损。例如，含油轴承、滑动电触点、高空或水下电机电刷、整流特别困难的电机电刷等，通常是在机械加工后进行浸渍。

润滑剂的选择须依据浸渍对象的使用条件而定，选择范围很大，如浸渍青铜含油轴承用 15 号机油，浸渍防潮电刷和电触点用石蜡煤油溶液（50% 石蜡）。后者用于一般电机上使用的硬质电刷。工作时发生振动摩擦的电刷用石蜡煤油溶液浸渍，一般可以达到良好的效果。特殊的电机用电刷（如飞机上的电机）可用硬脂酸铅或含硬脂酸铅的机油溶液浸渍，它在缺乏氧和水分的环境中，能在电机的整流子上形成相当于一般大气条件下形成的氧化膜，因而可减少电刷的磨损。电刷中的浸渍剂含量太少，则效果不明显；太多则使整流子膜过厚，容易引起火花。因此，浸渍剂的选择和含量需通过试验来决定，因电刷种类和用途及使用范围的不同而不同。但并不是所有电刷都要浸渍，在一般条件下使用的电刷不一定要浸渍，只有在电刷工作不能令人满意，而且没有别的品种来代替时，才通过试验来选择某种浸渍剂，采用浸渍工艺。使用这类浸渍剂也是在浸渍罐中进行。先将欲浸渍的制品装入浸渍罐中，然后，把罐内抽成真空（表负压为 666~1330 Pa），保持 30~40 min，然后注入浸渍溶液。之后，在浸渍罐内加压到 0.3~0.4 MPa，在此压力下保持约 1 h。

浸渍后的制品需经清洗和烘干。清洗时要使用溶剂，烘干则在烘箱中进行。装入烘箱的制品被缓慢加热到 100~110 ℃，并根据润滑剂不同决定烘干时间，一般在此温度下烘干 3~10 h。

### 11.7.4  浸渍油脂工艺

为了提高石墨阳极的使用寿命，用桐油或亚麻仁油作为浸渍剂。其浸渍和固化工艺如下：向桐油（或亚麻仁油）中先加入等量的松节油搅拌均匀，贮于罐中，一般常温使用而不用加热，再经过石墨化及机械加工后的制品放进筐内，其液面高度应保证加压结束后超过制品 10~20 mm。然后通压缩空气，加压 0.3~1.4 MPa，并保持 30~60 min，此时浸渍罐不必加热。加压后将油压回贮罐，打开罐盖取出产品，将产品放入固化罐中（固化罐带有加热夹套）开始升温，由常温升至 120 ℃，开动真空泵抽真空，松节油逐渐蒸发出来，通过冷凝器回收。进一步将罐温升至 220 ℃时，保持 2~3 h，继续升温到 250 ℃左右时，停止抽真空，再升温至 280 ℃止，此时固化已经完成，再逐渐降温至 200 ℃以下，即可出罐。固化后产品增重为 5%~6%。

### 11.7.5  金属浸渍工艺

用低熔点金属或合金作为浸渍剂生产石墨材料的工艺方法如下：因为常用金属都具有熔点高、熔融金属表面张力大的特点，所以浸渍时压力大于 9.8 MPa，温度需在 400~1000 ℃。浸渍方法有两种：一种是浸渍罐放入产品后先抽真空，后用氮气加压；另一种是用机械压力加压。抽真空用氮气加压的浸渍过程，是将产品放入盛有熔融金属浸渍罐内，使罐温保持金属呈熔融状态，关闭罐盖，先抽真空负压为 0.096~0.098 MPa，然后停止抽真空，再通入高压氮气对金属液面施加 5.9~9.8 MPa 的高压(压力大小视产品而定),使熔融金属浸入产品气孔中。

用机械压力的浸渍过程,是将产品投入浸渍罐后,待金属液面气泡消失,先用喷雾或水冲的办法将金属液面冷却凝固一层(内部仍是液态),再将浸渍罐送到压力机上加压至 58.84 MPa,并保持 10~15 min。为了避免上压头与金属黏结,加压前需涂一层石蜡脱膜剂。压力去掉后再加热浸渍罐,使表面金属熔化,然后取出产品。

浸渍常用的低熔点金属有铅锡合金(Pb95%,Sn5%)、巴比特合金(Sn85%,Sb10%,Cu5%)、铝合金或铜合金等,见表 11.6。金属浸渍后的石墨制品的物理机械性能见表 11.7。

表 11.6　　　　　　　　　　　　　浸渍用合金及成分

| 合金牌号 | 金属成分/% | | | | | | | |
|---|---|---|---|---|---|---|---|---|
| | Si | Fe | Mg | Cu | Zn | Ni | Pb | Al |
| Al-9 | 0.7 | 0.3 | 0.32 | 0.2 | 0.3 | | | 余量 |
| Ak-2 | | | 0.6 | 0.4 | | 2.0 | | 余量 |
| 62-1 | | | | 余量 | 37 | | 1 | |

表 11.7　　　　　　　　　金属浸渍石墨物理力学性能

| 力学性能 | 浸渍 Al-9 铝合金的石墨 | | 浸渍 62-1 铅黄铜的石墨 | |
|---|---|---|---|---|
| | 浸渍前 | 浸渍后 | 浸渍前 | 浸渍后 |
| 抗压强度/MPa | 176.5 | 460.0 | 49.0 | 133.3 |
| 抗弯强度/MPa | 53.9 | 107.8 | 24.5 | 45.6 |
| 真气孔率/% | 15 | 0.5 | 20 | 2.5 |

### 11.7.6　无机物浸渍工艺

无机物浸渍工艺,是将无机物浸入炭石墨材料的气孔,使之与被密实制品的碳化合。如能正确选择石墨气孔结构、浸入无机物之数量及升温制度,按此方法实际上可制成不透性材料。可采用金属元素与盐类作为此种方法的浸渍剂。热处理使金属元素或盐类与零件中碳相互作用而生成金属碳化物。在生成金属碳化物的同时,体积增大,从而完全覆盖住石墨材料上的气孔。

可利用的金属元素有硅、锆、钛等。这些金属的氯化物也可作为密实物质。上述金属的氯化物在正常条件下都是液体,能水解,而其水合物在适当的条件下易用炭还原出金属。为密实石墨制品,如用硅,则以四氯化硅形式浸渍。四氯化硅先在制品气孔中直接水解,水解之后,制品在温度 100~500 ℃情况下,经第一次热处理，然后在较高的温度下经第二次热处理，此时氧化物还原，金属与制品中的碳反应生成碳化硅。相类似的，也可用液体氯化钛进行浸渍。若第一次浸渍未达到要求，可进行再次浸渍。

采用金属氯化物浸渍时，需经三道工序浸渍氯化物；第一次热处理和第二次热处理，这是前述的金属浸渍所不同的。

综合上述，各种浸渍条件归结于表 11.8。

表 11.8　　　　　　　　　　　各种浸渍工艺条件

| 工艺条件 | 酚醛树脂 | 糠醛树脂 | 中沥青 | 易熔合金 | 润滑剂 | 聚四氟乙烯 |
|---|---|---|---|---|---|---|
| 制品预处理 | 在 105 ℃ 烘干 | 在 18%～25% 盐酸中浸 24～48 h | | | 在 105 ℃ 烘干 | 在 105 ℃烘干 |
| 预热/℃ | 30～40 | 30～40 | 300 | 300 | 30～40 | 30～40 |
| 抽真空/kPa | >98.6, 30～35 min | >98.6, 60 min | >93.3, 30～40 min | >100, 60 min | >97.3, 30～60 min | >100, 60 min |
| 输入浸渍 | 50% 浓度树脂 | 中等浓度树脂 | 软化点 65～70 ℃ | 熔融金属 | 铅基或铝基润滑剂 | 60% 聚四氟乙烯液加 5%～6% 的 Tx-10 乳化剂水溶液 |
| 加压 | 506～2026 kPa, 1～4 h | 506～2026 kPa, 1～4 h | 506～2026 kPa, 5～8 h | 5060～10130 kPa, 氨或氮中 5～10 min | 506～1013 kPa, 1 h | 506～1013 kPa, 2 h |
| 最后处理 | 5% NaOH 清洗 | 在 20% 盐酸中浸 24 h | 冷水冷却 | | 汽油清洗 | 在 120 ℃烘干 1 h |

续表 11.8

| 工艺条件 | 酚醛树脂 | 糠醛树脂 | 中沥青 | 易熔合金 | 润滑剂 | 聚四氟乙烯 |
|---|---|---|---|---|---|---|
| 热处理 | 罐内压力 405～506.5 kPa，室温～130 ℃；10 ℃/h，120 ℃，130 ℃分别保温 1 h | 罐内压力 405～506.5 kPa，20～80 ℃；5 ℃/h，80～130 ℃，2 ℃/h；130 ℃保温 10 h | 焙烧炉内按一般小型制品焙烧曲线焙烧至 1000 ℃以上 | | 在 200 ℃烘干 30 min | 在真空炉内 20～250 ℃自由升温，250 ℃保温 30 min，300 ℃保温 30 min；330 ℃～380 ℃保温 60 min；320～330 ℃；50 ℃/60 min；380 ℃保温 60 min |

# 11.8　影响浸渍效果的因素

影响浸渍效果的因素包括浸渍工艺条件（如温度、压力）和浸渍剂的理化性质。

## 11.8.1　工艺条件的影响

（1）温度

浸渍的温度条件主要包括产品预热温度、浸渍罐温度、浸渍剂的温度。温度主要依据浸渍工艺来确定。

① 产品预热太高，易氧化；温度太低，从预热箱出来很快冷却，进入浸渍罐，浸渍剂遇到冷制品，其黏度增高，流动性变差，所以，浸渍效果较差。制品预热温度以 240～300 ℃为宜。

② 浸渍罐温度在 150～180 ℃为宜。罐温太高，沥青容易发生氧化缩合反应，黏度也会增高，流动性变差；罐温太低，沥青流动性也较差，浸渍效果不理想。

③ 沥青的温度以 160～180 ℃为宜。

（2）压力

压力条件包括浸渍罐的真空度、加压的压力和加压的时间。

① 炭石墨制品装入浸渍罐后，抽真空，真空度不得低于 0.079 8 MPa，抽真空时间以 30～60 min 为宜。其目的是将罐内和制品内的残余空气抽走，同时排

除浸渍罐内的水蒸气,便于浸渍剂的浸入。抽真空时间太长会使罐温降低,影响浸渍效果。

② 罐内加压应在不低于 0.4~0.5 MPa 压力下保持 1.5~4 h。加压时间因产品而异。在设备允许的情况下,压力越大越好。压力不足时可适当延长时间,但时间太长会影响产量,损坏设备。

### 11.8.2　浸渍剂的理化性质的影响

① 浸渍剂的密度越大,结焦残炭率就越高,浸渍效果越好。

② 浸渍剂的黏度越小,流动性越好,越容易渗透到较小的气孔中去;但黏度太小,则析焦量势必减小。

③ 浸渍剂液体表面张力越大越好。表面张力越大,则对产品的表面的润湿接触角越小,致使毛细渗透压越大,对产品的润湿就越好,浸渍效果就比较好。

④ 浸渍剂中的悬浮物越小且呈球形越好。球形细粒的穿透力强,则浸渍效果较好。浸渍剂热处理后的结焦残炭率越高越好。结焦残炭率高,浸渍后产品在石墨化后体积密度大、强度高、真气孔率低、导电性好。因此,一般炭石墨制品都用中温沥青浸渍,其残炭率在 50% 左右,有利于提高制品的密度和强度。浸过几次的沥青其成分发生变化,浸渍剂黏度也逐渐增高。为了降低其黏度,又不至于降低其结焦残炭率,可适当加入一些蒽油或煤焦油来进行调整。

## 思考题与习题

11-1　什么叫浸渍?炭素材料为什么需要浸渍处理?

11-2　浸渍的材料类型有哪些?

11-3　试简述煤沥青的浸渍工艺。

11-4　浸渍的设备一般有哪几种类型?

11-5　影响浸渍效果的因素主要有哪些?怎么影响?

11-6　如何评价浸渍效果和效率?

11-7　如何确定浸渍品的预热温度和时间?

# 第 12 章　石墨化

石墨化是把焙烧制品置于石墨化炉内保护介质中加热到高温，使六角碳原子平面网格从二维空间的无序重叠转变为三维空间的有序重叠，且具有石墨结构的高温热处理(一般 2300 ℃以上)过程。焙烧制品的石墨化是生产人造石墨制品的主要工序。

## 12.1　石墨化目的

石墨化品与焙烧品最主要的区别在于碳原子和碳原子之间的晶格排列顺序和程度(石墨化晶格转变示意图如图 12.1 所示)，石墨化品属于"三维有序重叠"，并具有石墨结构。内部微观结构的不同，导致它们宏观表现的理化性质也不同。焙烧品和石墨化品理化指标对比见表 12.1。

经过 2300 ℃以上的石墨化处理，可以达到下列目的：

① 提高产品的电、热传导性；

② 提高产品的抗热冲击性和化学稳定性；

③ 使产品具有润滑性、抗磨性；

④ 排除杂质、提高纯度。

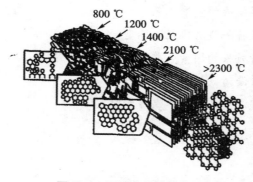

图 12.1　石墨化晶格转变示意图

**表 12.1**　焙烧品和石墨化品理化指标对比

| 项目 | 焙烧品 | 石墨化品 |
|---|---|---|
| 电阻率/$\mu\Omega \cdot m$ | 30 ~ 50 | 4 ~ 10 |
| 真密度/$(g \cdot cm^{-3})$ | 2.00 ~ 2.08 | 2.20 ~ 2.24 |
| 体积密度/$(g \cdot cm^{-3})$ | 1.50 ~ 1.65 | 1.50 ~ 1.68 |
| 抗压强度/MPa | 25 ~ 35 | 16 ~ 30 |
| 孔度/% | 20 ~ 25 | 25 ~ 30 |
| 灰分/% | 0.5 | 0.3 |
| 导热性/$(W \cdot m^{-1} \cdot K^{-1})$ | 3.6 ~ 6.7<br>175 ~ 675 ℃ | 74.5<br>(150 ~ 300 ℃) |
| 热膨胀系数/$(℃^{-1})$ | $(1.6 ~ 4.5) \times 10^{-6}$<br>(20 ~ 500 ℃) | $(1.1 ~ 2.6) \times 10^{-6}$<br>(20 ~ 500 ℃) |
| 开始氧化温度/℃ | 450 ~ 550 | 600 ~ 700 |

从表 12.1 中可以看出，焙烧品经石墨化后，电阻率降低约 80%，真密度提高约 10%，导热性提高约 10 倍，热膨胀系数降低约 50%，开始氧化温度提高，杂质气化逸出，机械强度有所降低。

## 12.2　石墨化转化机理

人造石墨生产一百多年来，石墨化的转化机理有影响的有三个理论假说。

### 12.2.1　碳化物转化理论

该理论是美国人艾其逊以在合成碳化硅时发现结晶粗大的人造石墨为依据提出来的。炭素材料的石墨化首先是通过与各种矿物质（如 $SiO_2$，$Fe_2O_3$，$Al_2O_3$）形成碳化物，然后在高温下分解为金属蒸气和石墨。这些矿物质在石墨化过程中起催化作用。由于石墨化炉的加热是由炉芯逐渐向外扩展，因此，焦炭中所含的矿物质与碳的化合首先在炉芯进行，高温分解产生的金属蒸气又与炉中心靠外侧的碳合成碳化物，然后又在高温下分解。以生成碳化硅为例，发生如下化学反应：

$$SiO_2 + 3C \xrightarrow{1700 ~ 2200 ℃} SiC + 2CO$$

$$SiC \xrightarrow{\quad 2235 \sim 2245\ ℃\quad} Si(蒸气) + C(石墨)$$

少灰的石油焦比多灰的无烟煤可达到更高的石墨化度。当石墨化度较低时，某些矿物杂质对石墨化确有催化作用，但催化机理不仅局限于生成碳化物这种形式。当石墨化度较高时，矿物杂质的存在会使石墨晶格形成缺陷，妨碍石墨化度的进一步提高。因此，碳化物转化理论对分解石墨来说是正确的，但对多数炭素材料的石墨化来说，就不合实际了。

### 12.2.2　再结晶理论

塔曼根据金属再结晶理论引申出石墨化再结晶理论，该理论假定炭素材料中原来就存在极小的石墨晶体，他们借碳原子的位移而"焊接"在一起成为大的晶体。再结晶理论还提出，石墨化时有新晶生成，新晶是在原晶体的接触界面上吸收碳原子而成长的。石墨化的难易与炭质材料的结构性质有关。多孔和松散的原料，由于碳原子的热运动受到阻碍，使晶体连接的机会减少，所以就难于石墨化。反之，结构致密的原料，由于碳原子热运动受到空间阻碍小，便于互相接触和晶体连接，所以就易于石墨化。同时该理论还认为，石墨化程度与晶格的成长有关，但它主要取决于石墨化温度，高温下的持续时间也有一定影响。此外，该理论认为，只有当第二次结晶的温度高于第一次结晶的温度时，二次结晶才能发生。

显然，再结晶理论比碳化物转化结论前进了一步。但是再结晶结论没有说明炭素原料中存在的微小石墨晶体形成的过程和条件。根据 X 射线衍射对晶体分析，在大多数原始碳中并没有石墨晶体的存在，所以，所谓"热焊接"或新晶生成也就缺乏根据，用该理论解释石墨晶体的转化过程也就难以令人信服。

### 12.2.3　微晶成长理论

1917 年，德拜和谢乐在研究无定型碳的 X 射线衍射图谱时，发现它与石墨谱线有相似之处，有些谱线两者可以重合。他们认为无定型碳是由石墨微晶组成的，无定型碳与石墨的区别主要在于晶体大小不同。在此基础上，德拜和谢乐提出了石墨化微晶成长理论。

石墨化原料的母体物质都是稠环芳烃化合物，这些化合物在热的作用下，经过在不同温度下连续发生的一系列热解反应，最终生成巨大的平面分子的聚集，即杂乱堆砌的六角碳网平面，这就是所谓"微晶"。微晶在二维空间是有序的,但在三维空间却无远程有序性,属于乱层结构。微晶并不是真正的晶体。但是,在石墨化条件下,由于碳原子的相互作用,微晶的碳网平面可做一定角度的扭转而趋向于互相平行。显然,微晶是无定形碳转化为石墨结构的基础。

绝大多数无定形碳中都含有微晶,但并不是这些无定形碳都可在一般石墨化条件下转化为石墨。不同化学组成、分子结构的母体物质,炭化生成的无定形碳中微晶的聚集状态不同,可石墨化性也不相同。微晶的聚集状态以基本平行的定向和杂乱交错为其两个极端,其间还存在一些定向程度不同的中间状态。例如,石油焦、无烟煤等由于微晶基本平行定向,所以易于石墨化,称为可石墨化炭(或称易石墨化炭);相反糖炭、骨炭或木炭等由于微晶随机取向,杂乱无序,又多微孔,并含大量氧或羟基团,所以难于石墨化,称为难石墨化炭。

## 12.3　石墨化炉

石墨化炉是根据焦耳定律的原理而设计的直接加热、间歇运转的电阻炉。对艾其逊式石墨化炉而言,装入炉内的产品与少量的电阻料组成炉芯,产品本身既是发热电阻,又是被加热对象。对内串炉而言,装入炉内的产品就是炉芯,发热电阻由产品本身构成,制品靠自身的发热而使之石墨化。

### 12.3.1　艾其逊式石墨化炉

艾其逊式石墨化炉主要由炉体和炉芯两大部分构成,炉体一般包括炉底槽、炉头端墙、导电电极、炉侧墙、槽钢等几部分(图 12.2)。

炉底槽一般指石墨化炉两端墙之间长方形槽的底下部分。在石墨化炉的混凝土基础上,首先砌 1~3 层红砖,然后砌一层普通耐火砖,四周也用耐火砖砌起,至端墙多灰碳块处。如采用活动侧墙式,还要在两边砌上一排虎头砖,即构成炉底槽。

在炉槽的两端各砌上一个导电端墙,成为炉头端墙,炉头端墙的外侧墙用多灰碳块或用耐火黏土砖、高铝砖等砌筑。内侧墙用石墨化块砌筑。为加强保护炉头,使其在热膨胀或机械力的撞击下,不致引起大的变形和损坏,炉头两侧有槽钢或角钢制成的护架,并用钢拉筋固定。内、外两侧墙之间的空间填充石墨粉,并要捣固。

导电电极贯穿内、外两端墙,与端墙构成一个整体。电极上有铜板通过夹

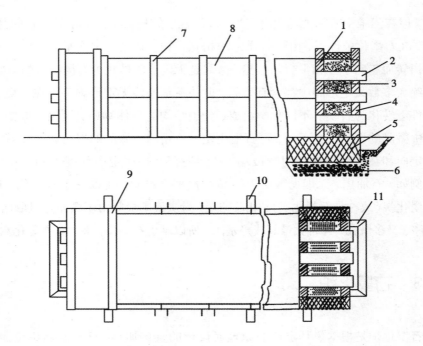

**图 12.2 艾其逊式石墨化炉结构示意图**

1—炉头内墙石墨块砌体；2—导电电极；3—填充石墨粉的炉头空间；4—炉头块砌体；
5—耐火砖砌体；6—混凝土基础；7—炉侧槽钢支柱；8—炉侧活动板墙；9—炉头拉筋；
10—吊挂移动母线排的支撑架；11—水槽

紧夹具与之连接。铜板与铝母线排之间用多层薄铜片缓冲连接。电极靠向炉内的一端与炉内侧导电端墙相接。

导电电极可用石墨化电极或石墨块。如果用石墨化电极做导电电极，则会给石墨化炉砌筑带来很大难度，所以，导电电极多采用石墨化块。石墨化块要有较高的导电系数，其允许电流密度最好为 11 A/cm² 以上。为了提高导电电极的使用寿命，一般在选用石墨化块导电电极的个数和截面时，应保证其电流密度在 10 A/cm² 以下；否则，导电电极容易断裂，易造成炉头（尾）导电端墙在送电后期发生窜火事故。

石墨化炉侧墙分固定墙和活动墙。固定式侧墙一般采用耐火砖砌筑，每隔一定间隔都要留一排气孔，以使送电过程中炉芯内的烟气能顺利排出。使用耐火砖做侧墙，保温效果好，使用寿命也稍长，但造价较高。

活动式侧墙是由水泥、黏土、耐火砖碎块等按一定比例配制而成的，墙上留有排气孔。使用时将活动侧墙吊放在炉两侧、由槽钢做成的柱子间。活动式侧墙的优点是经济、省工,且冷却炉子时方便。缺点是不耐机械冲击和热冲击,以及破损不能修补等。

此外,现在还出现了下半部为固定式,上半部为活动式的混合型侧墙,兼顾了两者的优点,使用效果比较理想。

槽钢(或铸铁支架)主要起固定侧墙的作用。通电炉芯由被加热的产品和中间填充电阻料组成。通电后炉体有一定的热胀力。

艾其逊石墨化炉的结构简单、坚固耐用、稳定可靠、维修方便,且产量大,石墨化产品规格不限,是我国用得最多的一种炉型,也是炭素生产的主要石墨化设备。但其主要缺点是热效率不高,操作环境、环保治理难以改善。

### 12.3.2 内串石墨化炉

内串石墨化炉不用电阻料,制品本身即构成炉芯,这样,内串炉的炉阻很小。为了获得较大的炉阻,同时为了提高产量,内串炉就需要足够长。内串炉多建成 U 形炉(图 12.3)。U 形内串炉的两个槽可以建成分体,用外接软铜母线连接。也可以建成一体的,中间加空心砖墙。中间空心砖墙的作用是把其分割成为 2 个彼此绝缘的炉槽。如果是建成一体的,那么在生产过程中,一定要注意对中间空心砖墙和内连接导电电极的维护,中间空心砖墙一旦绝缘不好,或内连接导电电极断裂,会造成生产事故,严重时甚至发生"喷炉"现象。内串炉的 U 形槽一般用耐火砖或耐热混凝土砌筑。分体式 U 形槽也有用铁板做成多个匣体,然后用绝缘材料将其连接的。但实践证明,以铁板做成的匣体容易变形,致使绝缘材料无法将两个匣体很好地连接在一起,维护任务量很大。

## 12.4 石墨化供电装置

供电装置是石墨化必不可少的设备。供电设备主要包括调压变压器、整流变压器、整流柜以及相关的附属设备。每一组石墨化炉配用一套供电装置,生产时只对其中一台石墨化炉供电。

炭素制品在石墨化过程中,需要有足够高的温度,需要有一定的升温速度。炉阻随炉温的升高而降低,炉阻呈现负特性。在开始送电时炉阻较大,同时工艺要求的送电功率较低,需要高电压小电流;送电后期随着炉阻减小、送电功率的提高,需要大电流低电压。于是靠对电压的操作,电流和功率不断地发生变化。

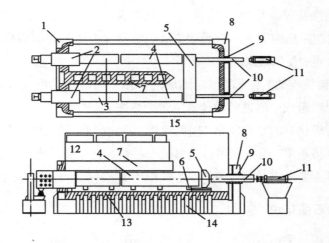

**图 12.3　中间带空心砖墙的内串炉示意图**

1—炉头；2—炉头电极；3—串接柱；4—石墨电极；5—石墨块；

6—石墨滑块；7—中间墙；8—炉尾；9—电极衬套；10—顶推电极；

11—液压加压装置；12—密封；13—冶金焦；14—水泥墙墩；15—金属罩

### 12.4.1　石墨化炉与供电装置的配置

　　一般说来，大容量的炉子，热效率高，质量好，能耗低，但一次性投资大，缴纳的基本电费高。在变压器容量，电压区间和单元炉芯功率允许的情况下，石墨化炉的有效炉长是越长越经济。炉子加长后，炉芯电阻提高，相应的电效率和热效率都有所提高。但炉子过长，需要增大供电变压器的功率，而且一般情况下炉长受厂房宽度限制，厂房宽度超过 30 m，厂房建造费用高。在选择炉子的容量的时候，一般要考虑与选用的变压器匹配，经常遵循的原则是：

　　① 每立方米的炉芯应保证有 100~200 kW 的功率负荷。

　　② 选择炉长时，一般要考虑与变压器最高电压的匹配。直流石墨化炉电抗很小，按装入电阻料及生产产品的不同，每米电压一般为 6~15 V。

　　③ 选择石墨化的炉芯截面时，主要取决于变压器的二次侧最大输出电流，通常是跟据炉芯电流密度来计算。

### 12.4.2　短网

　　一般把直流石墨化炉整流柜的输出端到炉头导电电极之间的母线，称为短网，石墨化炉使用的母线一般为矩形。石墨化炉的母线由铜和铝两种材料制成。铜的机械强度较大，导电性较好，抗腐蚀性较强。铝的导电性稍差，但铝的价格相对便宜，比重也轻。

石墨化炉的炉阻较小，尤其是送电后期，炉阻变得更小，使短网的压降增大，造成电能损耗增加。因此石墨化炉能否安全经济地运行，与短网的特性有密切的关系。

最基本的原则是应该尽量减少短网的阻抗，使整个短网保持较小的压降。石墨化炉的短网中有各种接触。例如，导电电极与铜母线的接触、铜软母线与铝母线的接触、铝母线之间的接触等，这些接触都将产生接触电阻，影响整个短网特性。

### 12.4.3　直流石墨化供电装置的新发展

目前，为了提高石墨化炉热效率和增产，国内石墨化炉子向大型化发展，同时，随着电炉炼钢的发展，对石墨电极的品种及质量的要求不断提高。高功率、超高功率大直径电极的需求越来越大，需要更高的炉芯电流密度，而现有的直流石墨化整流机组的直流输出较小，炉芯电流密度也较低。为适应生产的需要，只有增大整流机组二次输出电流，来提高炉芯电流密度。所以，当今的石墨化整流机组变压器正向着更大电流、增大炉芯电流密度的方向发展。这就需要石墨化供电装置向低电压、大电流、较小功率的整流机组方向发展。

采取最大电流与最高电压不同时出现，最大电流在号头的 2/3 左右处出现，可以在同等条件下降低变压器容量。即采用整流变压器恒功率的特性，使变压器容量降低的同时提高其直流电流输出。

对于现有的石墨化整流机组，可通过更换整流变压器来提高直流输出电流，最终提高石墨化炉的炉芯电流密度及后期功率，达到优质、高产、低电耗的目的。

## 12.5　石墨化过程的温度特性

### 12.5.1　炭素产品石墨化的温度三阶段

炭素产品在石墨化过程中，按温度特性大致可分为三个阶段。

（1）室温至 1300 ℃ 焙烧阶段

室温至 1300 ℃ 为重复焙烧阶段，此阶段的产品具有一定的热电性能和耐冲击性能。由于该阶段产品仅是单纯的预热，焙烧品内部没有什么大变化，在此阶段采用较快的温升速度，产品也不会产生裂纹。但由于加热初期产品、电阻料、保温料甚至产品本身都含有一定的水分，需要耗费一定的能量予以蒸发，而且，起始时馈入的能量也不可能很大，因而实际上升温速度并不快。

（2）1300～1800 ℃ 为严控温升阶段

此阶段内产品的物理结构和化学组成开始发生很大变化。实际上以化学反应为主，无定形碳微晶结构中结合的氢、氧、氮、硫等元素不断逸出，产生气胀现象。气胀是一种不可逆膨胀，焦炭的不可逆膨胀与焦炭的氮、硫含量，石墨化温升速度，所排气体的特性，焦炭的孔隙率及结构有关。在升温过程中，在 2100 ℃ 以下，制品一直保持在膨胀状态；2100 ℃ 以上甚至更高温度时，制品才开始收缩。

目前抑制气胀主要有四种措施：

① 降低原料焦炭的硫、氮等杂质含量。可采取高温煅烧和加氢脱硫两种办法。前者通过高温煅烧降低硫等杂质的含量，但这需要的温度往往较高，难以实现；后者生焦在 500 ℃ 进行氧化作用后又经过二次加氢脱硫，微孔、微裂纹增加，焦炭中硫含量减少。

② 改善原料的微观结构。焦炭中的微裂纹越多，焦炭的热膨胀系数越小，气胀越小。有研究结果表明，采用两部煅烧法（中间一次冷却）可使焦炭微裂纹增加。

③ 控制石墨化过程，严控区间的升温速度，主要是降低在 1500～1800 ℃ 杂质气体释放的速度，有利于减少气胀。

④ 添加抑制剂。配料时加入少量的气胀抑制剂，可延缓杂质气体的释放。气胀抑制剂通常使用氧化铁粉，抑制剂与硫反应生成硫化物，随后将硫的逸出推迟到 2100～2500 ℃，并以较低的速度分解出单质硫。此外，气胀主要是在 0.1～1 μm 的微孔中产生，相同的气胀抑制剂，颗粒度越小越好，抑制剂和黏结剂一起进入焦碳颗粒的微孔中。

因此，在温度为 1300～1800 ℃，这些变化引起结构上的缺陷，促使热应力过分集中，极易产生裂纹废品。为减缓热应力的作用，应严格控制此阶段的温升速度，防止产品产生裂纹。在实际生产中，为降低温升速度，在这一温度区间常采用降低每小时上升功率、横功率甚至是减功率运行。

（3）1800 ℃至石墨化最高温度为自由升温阶段

此阶段产品气胀趋缓，产品的石墨晶体结构已开始形成，温升速度对产品的影响不是很大，所以，在这一阶段可以采取较快的温升。

在实际生产中，由于高温热损失增大，这个阶段的实际温升速度往往也很难提高。所以在这一阶段可以采用大幅度提高每小时上升功率来提高温度上升幅度。

## 12.5.2　炉芯温度分布

炉芯断面上温度分布情况因产品装炉方式、炉芯截面、垫层厚度、保温及绝缘等条件而异。

炉芯电阻是由具有高电阻的电阻料和具有低电阻的产品电阻串联组成的。电阻料的电阻远大于产品的电阻，因此电阻料所产生的热量也与其电阻相对应，远比产品内所产生的热量大。所以，对炉内电极来说，电极表面的温度要高于电极芯部的温度。送电曲线越快，表面和芯部的温差越大。

由于电流流向具有选择电阻较小方向的特性，从导电电极流出的电流呈扇状，因此炉子的四角流过的电流最小，产生的热量最少，炉子的四角是全炉温度最低的部位。有时，四角的温度会比炉芯中央低 500～800 ℃，这种炉温的不均匀性，也是艾其逊式电阻炉的一个特征。炉芯及其周围温度分布示意图如图 12.4 所示。

正常稳定生产的产品均应在高温圈内，且高温圈应基本对称于导电电极。利用高温圈的位置可来分析判断石墨化炉炉芯温度的分布是否合理，高温圈太靠上，热损失大；太靠下，易烧坏炉底。

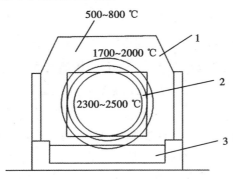

**图 12.4　炉芯及其周围温度分布示意图**

1—保温料；2—炉芯；3—炉底料

### 12.5.3　石墨化炉的测温技术

石墨化炉的温度测量是十分重要的工艺控制项目。为了准确地掌握炉温的上升速度及炉温的分布情况，必须对石墨化炉进行实际温度测量，并以此来调整功率曲线。

石墨化炉温高达 2300 ℃以上，因此用来测量石墨化炉炉温的测温管一般采用石墨测温管（图 12.5）。1300 ℃以下用铂-铑热电偶，1300 ℃以上用光学高温仪测量。在 1300 ℃以上，由于仪器的误差和人的测量误差，主要是人的测量误差，测得的温度是不够准确的。

为了准确测量炉芯温度分布及升温速度，测温点应选择几个，测温次数可根据要求而定。

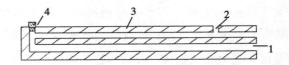

**图 12.5　石墨测温管结构示意图**

1—测温孔；2—排烟孔；3—石墨棒；4—石墨塞

# 12.6　艾其逊式石墨化炉的生产操作

### 12.6.1　石墨化炉的运行

石墨化炉生产作业包括装炉、送电、冷却、出炉、清炉、修炉、再重新装炉，一个周期一般要 11 ~ 15 d。但送电时间仅 40 ~ 100 h，这样，要充分利用变压器，就得有 5 ~ 8 台炉子轮流使用。一台变压器与 5 ~ 8 台炉子结合起来有各种作业方式，循环进行生产，以保证供电装置连续运行。每组石墨化炉循环运行如图 12.6 所示。

从图 12.6 可以看出，每组石墨化炉中总共有一台炉处于通电运行，其他炉室分别处于待通电、装炉、冷却、卸炉、清炉、小修等操作过程中，每个环节必须在规定的时间内完成，才能确保石墨化生产的顺利进行。

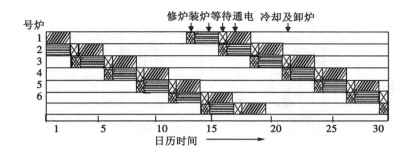

图 12.6  石墨化炉运行示意图

## 12.6.2  石墨化装出炉工艺

装炉是石墨化生产操作过程中的关键工序,因为装入炉内的焙烧品既是发热电阻,又是被加热对象。如果装炉装得好,炉阻合适、均匀,电能利用率就高,同时产品质量也好。所以,装炉质量的好坏直接影响石墨化制品的质量。

目前,石墨化制品生产的装炉方法主要有立装法、卧装法、立卧混合装法和间装或错位装法四种,前两种方法是最常用的装炉法。

装炉方法的选取主要根据产品规格而定。大中规格产品一般采用立装,而小规格产品、短尺寸或板材采用卧装。小规格产品、短尺寸或板材产品和大规格产品需要同装入一个炉次时,可采用混合装炉法,即一边立装,一边卧装。为了产品的均质化,也可采用间装或错位装法。

### 12.6.2.1  立装法

把需要石墨化的炭制品长度方向垂直于石墨化炉底平面的装炉方法叫立装法,立装法示意图如图 12.7 所示。立装法的顺序是:铺炉底、围炉芯、放下部垫层、装入产品、填充电阻料、放入上部垫层、填充两侧保温料和覆盖上部保温料。

(1)铺炉底

新投入生产的炉子,在耐火砖砌筑的炉槽内,先铺 250~350 mm 厚的石英砂,石英砂上再铺上炉底料,炉底料是由石英砂和冶金焦粉按照一定体积比组成的混合料。铺炉底料的作用是:

① 绝缘作用,保证炉芯与大地绝缘。

② 保温作用,保证炉芯温度尽可能少散失。

③ 调节炉芯高度,保证炉芯上下与导电电极端墙相对应。

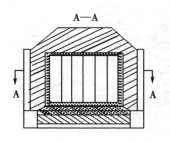
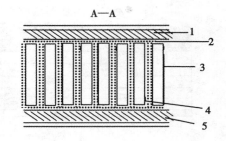

**图 12.7　立装法示意图**

1—保温料；2—电阻料；3—卧装产品；4—立装产品；5—保温料

（2）围炉芯

石墨化炉中被焙烧品和电阻料所占据的空间称为炉芯。根据装入炭制品的规格和周围电阻料的要求，用钢板先围成一定形状和尺寸，这个操作过程叫围炉芯。围炉芯的目的是：

① 使炉芯与保温料分开，防止保温料混入炉芯；

② 固定炉芯位置，炉芯要与导电端墙左右对应；

③ 便于填充电阻料；

④ 保证整炉产品装得整齐。

围炉芯的钢板分为炉头板和侧装料板。放炉头板时，炉头距导电端墙的距离为：一般大型炉在 250~300 mm，小型炉在 150~200 mm，中间填充石墨化冶金焦。这层电阻料的作用是：

① 作为导电电极与炉芯制品间的导电材料，使电流均匀地通过炉芯。

② 作为制品与导电电极间的缓冲层，防止因热膨胀而损坏炉头。

（3）放炉底垫层

在装入产品之前先在围成的炉芯内的炉底料上面铺一层 100~150 mm 厚的冶金焦（也可以铺石墨化焦，铺冶金焦的目的是为了保护炉底），作为炉底垫层。炉底垫层的主要作用是：

① 使炉芯产品与炉底料分开。炉底料内有石英砂，与产品接触易产生金刚砂，氧化产品。

② 也起到调整炉芯电阻的作用。

（4）装产品、填充电阻料

产品立装于垫层上，横排产品彼此互相靠紧有一定的间距，老规程一般要求其产品的间距为制品直径的 20%，实际生产中视电阻料的粒度大小及焙烧品质量等原因而定，一般保证在制品直径的 10% ~ 20% ，中间填充电阻料。电阻料一方面是发热电阻，同时起着固定产品的作用。

常用的电阻料主要有三种：冶金焦、石墨化焦以及两者按不同比例的混合焦。

石墨化炉的炉芯电阻是由装入炉内的产品本身的电阻和电阻料的电阻串联而成的。电阻料的电阻远大于产品的电阻。所以，炉芯电阻的绝大部分是由电阻料提供的。在石墨化过程中，主要是靠电流通过电阻料时产生的热量加热焙烧品。在实际生产中，调整炉芯电阻的方法主要有三点：

① 调节焙烧品装炉时的间距；

② 采用不同系数的电阻料，如冶金焦、石墨化焦以及两者按不同比例的混合料；

③ 调整炉芯截面的大小。

（5）放上部垫层

填好电阻料，采用格板装炉方式的抽出格板后，还要在产品和电阻料组成的炉芯上面铺一层 100 ~ 150 mm 的石墨化冶金焦，作为上部垫层。上部垫层的主要作用是：

① 使产品与保温料分开，防止产品与石英砂接触；

② 可以起到一定的引流作用和调整炉温的作用。

（6）覆盖保温料

覆盖保温料时先放炉芯两侧保温料，两侧保温料的厚度不应少于 400 mm，在放两侧保温料的同时，装料板逐渐拔出，最后在顶部覆盖不小于 700 mm 的上部保温料。

石墨化炉用保温料应导热率低、电阻率高，这就使其具有了良好的保温性和对电的绝缘性，可防止热量和电能的流失。同时还要具有 2000 ℃ 以上高温不融化、不易窜入炉芯与制品发生反应的性能。选择保温料的另一条原则是资源丰富，价格便宜。

12.6.2.2 卧装法

炭制品在石墨化炉内水平放置，其长度方向与炉芯长度方向垂直的装炉方法叫卧装法，如图 12.8 所示。

卧装与立装的工艺过程基本相同。也是由铺炉底、围炉芯、装入产品及电阻料、覆盖保温料等工序组成。

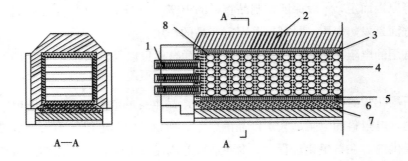

图 12. 8　卧装炉示意图

1—炉头导电电极；2—保温料；3—上部垫层；4—炉芯电阻料；5—底部垫层；

6—炉底料；7—石英砂；8—焙烧电极

　　小规格产品用卧装方法比较多，卧装法一般用成组吊入炉中，并分成上、下两个水平排，或多个水平排，在吊与吊之间留有一定的距离，距离大小一般为 40~80 mm，装完一个水平排后即向吊与吊之间的空隙内填入电阻料，同时覆盖 40~80 mm 厚的冶金焦或石墨化焦作为上、下水平排之间的垫层，再装上面的水平排。

### 12. 6. 2. 3　混合装炉法

　　有些产品长度比较短，装炉量比较小，为了充分发挥炉子的能力，可以在卧装产品的一侧立装一部分产品，如图 12.9 所示。此时，一定要注意两种产品规格不要相差过大，并保证两种产品连接处要填充好电阻料，防止产生双炉芯，造成偏流。只在一侧立装数排产品的混合装炉法，容易导致炉芯电阻分布不均，出现炉芯温度偏移。因此，在混合装炉时，应错开分别装入，可以避免炉芯两侧温度出现较大差异。混合装炉的操作程序与立装和卧装的有关规定相同。

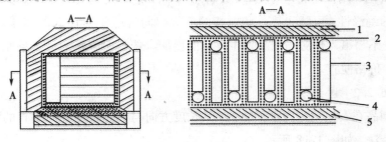

图 12. 9　混合装炉示意图

1—保温料；2—电阻料；3—卧装产品；4—立装产品；5—保温料

12.6.2.4　间装法或错位装炉法

焙烧品直径越大，在石墨化过程中越容易在产品内部形成温度分布不均匀，在温升过快的情况下越容易产生裂纹产品。艾其逊石墨化炉的缺点之一就是炉芯电阻分布不均匀，电阻小的地方电流通过较多，电阻大的地方电流通过较少。

如图 12.10 所示，由于电阻料的电阻比焙烧品本身的电阻大得多，所以电流从 A—A 处通过较多，A—A 处的温度 $t_1 > t_2$，导致 A—A 处的温升速度比较快，产品在这一部分容易出现裂纹。如果改用下面的间装法（图 12.11），即用两种规格的焙烧品间隔装炉（如直径 500 mm 与直径 250 mm 或直径 400 mm 与直径 200 mm 间隔装入），利用间隔装炉的小直径产品来分散电流的走向，缩小温度差，就可以减少裂纹废品的发生，因此这种间隔装炉允许适当提高通电时的开始功率和上升功率。

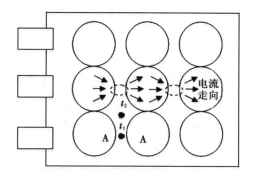

**图 12.10　立装炉电流走向示意图**

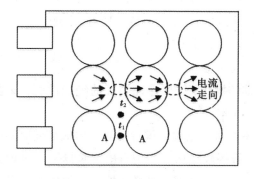

**图 12.11　间装炉电流走向示意图**

### 12.6.3　通电、冷却、卸炉与清炉

#### 12.6.3.1　通电

送电前要先检查整个回路是否有开路或接地的情况，冷却水是否畅通，炉头粉是否填满、捅实，并将各个接点擦光、上紧。检查完毕后，即可通知送电。送电人要在送电签字单上填写产品名称、规格、重量、送电制度，并签名。

通电过程中要经常巡视检查石墨化炉的运行情况，检查炉头、接点是否发红，炉子是否漏料，是否出现接地，冷却水是否堵塞，上盖、炉头、炉墙是否有可能窜火，等等。

目前石墨化炉的总电量的给定，主要是以产品的规格、品级、有无特殊要求，产品的原料组成，原料中有无低档焦，送电曲线，单位产品的计划电单耗，同时参考同品种规格产品在一般情况下所给定的全炉总电量、送电中途是否有压负荷及停电现象等来确定。

#### 12.6.3.2　冷却和卸炉

停电后，石墨化炉处于冷却降温阶段，冷却时间的长短根据石墨化炉运转台数及工艺要求来决定，冷却时间一般不低于96 h，正常需96~150 h。冷却方法有两种，一种为自然冷却，另一种是强制浇水冷却。大型石墨化炉组，由于运转周期短、产量大，一般都采取强制浇水冷却。强制浇水冷却的要点是少浇、勤浇，不宜一次大量浇水，严禁向炉内局部灌水，防止产品氧化。

立装石墨化炉的冷却过程分为抓浮料、抓上盖、刮炉顶焦、水冷却等几个步骤。

卧装炉拔墙后，在整个冷却过程中，产品始终在烧结的炉壳内，此时要维护好炉壳，要用耐火泥或黄泥将炉壳裂缝堵好，防止空气和水进入氧化产品，到规定时间后，打开外壳，即可卸炉。

#### 12.6.3.3　清炉与小修

清炉是比较关键的操作，既要保证炉底的绝缘性能，又要保证尽量少清除料，以利于降低生产成本。

炉子经清理后还要对导电端墙进行小修。内端墙表面黏结的金刚砂要清除掉，小的孔洞要用废石墨碎块堵塞并用石墨粉浆抹平。对炉头内外墙中间要填加石墨粉并捣实，防止出现空隙，边墙卸炉时碰掉的耐火砖，应重新砌好。炉子运行几个炉次后，要将炉头粉挖开，检查导电电极情况，如果发现导电电极有断开现象，要及时更换或做有效处理。清炉和小修后的炉子可以重新装炉。

### 12.6.4　送电制度

#### 12.6.4.1　石墨化送电功率曲线

目前炭素厂主要采用在规定时间规定一定功率的功率曲线来替代温度曲线控制石墨化升温，即所谓定功率配电。它是根据给定的开始功率和上升功率来对石墨化炉供电进行手动或微机控制，以累计电量最终达到计划电量为停电依据的供电方法。开始功率是通电开始时电功率的大小。上升功率是通电后每小时递增功率的大小。

开始功率大，上升功率快，石墨化炉温升就快，下达同样的电量，通电时间将缩短，热量损失就减少，这样有利于产品电阻率的降低及用电单耗的降低。但提高温升速度容易增大产品的内外温度差，从而增加裂纹废品，特别是对大规格产品，增加裂纹废品的概率更大。开始功率和上升功率的确定一般根据变压器特性，石墨化炉大小，装炉产品规格、品级、坯品质量情况，炉芯情况，产品的要求，电阻料种类，石墨化过程中的温度特性等综合考虑确定。

由于送电开始时炉阻较大，以及保温料和炉芯内含有一定的水分等，第一阶段的实际温升并不太快。第二阶段的温升速度一般要求严格控制，其温度上升速度不要超过第一阶段，如果控制不好，会造成大量的裂纹废品。实际上，第二阶段的温升是最不易控制的，在这一温度区间常采用降低每小时上升功率、横功率甚至是减功率运行。为了确保产品质量，往往还要扩大严控温升阶段的区域。炉芯温度超过 1800 ℃，产品进入石墨化阶段，温升可以加快，然而由于高温热损失增大，实际温升速度往往也很难提高。常用的几种石墨化送电制度举例见表 12.2。

表 12.2　　　　　　　　　　石墨化送电制度举例

| 产品规格/mm | 电阻料类别 | 开始功率/kW | 每小时上升功率/kW |
|---|---|---|---|
| Φ500 | 冶金焦 | 1000～2000 | 100～150 |
| | | 5000 | 50～100 |
| | | 7000～9000 | 800～1000 |
| | 石墨化焦 | 1500～2500 | 100～250 |
| | | 5000 | 80～100 |
| | | 7000～9000 | 1000～1500 |

续表 12.2

| 产品规格/mm | 电阻料类别 | 开始功率/kW | 每小时上升功率/kW |
|---|---|---|---|
| Φ400 | 冶金焦 | 1500~2500 | 80~200 |
| | | 7000~9000 | 800~1000 |
| | 石墨化焦 | 2000~3000 | 100~300 |
| | | 7000~9000 | 1000~1500 |
| Φ350 | 冶金焦 | 1500~2500 | 150~250 |
| | | 7000~9000 | 800~1000 |
| | 石墨化焦 | 2000~3000 | 200~300 |
| | | 7000~9000 | 1000~1500 |

### 12.6.4.2 石墨化炉在送电过程中的供电操作

石墨化炉在整个通电过程中，电压、电流、功率都在较大的范围内变化且互相关联。

通电开始时，炉芯电阻较大，以较高的电压供电保证向炉内馈入规定的功率。石墨化供电装置炉用变压器的两台整流柜，其首尾相接叫串接，首首、尾尾相接叫并联。送电前期，为适应炉阻较大的特点，常采用串联送电。这一阶段，主要是靠提高电压来满足功率曲线的要求，即根据送电要求，采用不断调节级数、升高电压档次送电。但随着通过炉芯的电功率不断增大，炉芯电阻不断下降，为保证继续按照给定的功率供电，同时保证变压器不致过载，就要及时降低电压。

当电压值等于或接近并联送电的最高电压时，应及时改为并联送电，可使功率下降得缓慢。

## 12.7 内串石墨化生产操作

内串工艺的主要特点是内热和串接。"内热"是不用电阻料，电流沿焙烧电极的轴向通入电极，以电极本身作为发热体使焙烧品石墨化的窑炉。"串接"是把电极沿其轴线头对头地串接起来。内串工艺从根本上克服了艾其逊炉的弊端，与艾其逊炉相比，显示出许多优越性，具有单位小时升温快、热销率高、电耗低、送电时间短、电极质量均匀等优点。"直流"艾其逊与"内串"两种工艺的对比见表 12.3。

**表 12.3** **"直流"艾其逊与"内串"两种工艺对比**

| 技术指标 | 直流艾其逊工艺(艾其逊炉) | 内串工艺(内串炉) | 技术关键 |
|---|---|---|---|
| 装炉量/t | 80~120 | 16~20 | |
| 产品直径/mm | 不限 | >400 | |
| 升温速率/(℃·h$^{-1}$) | 35~60 | 200~600 | |
| 送电时间/h | 50~60 | 8~12 | |
| 电流密度/(A·cm$^{-2}$) | 1.8~2.0 | 30~50 | |
| 电极内温度分布 | 不均匀,升温速度越快越不均匀 | 比较均匀,受升温速度影响不大 | 加热方式 |
| 电极中心温度/℃ | 2500~2700 | 2700~3000 | 加热方式 |
| 电耗/(kW·h·t$^{-1}$) | 3800~4400 | 2500~3200 | 热损通电周期 |
| 电极质量 | 难均匀、不稳定 | 均匀、较好 | 加热方式 |
| 直径大小的影响 | 直径越大,工艺技术指标越差 | 直径越大,工艺技术指标越好 | 加热方式 |
| 热效率/% | 35~40 | 50~65 | |
| 功率因数 | 0.91 | 0.99 | |

### 12.7.1 装出炉工艺

(1)铺炉底

根据所装产品的规格计算出炉底料的高度,炉底料高度与规定高度误差 ±1 cm。将不含大块和杂物的干料放入炉中,按要求铺设炉底料,铲平并踩实。

(2)定中心线

炉头导电电极和炉尾内联电极的中心点为两端点,拉上线或绳,踩上印,以保证焙烧电极中心线与导电电极中心线一致。

(3)装下层电极

阅读装炉图,了解下层电极柱的编号顺序和垫块尺寸。保证相邻两支焙品电极端面对缝横平竖直。电极间隙较大需防止焦屑漏入,不得破漏焙品电极的接缝端头,垫块之间如有间隙须用石墨粉填充捣实,不得有漏料现象。使用石墨垫圈时,要精心操作,减少石墨垫圈的损坏。将炉头导电电极轻轻靠上电极柱,不上压。放保温料,单柱电极两侧放入旧保温料,装双柱电极先放入中间新保温料,然后放入两侧旧保温料,铲平踩实。

（4）装上层电极

装上层电极的方法与下层电极基本相同，上层电极的接缝与下层电极接缝要尽量错开。上层电极装好后，炉头炉尾石墨粉灌好、捣实后，启动液压系统进行预压，然后放料盖顶。

（5）盖顶

盖顶炉顶做成馒头顶，盖顶时炉子的四角及侧面要与炉墙打平，盖料不得堵塞炉子的透气孔，做好卫生，准备供电。

（6）送电石墨化、冷却

按送电曲线送电升温，送电过程中，要对内串炉体、水系统、压力系统进行巡视，发现问题及时处理。送电结束后保压 8 h，松开液压装置。自然冷却至规定时间后，出炉。

（7）抓覆料

停电 24～36 h 后，将覆盖在电极上的保温料夹出，但需保证电极上有盖料。停电 90 h 后，将第二层保温料夹出，电极上仍保有覆盖料，尽量将料夹均匀。

（8）出炉、清炉

按生产计划规定，在停电 7 d 后吊出石墨化电极和石墨垫块。在电极、垫块全部吊出去后，将炉头导电电极和内联导电电极周围的保温料打扫干净，将炉底清至导电电极中心线 60 mm 以下，尽量将炉底硬块清出。

### 12.7.2　内串石墨化的生产周期

生产周期一般情况下为：清炉及装炉准备 8 h，装炉 8 h，通电 12～20 h（包括转接母线开关 1 h），冷却 72～96 h，卸炉 8 h，冷却下层保温料以能完成清炉作业 24 h，合计 132～156 h。

生产周期如按中间值 144 h 计算，通电时间以 12 h 计算，为维持正常运转，1 组串接石墨化炉应有 144÷12 = 12（台炉），如加上检修需要，内串炉应该是 1 组供电装置配置 14 台以上同样结构的内串炉，才能保证连续运转。

### 12.7.3　串接电极间的接触介质

串接石墨化在通电过程中，由于电极外表散热大，在同一时间外表的温度低于中间部分，造成制品径向温差，最终导致制品在石墨化过程中开裂。使用接触介质将电流引向电极的外表面，缩小径向温差，使电极不易开裂。目前，长用的接触介质主要有两种：

① 在电极端面贴一张 10 ~ 15 mm 厚的纸片，面积以控制在电极端面面积的 50% 左右为宜。然后在两根焙烧品端部连接处的间隙内装入石墨粉并捣实。这种方法简单易行，成本也低，效果也很好。但要有防止在挤压过程中石墨粉漏掉而混入了保温料的措施。

② 使用适当厚度由柔性石墨压成的中间带孔的垫片。孔的面积以控制在电极端面面积的 30% ~ 50% 为宜。

## 12.7.4　加压压力

在内串炉的生产中，炉芯中通过的电流密度往往超过 30 A/cm², 较大的电流密度通过需要制品之间接触良好，因此通过施加一定的压力，以确保其接触良好，降低其接触电阻，从而不出现电化现象，同时也可降低接触处与电极躯干的温度差。

内串生产过程中电极柱的柱长是随时变化的，这就必须有一个能自动控制的压力装置，保持始终对电极柱施加一个固定的压力，以确保其能有一个较快的上升功率而不至于使制品产生裂纹。在内串炉生产中，保持内串产品串接柱的压紧压力在 0.5 ~ 0.8 MPa 范围内是最合适的。

## 12.7.5　内串石墨化的温度测量

内串炉炉芯由产品本身构成，这给温度测量带来难度。要实现内串炉高温区间的光学高温仪测温，只有将内串柱上的电极掏孔，把带有底壁的石墨测温管放到所掏的孔内，视所要测温的部位决定孔的深度，但最浅要保证石墨测温管的孔底与电极表面齐平，同时，用石墨粉将电极掏孔与石墨测温管外壁弥合。

## 12.7.6　内串石墨化的工艺曲线制订

内串石墨化炉温度比较均匀，更容易确定整个炉芯的温度。同时，内串石墨化炉温度上升较快，更要严格地遵循石墨化过程的温度特性。

根据生产经验，装入串接石墨化炉产品的直径大小是考虑功率上升的另一个重要因素，大直径产品的功率上升应当适当放慢。升温速率也和生产电极的原料质量有关，同样是针状焦，但煤系针状焦气胀较大，用煤系针状焦生产的石墨电极用于串接石墨化炉中要更严格地控制升温速率，以防止大量裂纹废品的产生。所以，煤系针状焦生产的石墨电极不适宜用内串生产。

### 12.7.7　内串石墨化废品的原因分析

在内串炉生产中，纵裂废品是由工序原因产生的，主要原因有五条：

① 送电曲线不合理，在严控温度阶段，必要的时候需要降低功率运行，同时注意在其他阶段也不能有太快的温升；否则，会使电极内部应力的变化超过表面的抵抗能力，从而形成纵裂。

② 原料问题。原料本身含氮及硫太高，或在曲线未动的情况下，电极的原料组成发生了较大变化。

③ 焙烧品的质量。电极焙烧品本身存在质量缺陷，焙烧品均质性较差，各部位的电阻率及密度差异过大，焙烧品电极端面处理不平整等都容易出现纵裂废品。这种情况需要降低功率上升速率，以弥补其不足。

④ 装炉操作。装炉操作时串接柱不同心、不垂直。接触介质、接触端面没有处理好，甚至挤进了保温料。多柱生产时，柱长差异过大，柱与柱之间电阻率差异过大，会导致炉芯偏流，这些都会使电极各部温差过大而造成纵裂。

⑤ 加压系统问题。加压压力变化与电极膨胀及收缩不相适应，压力不稳定，忽大忽小，使电极端面的接触电阻忽大忽小，端部升温速率与预计的不相符合而导致纵裂。

## 12.8　内串石墨化与艾其逊式石墨化炉的比较

### 12.8.1　艾其逊式石墨化炉的优点

① 单台炉产量大。

② 对产品的包容性强，不同规格尺寸等都能生产，而且能在同一炉内生产。

③ 技术基础力量强。

④ 一次性投入稍小。

### 12.8.2　艾其逊式石墨化炉的缺点

① 通电时间长，热损失大，能量利用率低。

② 炉芯各部位的温度差别较大，因此同一炉产品的电阻率差异较大，每根电极的不同部位的电阻率差异也较大。

③ 不易吸料操作，装卸炉时粉尘中含有硅砂，对人体的危害较大，且在通电加热期间排出大量有害气体，污染环境。

④ 生产周期长，生产周期长达 12 ~ 14 d。

⑤ 必须使用大量冶金焦粒作为电阻料，消耗量为 150 kg/t 左右。

### 12.8.3　内串石墨化炉的优点

① 加热速度快，从开始通电到通电结束只需 12 ~ 20 h。

② 电耗低，以同品种、规格产品与艾其逊式石墨化炉生产相比，每吨产品的耗电量比艾其逊炉少很多。

③ 石墨化程度比较均匀，串接柱所通过的电流是相同的，因此石墨化后成品的电阻率差异很小，每根电极的不同部位的电阻率也趋于一致。

④ 省掉了电阻料，有利于降低石墨化成本。但从目前的实际情况看，运行成本并不低。

### 12.8.4　内串石墨化炉的缺点

① 单台炉产量小。

② 对产品的包容性差，对焙烧品的要求较高。目前较适用于大规格电极的生产。

③ 一次性投入较大，配套设施较复杂。

④ 技术基础力量弱。

## ◤◤◤ 思考题与习题

12 – 1　石墨化的目的是什么？

12 – 2　石墨化品与焙烧品在性能上有什么差异？

12 – 3　石墨化机理有哪些？

12 – 4　石墨化过程有哪三个阶段？如何控制各阶段的升温速率？

12 – 5　石墨化过程中产生气涨现象的原因是什么？

12 – 6　石墨化炉有哪些类型？

12 - 7　艾其逊石墨化炉的结构是怎样的?

12 - 8　什么是内串石墨化?

12 - 9　石墨化供电有哪些特点?

12 - 10　石墨化炉装炉方法有哪些?

# 参考文献

［1］ 钱湛芬.炭素工艺学［M］.北京：冶金工业出版社，2013.

［2］ 蒋文忠.炭素工艺学［M］.北京：冶金工业出版社，2009.

［3］ 刘风琴.铝用炭素生产技术［M］.长沙：中南大学出版社，2009.

［4］ 谢友赞.炭石墨材料工艺［M］.长沙：湖南大学出版社，1988.

［5］ 姚广春.冶金炭素材料性能及生产工艺［M］.北京：冶金工业出版社，1992.

［6］ 《炭素材料》编委会.中国冶金百科全书：炭素材料［M］.北京：冶金工业出版社，2004.

［7］ 王平甫，宫振，贾鲁宁，等.铝电解炭阳极生产与应用［M］.北京：冶金工业出版社，2005.

［8］ 许斌，王金铎.炭材料生产技术600问［M］.北京：冶金工业出版社，2008.

［9］ 陈而旺，刘槐清.炭素工艺学［M］.长沙：湖南大学出版社，2011.